特高压输电线路施工技术及安全评价

编　著　梅生杰　鲁　飞　张国强
　　　　吴尧成　段福平

东南大学出版社
·南京·

内容提要

特高压架空输电线路施工技术符合电力工业发展规律和电网技术发展方向，势必拥有广阔的应用前景和研发空间，其发展过程中形成的施工方法、管控措施、机械装置、运输方式等均具备深度拓展优化的特性，为继续在行业内有效普及提供了宝贵的典型参考范例和实际技术应用导向。本书的主要内容包括：特高压输电技术概述、组塔施工技术、组塔技术安全评价、架线施工技术、特高压架线施工跨越技术、高处作业施工安全防护设施导向。

本书可以作为现场工程技术人员及管理人员使用的参考用书，也可以作为输变电工程专业专科生、本科生和研究生的学习用书。

图书在版编目（CIP）数据

特高压输电线路施工技术及安全评价 / 梅生杰等编
著. — 南京：东南大学出版社，2020.10
ISBN 978-7-5641-9144-3

Ⅰ.①特… Ⅱ.①梅… Ⅲ.①特高压输电—输电线路
—工程施工 Ⅳ.①TM726

中国版本图书馆 CIP 数据核字（2020）第 190251 号

特高压输电线路施工技术及安全评价
Tegaoya Shudian Xianlu Shigong Jishu Ji Anquan Pingjia

编　　者：梅生杰　鲁　飞　张国强　吴尧成　段福平
出版发行：东南大学出版社
社　　址：南京市四牌楼 2 号　邮编：210096
出 版 人：江建中
责任编辑：戴坚敏
网　　址：http://www.seupress.com
电子邮箱：press@seupress.com
经　　销：全国各地新华书店
印　　刷：江苏凤凰数码印务有限公司
开　　本：787mm×1092mm　1/16
印　　张：21.5
字　　数：556 千字
版　　次：2020 年 10 月第 1 版
印　　次：2020 年 10 月第 1 次印刷
书　　号：ISBN 978-7-5641-9144-3
定　　价：98.00 元

前 言

为促进能源结构优化调整,提高能源大范围配置的规模和效率,解决我国能源资源与能源消费逆向分布的问题,我国特高压电网建设得到了迅速发展,从第一条特高压工程晋东南-南阳-荆门 1 000 kV 特高压交流试验示范工程的开始,到昌吉—古泉±1 100 kV 特高压直流输电示范工程的投运,目前青海—河南±800 kV 特高压直流输电工程与张北—雄安 1 000 kV 特高压交流输电工程等正在建设,再到雅中—江西±800 kV 特高压直流输电工程等的获批,我国的特高压等电网仍有很大的建设空间,以满足经济快速发展的能源需求,因此,特高压输电线路施工技术及安全评价对工程项目的实施具有特殊的意义。

特高压电网具备长距离、大容量和低损耗的送电能力,其中的架空输电线路施工也代表着当今相关领域施工技术的最高水平。特高压架空输电线路施工技术符合电力工业发展规律和电网技术的发展方向,势必拥有广阔的应用前景和研发空间,其过程中发展形成的施工方法、管控措施、机械装置、运输方式等均具备深度拓展优化的特性,为继续在行业内有效普及提供了宝贵的典型参考范例和实际技术应用导向。本书内容主要包括特高压输电技术概述、组塔施工技术、组塔技术安全评价、架线施工技术、特高压架线施工跨越技术、高处作业施工安全防护设施导向。

值得一提的是,本书是以华东送变电工程有限公司核心技术团队为主所完成的创作,以梅生杰等人为核心的成员,均从事输变电工程施工近 30 年,曾先后参与国家电网公司交流建设分公司关于"架空输电线路货运索道系列化及标准化研究"项目,并主持完成中国首条特高压"1 000 kV 晋东南—南阳—荆门特高压试验示范工程",同时,该团队也是最早从事输变电安全生产评价及管理的团队,先后参与并完成多项上级主管部门及企业交给的生产任务本书的编撰是华东送变电团队科技创新成果的汇编及总结。

由于本书编写时间较短,加之笔者水平有限,难免存在不足和不妥之处,热忱希望各位读者及同行专家提出批评和指正。可联系我们的电子邮箱:jsntbochuang@126.com。

编著者
2020 年 8 月于上海嘉定

目　录

第一篇　特高压输电技术概述

第二篇　组塔施工技术

第三篇　组塔技术安全评价

第四篇　架线施工技术

第五篇　特高压架线施工跨越技术

第一篇　特高压输电技术概述

第一章

特高压输电施工技术发展历史

我国的电网建设是随着电源建设而发展的。早在 1954 年初,首条 220 kV 东北松东李高压输变电工程投产运营。首条 330 kV 刘天关超高压输变电工程在 1972 年建成并投入生产。

改革开放之后,国家转向以经济建设为中心,为缓解电力短缺的局面而加快了电源的建设,火电、水电大幅增长,核电也正在缓慢起步,全国进入了高压、超高压电网建设的高潮阶段。我国的电网建设从一个电压等级上升到另一个电压等级的相隔时间在这一阶段迅速缩短。

1979—1998 年成了中国电网大发展的黄金二十年。在这一时期,1981 年末建成投产的 500 kV 平武(平顶山至武昌)输变电工程作为首条 500 kV 超高压交流输电线路载入史册,而 1989 年首次投产的全长 1 052 km 的 ±500 kV 葛洲坝至上海直流输电工程更是在我国电网建设发展史上具有里程碑式的意义。

1994 年 12 月开工的长江三峡水利枢纽工程获得了举世瞩目,而在 2009 年与三峡机组同时全部建成并投产的三峡电网迅速促进了全国大区电网互联前进的步伐,城乡电网工程建设更可谓是快马加鞭,220 kV、330 kV、500 kV 超高压输电线路大批建成并成为国内各省市电网的主流。

至 1998 年底,全国形成东北、华北、华东、华中、西南五个以 500 kV 交流电压,西北地区为 330 kV 交流电压电网为骨干的超高压网架,并形成南方四省联营电网和广西、广东、福建、山东省级网架,为未来实现北部、中部、南部三大电网互联并最终逐步形成全国联合电网奠定了坚实的基础。

进入 21 世纪,在以能源人均占有量、能源构成、能源使用效率和对环境的影响来衡量国家现代化程度的国际宏观能源战略背景下,以能源工业为代表的中国国家综合实力与日俱增,中国电力行业技术水平也相应快速提升。与此同时,随着我国"十五""十一五"计划的顺利实施,西北部大型火电、风电基地和西南部巨型水电基地逐步形成。这些位于中国内陆中西部的大型电力能源基地,要将巨大电能送往 1 000～2 000 km 之外的珠江三角洲、长江三角洲、京津唐等中国沿海发达地区的负荷中心,直接促使继三峡工程之后具有"西电东送"电网建设步伐正式启动。"西电东送"成为电力能源输送的主干道,尽快实现水火互补运行和全国范围的电力资源优化配置的呼声日益高涨。因此,新的比超高压更高电压等级,即可承载 1 000 kV 交流电压和 ±800 kV 直流电压的特高压电网技术随之登上中国电力史舞台。

在国外,世界特高压交流输电技术的研究始于 20 世纪 60 年代后半期。美国、苏联、意大利、加拿大、日本、瑞典等国家的电力工业正处在快速增长时期。根据本国的经济增长和电力需求预测,各国均制定了本国发展特高压的计划,其中:

苏联从 20 世纪 70 年代末开始进行 1 150 kV 特高压输电工程的建设,1985 年建成全长 900 km 的埃基巴斯图兹—科克切塔夫—库斯坦奈特高压线路,但由于特高压技术不够成熟,导致特高压线路降压至 500 kV 运行。

日本是世界上第二个建设交流百万伏级电压等级输电的国家。从 1973 年开始,为满足沿海大型原子能电站送电到负荷中心的需要并最大限度地节省线路走廊,日本开始了以 1 000 kV 作为系统标称电压的特高压技术研究。20 世纪 90 年代建成 426 km 的东京外环特高压输电试验线路。

美国通用电气公司(GE)与电力研究协会(EPRI)于 1967 年开始特高压研究,并建立了特高压试验中心。1974 年将单相试验设备扩建为 1 000~15 000 kV 三相系统。美国电力公司(AEP)、美国邦维尔电力局(BPA)等均拟订了特高压长期研究计划。

我国于 1986 年开始立项研究交流特高压输电技术,开展了"特高压交流输电前期研究"项目。我国充分发挥了后发研究优势,自主完成特高压电压等级论证、特高压输电系统、外绝缘特性、电磁环境、特高压输变电设备及特高压输电工程概况等诸多研究成果。1990—1999 年多次开展"远距离输电方式和电压等级论证""采用交流百万伏特高压输电的可行性"专题研究。1994 年,在武汉建成了我国第一条百万伏级特高压输电研究线段。

2004 年,国家电网公司启动特高压输电工程关键技术研究和可行性研究,完成 46 项特高压交流输电技术难题研究工作,并频繁与美国电力研究院(EPRI)、日本电力中央研究所(CRIEPI)、东京电力公司(TEPCO)、俄罗斯直流研究院等国际著名科研机构以及西门子、阿海珐等设备制造厂家进行技术交流。很快,中国特高压交流输电研究项目取得了大量第一手研究成果,解决了建设特高压试验示范工程电磁环境限值、过电压水平、无功配置、绝缘配合、防雷等全部关键问题,基本掌握了特高压交流输电技术特点和特高压电网基本特性,为初步设计提供了大量可靠、翔实的数据,从而具备了特高压输电技术的试验理论和建设应用基础,西北 750 kV 工程的建设更使我国满足了制造特高压设备的基础条件。

2005 年,1 000 kV 晋东南—南阳—荆门特高压交流试验示范工程可行性研究完成,线路、变电站设计方案基本确定,主要设备选型及其参数通过了专家审查。2006 年,该特高压工程于 8 月开工建设。2009 年 1 月 6 日,我国按照自主创新、标准统一、规模适中、安全可靠的建设原则,自主研发、设计和建设的具有自主知识产权的 1 000 kV 晋东南—南阳—荆门特高压交流试验示范工程顺利通过 168 h 试运行并正式投入商业运行。这标志着我国在远距离、大容量、低损耗的特高压核心技术和设备国产化上取得重大突破,对优化能源资源配置、保障国家能源安全和电力可靠供应具有重要意义。我国超、特高压电网的组成和强化符合国民经济发展对电力能源的需求,有利于提高一次能源开发和利用的效率,实现更大范围内的电力资源优化配置,促进区域经济的协调发展。

　　在此之后,经历了特高压技术研究论证、科技攻关、规划设计和建设运行等工作之后,特高压技术从理论到实践、从交流到直流全面突破,验证了特高压电网的安全性、经济性和环境友好性,标志着我国在世界输电领域真正实现了"中国创造"和"中国引领"。2010年,继1 000kV晋东南—南阳—荆门特高压交流试验示范工程之后,世界上电压等级最高、输电容量最大、输电距离最长、技术最先进的特高压直流工程向家坝—上海±800 kV特高压直流输电示范工程的建成和持续安全稳定运行,为特高压电网大规模建设应用创造了有利条件。与此同时,特高压架空输电线路施工技术也随着特高压电网大规模建设而迅猛发展并日臻成熟。

　　进入"十二五"阶段,由于全球能源互联网概念的提出和我国能源形势的客观要求,为构建"三华"特高压同步电网以实现全国范围内电力资源优化配置目标,我国特高压架空输电线路施工技术发展进入到一个崭新的时期:线路路径逐步从城市、城郊向人烟稀少的高原、山区发展,特别是百米以上高塔和多回路、多分裂大截面导线架设的普遍应用,铁塔单件质量逐渐增大,铁塔高度日益升高,施工环境面临的压力也不断增大。高海拔、无人区施工正逐渐成为常态,常规的线路施工技术在运输、基础施工、铁塔组立、跨越施工、架线施工、安全防护等领域出现了许多新的施工难题,传统的架空输电线路施工正面临巨大的挑战,由此而引发了特高压架空输电线路施工技术领域的巨大变革,一项项新技术正不断被开发应用,原有输电线路施工技术也凭借特高压电网发展之机而更趋完善之中。整个高压架空输电线路施工中如基础施工、铁塔组立、张力放线、山区运输、安全设备等各方面研究成果频出,各类新型施工技术装备和工法的研发工作呈现百花齐放的状态,整个架空输电线路施工行业的技术思考之势方兴未艾,为实际施工中取得良好使用效果打下了坚实的理论基础,更为施工技术向更高层次迈进指出了明确的方向。

第二章
特高压输电技术发展现状

为适应我国能源资源与需求逆向分布的状况,服务于大范围、远距离、大规模输送能源需要而产生的特高压电网建设,产生了大量需要首次面对或重新思考的课题,对架空输电线路施工技术进行全面而充分的梳理整合和提高创新显得尤为必要。在对 1 000 kV 晋东南—南阳—荆门特高压交流试验示范工程、锦屏—苏南±800 kV 特高压直流输电线路、向家坝—上海±800 kV 特高压直流输电线路、哈密—郑州±800 kV 特高压直流输电线路、1 000 kV 淮南—上海特高压交流输电线路等一大批已建成或在建特高压架空输电线路施工中已成功采用的施工技术进行大规模总结提炼后,形成了众多极具创新理论和实用特征的可靠技术工艺和新型装置设备,为现今特高压电网建设工作提供具有强大施工实践和继续理论开发意义的导向指南。

特高压电网具备长距离、大容量和低损耗的送电能力,其中的架空输电线路施工也代表着当今相关领域施工技术的最高水平。众所周知,任何施工技术的发展都离不开既有的理论基础和实践积淀,特高压架空输电线路施工技术的长足发展离不开目前已经相当成熟的超高压输电线路施工技术理论的支持。在特高压架空输电线路各分部工程施工过程中,基础工程、组塔工程、架线工程、接地工程仍大量在采取传统施工方法基础上进行深化。如针对特高压输电线路路径经过高原、山区的情况,线路基础形式即广泛采用充分利用原状土、开挖方量小、承载力高、建材用量少、破坏植被少等优点的基础形式。不仅如此,根据因地制宜的原则,根据不同工程特点和地理环境而采用人工挖孔桩、岩石嵌固、直柱斜插式等基础形式和成熟施工工艺,其方便快捷、工效较高的特点满足了目前蓬勃发展的特高压电网建设进度的需要。

随着特高压电网的大规模建设步伐,架空输电线路的基础工程施工因其形式的变化在施工技术上较以往工程有了较大进步,玻璃钢面钢-木结构模板、MP 桩施工、PHC 管桩施工、主筋直螺纹连接施工、自密实混凝土施工、插入式钢管斜柱基础施工、江中或海中基础施工、湿陷性黄土地基处理等大量适应各种复杂环境情况的新施工技术出现并成功应用,具有与之相匹配的施工机械化作业能力以及安全可靠、技术先进、功能实用、轻便易用、经济环保的基础施工机械用具推广也成为必然之势。这将不仅有效改善施工人员的劳动强度和工装条件,而且还对提高施工设备机具安全性能、施工效能及经济效益乃至施工工艺继续变革提供了巨大可能,为继续大面积推广应用轻型化、标准化、系列化和通用化的施工设备机具进行了有效导引。

我国江海湖泊数量众多,具有电能长距离传输特点的特高压架空输电线路,必将要面对复杂水域条件下的大跨越施工挑战。近年来,在国外类似建设发展停滞不前的情况下,我国特高压架空输电线路大跨越组塔施工技术则取得长足发展,相关技术装备能力也随之迅速提高。鉴于以往超高压输电线路大跨越施工中落地双摇臂抱杆液压下顶升技术、落地四摇臂抱杆分解组塔等成功实践经验,特高压组塔施工中如电梯井架(筒)基座的双摇臂自旋转抱杆吊装、内附着式塔吊吊装、可折叠水平自升式塔机吊装以及落地下顶升双平臂抱杆吊装等各类应用技术纷纷出现,机械化施工水平大幅提高,工效增益颇为明显。

当前,为满足特高压大跨越塔体高、档距长以及江海水域内施工等诸多特殊工况和客观需要,特高压组塔施工技术不断优化调整,从地面操作平台搭设、组塔抱杆及附着系统设定、抱杆高空转换平台设置、施工辅助升降系统设置、机械设备和钢管塔件运输等方面,进行了全方位、多角度、多融合特点的探索创新活动,成果斐然。值得注意的是,围绕特高压大跨越组塔施工特点、杆塔形式、施工工艺、安全质量的要求,铁塔组立模拟施工仿真研究技术浮出水面。该技术在开发平台上建立贴合真实施工环境的虚拟施工场景,导入由塔体结构、工器具、机械设备等图纸创建的高精度模型,利用成熟计算机语言对标准化工艺脚本进行逻辑实现,采用多媒体形式和后期特效来融入施工技术关键点、施工规格参数、操作工序、质量要求等内容,精确控制三维模型反映组件真实物理特性,动态展示完整施工工艺过程。该技术为参与施工的人员最大限度地提供施工全过程的可视化虚拟环境和交互式功能体验,为特高压大跨越组塔施工提供可靠仿真模拟技术平台支撑,达到工程实体和仿真模型的高度统一。

同时,作为架空输电线路施工中最重要的一道施工工序,张力架线施工技术随着以往电网建设的飞速发展而日益成熟。面对特高压架空输电线路张力放线施工须面临的诸如每相展放多分裂形式导线、展放导线截面大及单位质量重、滑车悬挂方式多样等现实性难题,更多的新工艺、新方法已得到更广泛的运用。张力放线施工从多年前的人力展放导引绳、单导线架设逐步发展为八角翼、飞艇、动力伞等全程不落地展放导引绳,多分裂导线架设的全程机械化施工的崭新阶段。张力架线“一牵8(6)”“八牵8”“2×一牵4”“二牵8(6)”“一牵4+一牵2”等施工方法都在实际工程中得到应用,相应的施工工艺和方法也在不断成熟完善。各种新型张力放线施工工器具投入施工作业,架线人力资源及成本逐步降低,施工进度不断飞速提升,施工方法日新月异,施工质量得到有效保证。

通过对特高压输电线路张力放线的基本方法、施工流程、施工准备以及放线过程的施工计算进行大量提炼归纳,并且对使用动力伞、八角翼等展放引绳及引绳过塔分绳技术、张力放线施工机具和工器具的选择使用方法进行总结,尤其是对架线工艺、架线设备、架线仿真模拟培训、集控系统等的导向研究,必将促使特高压输电线路建设中不可缺少也最具有技术含量的一项重要工序——张力架线施工技术,也在向更成熟、更可靠、更具竞争力、更先进智能的发展方向不断迈进。

特高压输电线路贯穿全国东西南北,施工建设中沿途需要跨越小到普通的乡村道路、鱼塘、低压线路等,大到如高速铁路、高速公路、超高压输电线路、森林等对国民经济起着举足轻重作用的被跨越物。为保证安全稳妥地跨越,不影响被跨越物的正常运行,采用的无跨越架式跨越装置、防护横梁式跨越装置、自立式跨越装置等妥善解决了这一矛盾。

特高压输电线路工程建设对我国经济建设飞速发展,对建设环境友好型、资源节约型的和谐社会具有强大的推动作用。其中,对人这一关键因素的关注始终保持高位,“以人为本”的安全生产理念也早已深入人心,安防技术措施的选择落实同样依据现有的安全管理制度和安防技术装置进行。诸如在组塔及后续阶段,为防止施工人员在上、下杆塔和高空作业过程中发生高空坠落事故,收放式防坠落装置和导向式防坠落装置,包括攀登自锁器、爬梯、导轨、自锁装置、连接环和安全带等固定安防用具装置,仍是主要使用和研究的对象。

我国能源与负荷分布严重不平衡以及未来电力发展的巨大空间迫切需要特高压电网的快速发展,未来也必将是特高压架空输电线路施工技术的关键时期。特高压架空输电线路施工技术符合电力工业发展规律和电网技术的发展方向,势必拥有广阔的应用前景和研发空间,其发展过程中形成的施工方法、管控措施、机械装置、运输方式等均具备深度拓展优化的特性,为继续在行业内有效普及提供了宝贵的典型参考范例和实际技术应用导向。

第二篇 组塔施工技术

第一章 总 述

第一节 特高压塔型特点

特高压杆塔既要满足线路电气和机械的技术条件,又要满足线路建设经济性的要求,塔型设计时综合考虑了杆塔使用条件、线路回数及地形地质条件等。目前我国应用的特高压杆塔的设计结构特点如下:

(1) 单回路塔。一般为角钢自立塔,大跨越采用钢管自立塔。特高压交流线路,直线塔根据塔头结构不同,有猫头形塔和酒杯形塔两种,如图 2-1-1、图 2-1-2 所示,晋东南—南阳—荆门特高压交流试验示范工程采用了猫头形塔和酒杯形塔,浙北—福州特高压交流输电线路工程采用了酒杯形塔;耐张塔采用的都是干字形塔,如图 2-1-3 所示。特高压直流线路,直线塔一般采用羊角形塔,如图 2-1-4 所示,耐张塔采用干字形塔,如图 2-1-5 所示。

图 2-1-1　1 000 kV 猫头形塔示意图　　图 2-1-2　1 000 kV 酒杯形塔示意图　　图 2-1-3　1 000 kV 干字形塔示意图

(2) 双回路塔。一般为钢管自立塔,采用导线垂直排列的伞形或鼓形塔型。皖电东送淮南—上海特高压交流输电工程的直线塔、耐张塔如图 2-1-6、图 2-1-7 所示,一般适用于平原、丘陵地区。平均塔高 108 m;平均塔重 185 t;基础根开:直线塔 16~20 m,耐张塔 18~24 m。直线塔呼称高一般在 48~66 m,耐张塔呼称高一般在 33~42 m。

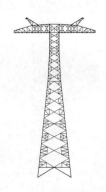

图 2-1-4　±800 kV 羊角形塔示意图

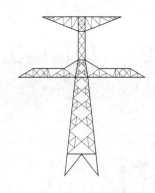

图 2-1-5　±800 kV 干字形塔示意图

图 2-1-6　特高压双回路直线塔示意图

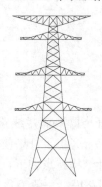

图 2-1-7　特高压双回路耐张塔示意图

(3) 跨越塔。结合跨越档距、地形位置、导线规格等多种因素,跨越塔一般为自立式,主要有角钢跨越塔、钢管跨越塔(图 2-1-8)、组合断面角钢跨越塔(图 2-1-9)、钢筋混凝土跨越塔(图 2-1-10)等形式。各式塔形各具特色,在工程实践中均有应用。

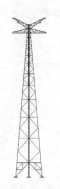

图 2-1-8　钢管跨越
塔示意图

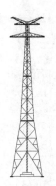

图 2-1-9　组合断面角钢跨
越塔示意图

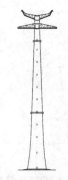

图 2-1-10　钢筋混凝土跨
越塔示意图

特高压铁塔相对普通 500 kV 铁塔而言,具有高、大、重的特点。特别是酒杯形塔施工难度更大,该塔型平口以上塔头部分重达 30～45 t,铁塔平口到导线横担上平面高 28.5～33 m,导线横担长度达 50～68 m,重 15～23 t,曲臂高 26～30 m、重 20～27 t。

第二节　国内组塔施工技术的发展

铁塔组立方法概括来看，基本是两种：一种是整体组立；另一种是分解组立。

1. 铁塔整体组立的发展

20世纪50年代，我国创始了倒落式人字抱杆整体立塔；60年代创新了座腿式小抱杆整体组立宽基铁塔的方法；80年代以后，随着我国500 kV线路的迅猛发展，整体立塔方法不断创新和完善，吉林送变电首创了拉V塔的自由整立，青海送变电在330 kV秦南线上实现了干字塔侧向整立和较重铁塔采用双套人字抱杆整立，北京送变电试验了对插入式角钢塔基础的铁塔进行整体组立，吉林送变电利用65 t吊机采用单台吊装和双台抬吊方法进行铁塔整体吊装，湖北输变电在±500 kV葛上线及广东输变电在500 kV沙江线分别使用直升机整体吊装铁塔。

2. 铁塔分解组立的发展

20世纪50年代分解立塔主要采用外拉线独木抱杆分解立塔方法；60年代吉林送变电首创了内悬浮内拉线抱杆分解立塔，现在内悬浮内（外）拉线抱杆分解组塔已成为主要的组塔方法；70年代多家送变电创新了倒装分解组塔；80年代以来，分解组塔特别是高塔组立有了较大发展，甘肃送变电在500 kV葛双线研制了落地四摇臂抱杆分解立塔，有效解决了在山区地形狭窄条件下塔位无法设置外拉线的难题。结合平原地区跨江高塔所采用的混凝土烟囱型塔身结构特点，湖北送变电采用塔顶变幅双摇臂抱杆吊装横担，吉林送变电采用塔顶固定臂抱杆吊装横担，江苏送变电采用塔顶变幅人字抱杆吊装横担，均起到较好效果，完成宽外形、大质量塔头的吊装。湖北送变电研制了双平臂下顶升自旋转落地式抱杆组立高塔，浙江送变电在舟山大跨越使用落地井架配旋转式双摇臂抱杆组立高塔（塔高370 m），山西送变电在广东珠江大跨越首次使用内附着式塔吊吊装铁塔，山东送变电研制了更适合铁塔吊装的可折叠水平臂自升式塔机。结合特高压工程的建设推进，近年组塔施工技术得到了长足发展，以落地双平臂、落地单动臂为代表的新型抱杆在全国各家送变电均得到普遍应用，同时开发应用了液压顶升、起重安全限制、视频监视、集中控制等系列新型技术，提高了机械化、智能化水平。

第三节　国外组塔施工技术的发展

国外如日本、美国、德国、俄罗斯等国家，其输电线路工程铁塔组立施工技术的总体发展历程与我国基本类似，也是随着电网建设及经济发展水平的逐步提升而缓慢发展。尤其是日本、美国，由于其工业化程度高，组塔施工机械化程度较高，在组塔施工机具方面有了较为深入及全面的研究，开发出了诸如液压攀爬式起重机、塔内自攀登式回臂起重机、机械提升式塔内回转臂起重机、液压顶升式塔内回转臂起重机等系列高机械化程度的组塔施工机具。直升机组塔具有施工效率高、安全性好等优点，在美国、加拿大等国家的电网抢修施工中应用较为广泛，但其使用费用较高。日本地形复杂、山地较多，在电网建设中较多地依赖组塔专用塔式起重机完成组塔施工，技术较为成熟。

国外输电线路工程铁塔组立施工技术的发展集中体现在20世纪中后期，进入21世纪，国外发达国家的电网建设发展较为滞后,没有规模化的特高压电网建设,限制了铁塔组立施工技术的进一步提升。

第四节 组塔施工技术理论的发展

杆塔组立的理论包括两大部分:一是整体组立施工设计;二是分解组立施工设计。

20世纪50年代中期,随着定型混凝土电杆的广泛使用,杆塔施工方法主要是推广整立。其间,官其斌以电杆不动,地面旋转的精巧构思首创了整立施工设计的作图方法。中华人民共和国成立后的前30年,计算手段落后,而作图法简便易行,又能满足施工精度要求,因此一直是线路施工技术人员最常用的计算方法。随后,不少技术人员对作图法进行深入研究,使之更趋完善。80年代初期,由于计算机的普及,许多同志研究并采用整立解析方法。李庆林在解析方法与电算相结合的基础上对整立杆塔的施工计算提出了通用图表法,为现场施工人员提供了一种更简捷的方法。有些技术人员还研究了单吊点、双吊点、三吊点等数学模型并编制了电算程序。1996年,由东北电力学院与吉林送变电公司合作开发研制了《杆塔整体起吊方案优化设计软件》,使整立施工设计登上了一个新台阶。

分解组立铁塔一直是施工人员沿用的方法。为了适应不同地形条件及不同杆塔形式的需要,各地在落地拉线外抱杆组立方法的基础上进行了革新,在工艺改革的同时,分解组立的施工计算理论得到了不断完善。反映杆塔组立理论的论文很多,代表作品:20世纪50年代有《铁塔安装》(蔡云吉著,官其斌校),这是中华人民共和国成立后第一本有关线路施工的专业书;80—90年代有《高压架空输电线路施工技术手册——杆塔组立部分》(李博之编著)和《高压送电线路杆塔施工》(潘雪荣编著);21世纪有《高压架空输电线路施工技术手册(杆塔组立计算部分)》(第三版)和《架空送电线路铁塔组立工程手册》(李庆林编著)。

随着计算机软件技术的快速发展,为满足大跨越塔及特殊抱杆的受力分析要求,越来越多的理论分析开始采用专用的有限元结构分析软件,通过建模及加载,使分析计算过程更为形象及准确,便于掌握结构关键点的工况,验证抱杆结构和机构的设计和使用要求,以及抱杆设计、校核的正确性。

第二章

落地双平臂抱杆组塔施工技术

第一节 技术原理及适用范围

一、技术原理

落地双平臂抱杆是根据输电铁塔结构以及塔件对塔心对称布置的特点,在双平臂内悬浮抱杆的基础上研制的一种新型专用组塔抱杆,目前国内主要采用上顶升落地双平臂和下顶升落地双平臂两种形式,采用专用标准节或利用铁塔配套的登塔井架作为落地抱杆杆身,在抱杆杆身顶部安装一副旋转式双平臂钢结构抱杆,设两个平臂,平臂上设变幅小车,双平臂同时对称进行吊装作业。当平臂在 45°方向时吊装主钢管,平臂在 90°方向时吊装塔片、水平管,平臂在 26.6°时吊装侧面单根斜拉管。抱杆提升可利用塔身或专用提升架采用滑车组倒装提升,也可根据标准节或井架结构,采用液压顶升方式进行倒装或顺装提升,抱杆杆身使用附着框梁稳定。两侧起吊绳从下支座导向滑轮架引出,分别引至地面底座,经底座上的转向滑车后引至动力设备,变幅小车由变频器及电机驱动行走,由回转机构带动抱杆旋转。

落地双平臂抱杆有如下特点:

(1)双平臂互相平衡,双钩可独立作业。双臂无须空中解体,解决了双臂的拆除难题,也大大提高了抱杆自身拆除的工效。

(2)双平臂落地抱杆采用液压系统从抱杆底部实现抱杆的自顶升,操作简单。从地面引入标准节,将传统顶升中抱杆的高空作业转化为地面作业,大大降低了安全风险。可以一次性连续引入多个标准节,提高了抱杆的顶升工效。

(3)附着采用附着框、钢索、双钩等标准件装配而成。相对建筑塔式起重机的刚性附着,实现了安装简单高效、加工成本低、长度调节范围大、重复利用率高等优点。

(4)分块式装配式基础具有可重复利用、安装方便、对地基的地耐力要求较低、经济灵活、对环境破坏小等优点,适用范围广。

二、适用范围

落地双平臂抱杆一般适用于输电线路跨越塔以及分段吊装高度不大于 20 m 的特高压铁塔。

本书以 T2T120 型落地双平臂抱杆为例,进行施工计算及施工工艺的介绍。

第二节　施工计算及技术参数

一、施工计算

落地双平臂抱杆组塔施工应进行施工计算，主要施工计算应包括下列内容：① 施工过程中构件和塔体的强度验算；② 抱杆附着、提升点等设置后塔体的强度和稳定性验算；③ 抱杆等主要机具的受力计算；④ 抱杆配套基础的设计计算；⑤ 抱杆的长细比计算。

二、技术参数

1. 抱杆技术参数

(1) 最大使用高度 210 m，自由段（最上道附着框梁至平臂下弦距离）高度 21 m，工作状态设计风速≤10.8 m/s，非工作状态设计风速≤28.4 m/s，安装、拆卸、顶升操作时，抱杆最大安装高度处风速≤8 m/s。

(2) 双侧同时起吊，单侧最大吊重 8 t，单臂幅度 15 m，额定起重力矩 1 200 kN·m。

(3) 平臂设计有效最大幅度为 24 m，最小幅度为 2 m。有效幅度指抱杆中心至吊钩中心距离。

(4) 抱杆回转角度为±110°，回转机构回转速度（变频）为 0～0.35 r/min。

(5) 平臂变幅小车变幅速度（变频）为 0～20 m/min。

(6) 抱杆全高 217 m，结构整体（不含附着）自重 89 970 kg。

(7) 抱杆设有起重量、起重幅度、起重力矩等安全控制装置，具有减速、限位、限动功能。

2. 抱杆结构形式

落地双平臂抱杆由金属结构、传动机构和电气系统三大部分组成，整副抱杆由塔顶、回转塔身、上支座、回转支承、下支座、标准节、平臂、套架、底座基础等组成，如图 2-2-1 所示。

第三节　施工工艺

一、现场布置

落地双平臂抱杆组立铁塔的现场布置如图 2-2-2 所示。

1. 抱杆平臂布置

(1) 抱杆布置在铁塔中心位置进行吊装作业。

(2) 根据场地情况，动力平台均布置于横线路或者顺线路方向。

(3) 以抱杆平臂横线路方向作为抱杆的起始位置，吊装时以此为基准做±110°回转。

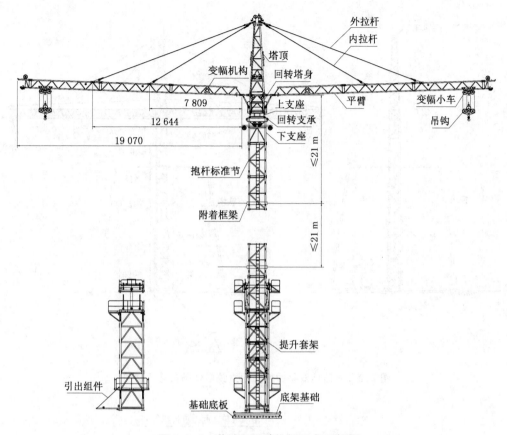

图 2-2-1 落地双平臂抱杆组成示意图

2. 牵引系统布置

动力设备采用 2 台 40 kN 牵引机,布置在横线路右侧方向的动力平台。牵引绳采用 φ16 mm 少捻钢丝绳,起吊绳一头连于臂头楔块,经小车滑轮、吊钩滑轮、回转塔身转向滑轮、塔顶转向滑轮、电子安全装置及下支座导向滑轮后,经底座转向滑车后至牵引机,具体布置如图 2-2-3 所示。

3. 变幅系统布置

(1) 变幅系统采用变幅牵引机构驱动,用控制台在底面控制室控制。

(2) 变幅绳采用 φ7.7 mm 钢丝绳,有一长一短 2 根钢丝绳,长变幅绳一端连于小车一侧的防断绳装置上,经臂尖滑轮、上弦杆导向滑轮盘于卷筒上,短变幅绳一端连于小车另一侧的防断绳装置上,经臂根导向滑轮直接盘于卷筒上,具体如图 2-2-4 所示。

4. 拉线系统布置

在抱杆的安装、使用及拆卸过程中,需要打设多种拉线,除抱杆杆身腰环拉线外,还有抱杆底架基础的地拉线、提升套架的拉线。

5. 底架基础的地拉线

底架基础处地拉线的打设是为了平衡抱杆基础的水平力,该拉线在抱杆的安装、使用以及拆卸过程中需始终打设。底架基础地拉线布置示意如图 2-2-5 所示。

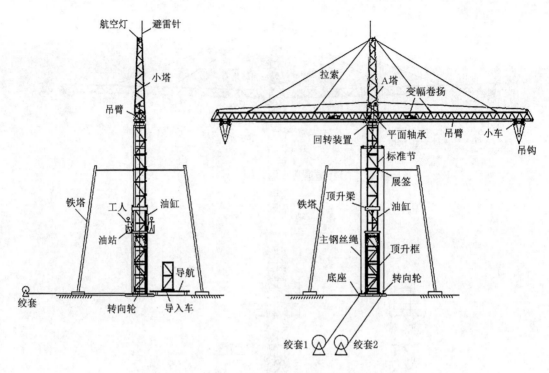

图 2-2-2　落地双平臂抱杆组立铁塔现场布置示意图

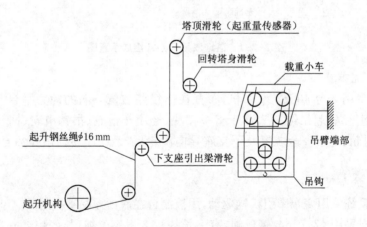

图 2-2-3　单侧起吊钢丝绳布置示意图

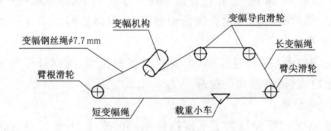

图 2-2-4　单侧变幅绳布置示意图

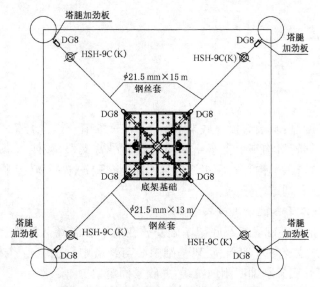

图 2-2-5　底架基础地拉线布置示意图

二、工艺流程

落地双平臂抱杆组立铁塔施工工艺流程如图 2-2-6 所示。

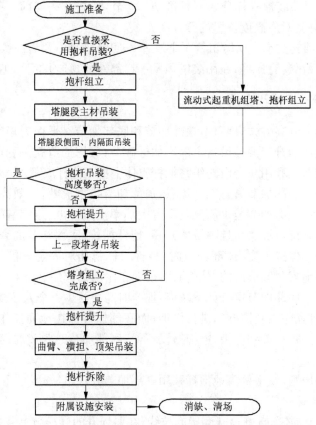

图 2-2-6　落地双平臂抱杆组立铁塔施工工艺流程图

三、主要工艺

(一)抱杆组立

1. 抱杆起立

抱杆起立吊装顺序:基础底板→底架基础→4节标准节→提升套架→7节标准节→(下支座+回转支承+回转机构+上支座+回转塔身+吊臂支架)整体→塔顶→平臂(含载重小车、变幅钢丝绳、拉杆、吊钩),然后接通电气回路,将抱杆平臂回转至顺线路方向,穿好钢丝绳,进行整体检查及调试。

2. 回转塔身及以下各段分次吊装

(1)用吊机将抱杆基础底板及底架基础安放在塔中心混凝土基础上,并用经纬仪控制其中心尺寸、扭转方位及高差,保证底架基础中心与铁塔中心重合,4个标准节底座对正4个塔腿且等高。打好底架基础四侧地拉线,并收紧固定。

(2)用吊机吊装抱杆杆身3m标准节×4节,每次吊装1节。第1节吊装后,及时将其与底架基础上的底座连接固定。

(3)吊装套架结构和顶升承台部分。先把套架结构拼成一个整体,2片套架包于标准节周围,再吊装套架结构件到底架基础上,然后安装套架中余下部分。提升套架吊装完毕,应及时打好顶部拉线并收紧锚固。

(4)继续用吊机吊装抱杆杆身3m标准节×7节,吊装方法同前。各节标准节吊装完成后,应相应打设好其对应高度位置的腰环绳。

(5)下支座+回转支承+回转机构+上支座+回转塔身+吊臂支架,在地面组为整体用吊机吊装,该组件吊装完成后,在吊装塔顶及平臂部件前,必须在下支座上打好内拉线。

(二)抱杆顶升、旋转及变幅

落地抱杆常用的升高方式有两种:顶部加节和底部加节。平衡力矩组塔起重机采用的顶部加节是利用液压顶升套架在设备上部增加标准节,底部加节就是利用液压顶升套架在设备下部增加标准节或利用4套滑轮组将抱杆整体上提在抱杆底部加入标准节。

顶部加节相对于底部加节具有如下优点:顶部加节技术成熟,工效高;顶部加节采用塔吊标准部件,投入少;底部加节至少需要配置2台大功率液压油缸、定制套架结构或配置4套滑轮组及1套牵引系统,投入大,且随铁塔升高,抱杆加长,底部加节的载荷越来越大;顶部加节的操作载荷基本保持不变;顶部加节时,腰箍与杆身相对固定,可实现"刚性附着",而底部加节一般采用绳索张紧形式的"软附着",削弱了附着的作用。

顶部加节相对于底部加节也有如下缺点:加节时需要至少4个人在高空平台上操作,每天大约操作1次,且操作人员需专门进行培训;而底部加节都在地面操作,过程简单。顶部加节电缆收放卷筒必须布置到杆头,电缆布设不便;底部加节时收放卷筒、电缆布设情况比较方便。

以安全高效的原则,双平臂落地抱杆采用底部加节方式,且一般采用液压顶升方式。

1. 液压顶升加高

(1)顶升开始前,必须打好顶升套架的拉线,在要顶升的标准节上装好爬梯和所需要的平台(每4节1个平台)。

(2) 开始顶升前,确保抱杆悬臂高度小于21 m,并放松下支座内拉线。

(3) 拆除塔身与底架基础上标准节底座的8套M30连接螺栓组,拆除套架底横梁(φ35 mm销轴连接)。

(4) 将顶升承台的扳手杆摇起,使套架爬爪贴近标准节主弦杆踏步,就位后开始顶升油缸,顶升油缸过程中要保证导向滚与塔身的间隙在3 mm左右,16只滚轮处的间隙应当一致。

(5) 安装引进组件。用8组M22螺栓与底架基础连接。

(6) 吊装标准节。用吊机起吊标准节至引进梁的滚轮结构上,用8个φ32 mm销轴连接。

(7) 开始顶升加高,伸出油缸直至爬爪的顶升面和标准节上的踏步顶升面完全贴合。扳动摇杆使它处于与标准节主弦杆踏步脱开的位置。继续顶升直至将油缸完全伸出,约1.25 m。顶升加高示意如图2-2-7(a)、(b)所示。

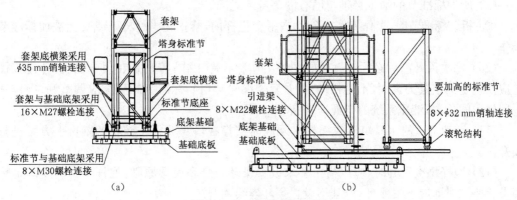

图2-2-7　顶升加高示意图

(8) 将摇杆摇起,使它贴近标准节主弦杆踏步;就位后开始收回油缸,使摇杆顶面与踏步顶升面完全贴合,然后将顶升承台上的扳手杆摇下,使爬爪离开标准节主弦杆踏步;固定好扳手杆,继续完全收回油缸。

(9) 油缸完全收回后,摇起扳手杆,使套架爬爪贴近标准节主弦杆踏步。

(10) 按照(7)—(8)—(9)—(7)的顺序重复操作,这样油缸完成总共3次顶升行程,第3次顶升后油缸没有收回,保持完全伸出状态。

(11) 推进引进梁上的标准节,就位后收回油缸,直至塔身标准节下端面与引进的标准节上端面间距约2 cm,停止油缸动作。用8组M30的10.9级高强度螺栓组将引进梁上的标准节与上面的标准节连接,然后微微顶起油缸,拆下引进的标准节上的滚轮结构。再按照(8)—(9)的顺序将油缸收回,完成安装一节标准节过程。

(12) 按照前面的步骤继续顶升,直到安装完所有要引进的标准节,最后拆下引进梁,收回油缸,使整个塔身落在标准节底座上,紧固好标准节底座与塔身的螺栓,并装上套架底横梁。至此,一次顶升作业过程全部完成。

2. 注意事项

(1) 在进行顶升作业过程中,必须有1名总指挥,上下2层平台必须有专人负责和观察。专人照管电源,专人操作液压系统,专人紧固螺栓,专人操作顶升承台上的爬爪扳手杆和油缸下部横梁处的摇杆,非有关操作人员不得登上套架的操作平台。

（2）顶升作业应在白天进行，若遇特殊情况需在夜间作业时，必须备有充足的照明设备。

（3）只许在风速不大于 8 m/s 的情况下进行顶升作业，如在作业过程中，突然遇到风力加大，必须停止工作，安装好标准节底座并与塔身连接，紧固螺栓。

（4）顶升前必须放松电缆，使电缆放松长度略大于总的爬升高度，并做好电缆的紧固工作。

（5）自准备加节开始，到加完最后一个要加的标准节、连接好塔身和底架基础之间的高强度螺栓结束，整个过程中严禁起重臂进行回转动作及其他作业，回转制动器应紧紧刹住。

（6）自爬爪顶在塔身的踏步上至油缸中的活塞杆全部伸出后，摇杆顶在踏步上这段过程中，必须认真观察套架相对顶升横梁和塔身运动情况，有异常情况应立即停止顶升。

（7）在顶升过程中，如发现故障，必须立即停车检查，非经查明真相和将故障排除，不得继续进行爬升动作。

（8）所加标准节的踏步必须与已有的塔身节对准。

（9）拆装标准节时，操作人员必须站在平台栏杆内，禁止爬出栏杆外或爬上被加标准节操作。

（10）每次顶升前后必须认真做好准备工作和收尾工作，特别是在顶升以后，各连接螺栓应按规定的预紧力紧固，不得松动，爬升套架滚轮与塔身标准节的间隙应调整好，操作杆应回到中间位置，液压系统的电源应切断等。

（11）套架两边的 4 只爬爪或摇杆必须同时支撑在塔身 2 根主弦杆的踏步上方可进行顶升。

（12）抱杆每次顶升时，应严格按要求设置腰环。腰环设置原则：抱杆顶升高度满足腰环设置要求时即应设置腰环，严禁不设置腰环连续顶升。

3. 抱杆旋转

抱杆回转支承以上部分可在水平面±110°范围内带负荷往复旋转。回转支承采用电力驱动，由控制台控制，操作时应平稳、缓慢。

4. 抱杆变幅

抱杆可在 2～18 m 范围内变幅，通过设于平臂上的变幅机构驱动载重小车水平移动实现变幅，用控制台在地面控制。变幅操作应平稳、缓慢，并应尽量保持两侧平臂变幅同步。

（三）抱杆拆除

抱杆拆除的顺序为：拆除起吊绳及小车→穿好收臂滑车组→收起双臂并绑扎固定→按抱杆提升逆程序拆除井架 20 节 4 m 标准段，使抱杆上支座下降至 9 段 K 节点附近→拆除两边大臂→拆卸塔顶→上下支座、回转塔身和起重臂支架吊装→抱杆过渡段→回装井架→完毕。

1. 起吊绳及吊钩拆除

（1）先将吊钩上升至接近最高处，即吊钩接近小车，并将小车开到臂根，利用 φ13 mm 钢套将吊钩临时固定在小车上。

（2）利用一根 φ13 mm 钢丝绳在井架外侧将起吊钢丝绳提松，保证有 90 m 余线可用于穿引平臂拆除滑车组，然后拆除起吊钢丝绳在臂端处的连接，换移后由塔顶穿引出，经塔顶三轮滑车、平臂上主杆两轮滑车走 5 道磨绳后，用 DG4 将钢丝绳锁于两轮滑车后侧的平臂上主弦杆节点上。注意起吊绳端头楔块拆除时做好防护措施，防止楔块高空坠落。

（3）慢慢向前开动小车，将吊钩移至塔身外后用φ13 mm钢丝绳走动滑车将吊钩下放至地面，然后将小车移至起重臂中部并绑扎固定。

2. 收臂过程

（1）收臂使用φ14 mm起吊钢丝绳走4道磨绳。对左侧起重臂：把起吊钢丝绳穿过塔顶部滑轮组（左侧滑轮），经由起重臂最外端滑轮组（左侧滑轮），再返回塔顶穿过另一个滑轮（另一个左侧滑轮），然后再经由起重臂最外端滑轮（另一个左侧滑轮），最后固定到塔顶的耳板上。右侧钢丝绳穿法相同。

（2）运行起升机构，使两侧起升钢丝绳得到预紧；确保双侧起升钢丝绳预紧后再运行起升机构，让两侧吊臂围绕根部铰点同步缓慢地摇起。

（3）摇到起重臂中部与塔顶的碰块接触时，将吊臂分别固定在塔顶上，并用撑杆架把吊臂与回转塔身固定铰接在一起。

3. 抱杆拆除

（1）按抱杆顶升的逆顺序，将抱杆本体下降至地线顶架以下。

（2）在塔顶主管内侧预留的抱杆拆卸板上分别布置1根钢丝套，各串联1只手拉葫芦，2根钢丝套各通过1只单轮滑车V形对折，滑车再连至二联板，二联板下方配双轮及单轮高速滑车各1只，穿设成走一走二共3道磨绳的滑车组，利用预留起吊绳，尾端经塔身、地面滑车导向后接入牵引机。抱杆拆除布置如图2-2-8所示。

（3）平臂逐侧拆除，先用拆卸滑车组收紧一侧平臂，适当收紧磨绳，拆除连接铰点后回松起吊绳将一侧平臂降至地面，然后按同样的方法拆除另一侧平臂。

（4）用上述方法将抱杆本体分段分次降至地面。

（5）移除抱杆底座和底座基础，将井架腿部段与井架基础地脚螺栓相连。

（四）铁塔吊装

1. 吊装要求

（1）起吊时，塔上人员应站在塔身内侧安全位置，并密切监视抱杆及各系统的工作情况。观察吊件是否与塔身相碰，注意接收指挥的信息。

（2）起吊时吊件的垂直下方不得有人。

（3）起吊绳尽量采用吊带，采用钢丝绳的应垫软物，防止损坏塔材或割断起吊绳。吊件接近就位时，起吊及变幅速度应减慢，上下密切配合，塔上指挥人员发出的信号应明确清晰。

（4）塔上组装所用物品必须放置稳妥，防止下落伤人。

（5）严禁将起吊绳等工器具由空中抛扔，必须通过吊钩或使用绳索引至地面。

（6）严禁将辅助材浮搁在塔上，以免误抓误踩酿成事故。

（7）起吊过程中如出现异常情况应立即停止牵引查明原因，严禁强行起吊。

（8）起吊时，吊件位置应尽量摆放在吊钩正下方，避免抱杆偏拉斜吊。

（9）塔件起吊过程中和就位时，控制大绳操作人员应随时注意现场指挥信号。

2. 主管吊装

（1）主管吊装布置示意如图2-2-9所示。

（2）主管吊装采用专用吊具，专用吊具与法兰螺栓采用单螺栓连接形式，根据法兰结构、管件质量及吊具的允许载荷，不同规格钢管吊装时应选用相应型号的吊具，并配用相应数量。

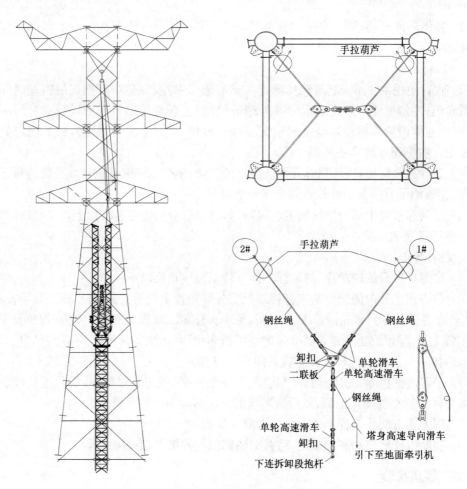

图 2-2-8　抱杆拆除示意图

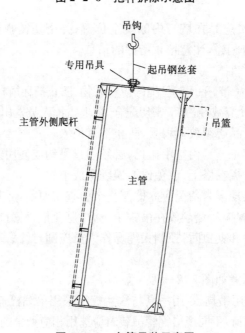

图 2-2-9　主管吊装示意图

3．水平材吊装

（1）水平材吊装的布置示意如图 2-2-10 所示。

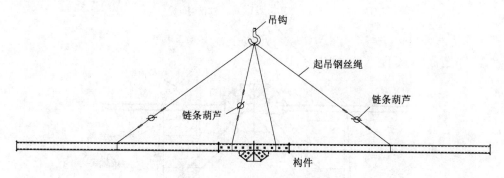

图 2-2-10　水平材吊装示意图

（2）水平材采用四点起吊的方式吊装。其中两个外吊点分别设置在水平管两端，各连接 1 只手拉葫芦，挂于吊钩。一个内挂点连接 1 只手拉葫芦，另一个内挂点直接用钢丝套锁住后，挂于吊钩。

4．斜材吊装

斜材吊装的布置示意如图 2-2-11 所示。

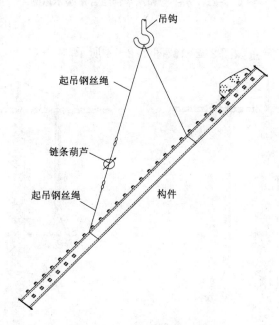

图 2-2-11　斜材吊装示意图

5．水平材及斜材组合吊装

（1）水平管和八字管组合吊装布置示意如图 2-2-12 所示。

（2）起吊后，先就位水平管法兰，在通过提升抱杆吊钩，使水平管中心拱高 30～50 mm，调整手拉链条葫芦，使八字管上段下法兰顺利就位。

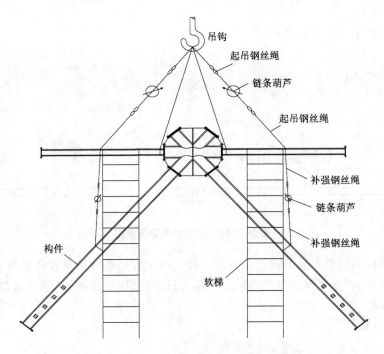

图 2-2-12   水平管和八字管组合吊装示意图

6. 横担吊装

(1) 横担吊装布置示意如图 2-2-13、图 2-2-14 所示。

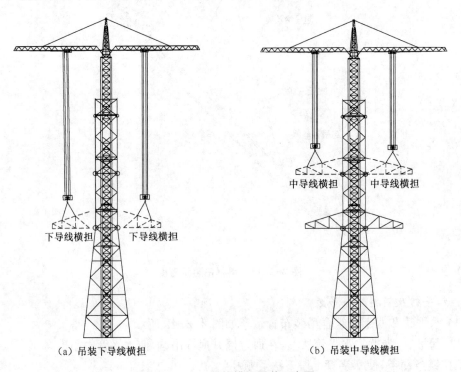

（a）吊装下导线横担   （b）吊装中导线横担

图 2-2-13   导线横担吊装示意图

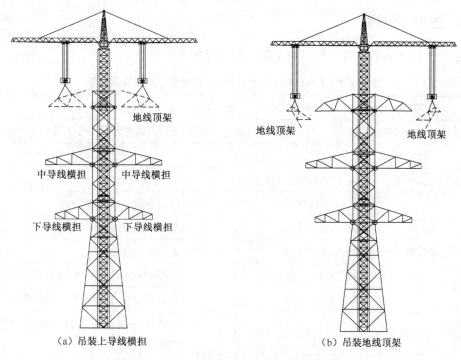

（a）吊装上导线横担　　　　　　　　（b）吊装地线顶架

图 2-2-14　上导线横担及地线顶架吊装示意图

（2）横担采用整体吊装方式。采用 4 点起吊，分别在横担上平面两侧主管各设置 2 个起吊点，通过手拉葫芦调节。

（3）起吊前，先通过调整手拉葫芦，使横担外侧略微向上倾。就位时，先就位上主管法兰和斜管法兰；就位后，再缓慢降低吊钩高度，使横担随重力作用下降，就位下平面主管和法兰。

（五）实际吊装应用图片

落地双平臂抱杆组塔实际吊装应用如图 2-2-15 所示。

图 2-2-15　落地双平臂抱杆组塔实际吊装应用

四、主要工器具

T2T120 型落地双平臂抱杆组塔主要工器具配置见表 2-2-1。

表 2-2-1 T2T120 型落地双平臂抱杆组塔主要工器具配置

序号	名称	规格	单位	数量	备注
1	落地双平臂抱杆	T2T120(8 t 级)	副	1	配腰环及液压顶升套架等相关装置
2	牵引机	40 kN	台	2	
3	发电机	30 kW	台	1	
4	钢丝绳(套)	φ16 mm×1 500 m	根	2	起吊磨绳
5		φ21.5 mm×18 m	根	4	抱杆套架拉线
6		φ21.5 mm×13 m	根	4	抱杆底座拉线
7		φ21.5 mm	根		抱杆腰环绳,长度及数量根据需要配
8		φ15～φ19.5 mm	根		起吊绑扎绳,长度及数量根据需要配
9	手拉葫芦	90 kN	只		腰环绳、套架拉线、抱杆内拉线、底座拉线收紧,数量根据需要配
10	卸扣	DG8	只		腰环绳连接用,数量根据需要配

第四节 施工安全控制要点

落地双平臂抱杆组塔施工的安全控制要点见表 2-2-2。

表 2-2-2 落地双平臂抱杆组塔施工危险点与预控措施

序号	作业内容	危险点	防范类型	预防控制措施
1	现场布置	场地地基未平整或夯实,不满足抱杆、流动式起重机等施工机械的承载力要求	起重伤害	场地清理完成,地基平整并夯实,满足抱杆、流动式起重机等施工机械的承载力要求
		牵引设备及操作人员布置距离不足	物体打击、起重伤害	为保证牵引设备及操作人员的安全,牵引设备应布置在安全距离之外,必须符合规程要求
2	抱杆组立	抱杆底座及提升或顶升套架的地基未整平夯实,拉线布置角度及选用工具规格不符合方案要求	起重伤害	严格按施工方案或作业指导书要求布置抱杆底座及提升或顶升套架,并收紧相应拉线
		未按方案要求打设腰环	起重伤害	严格按施工方案或作业指导书要求,根据抱杆组立高度,及时打设并收紧腰环拉线
		铁塔高度大于 100 m,抱杆无航空警示标志	物体打击	铁塔高度大于 100 m 时,组立过程中抱杆顶端应设置航空警示灯或红色旗号

续表 2-2-2

序号	作业内容	危险点	防范类型	预防控制措施
3	抱杆调试	抱杆未经调试及试运转直接用于吊装	起重伤害	抱杆组立完成,必须经调试及试运转合格后方可用于吊装;调试及试运转过程应严格执行方案或作业指导书要求,保证各安全保护装置及控制系统正确有效
		抱杆相关电缆使用保护不规范	触电	抱杆相关电缆地埋时应外护套管,并做好埋设位置、线路标识,防止意外损坏;配电箱在电源进线侧应装设三相漏电电流动作保护器;设专职电工,负责现场所有的电气维护,严禁无证人员操作
4	抱杆提升	不观察抱杆整体情况,野蛮提升	起重伤害	严格按施工方案或作业指导书要求进行抱杆提升操作,提升过程中应缓慢、匀速,并全面观察抱杆的整体提升情况,发现异常及时停止,查明原因,排除故障后继续提升
		未按方案要求及时打设腰环	起重伤害	严格按施工方案或作业指导书要求,根据抱杆提升高度,及时打设并收紧腰环拉线,控制好抱杆的整体正直度
		抱杆供电电缆及控制电缆未做可靠固定或保护	触电	由抱杆头部引下至地面控制台的供电电缆及控制电缆等,全部采用铠装绝缘电缆,随抱杆的每次提升,与抱杆杆身采取专用扎带进行可靠绑扎固定;电缆地埋时应外护套管,并做好埋设位置、线路标识,防止意外损坏
5	抱杆吊装操作	抱杆超重、超力矩或超力矩差起吊	起重伤害	抱杆的回转、变幅采用集中控制操作,集成显示起重量、作业幅度、起重力矩、力矩差等起吊参数,供控制操作人员观测,抱杆设置起吊质量、起吊力矩及力矩差等多项安全控制装置,提供安全保护
		两侧起吊及就位不同步	起重伤害	两侧起吊操作应基本同步,保持力矩基本平衡。特别是起吊离地及就位落钩阶段,应尽量平稳、慢速
		吊件吊装位置与就位位置偏差	起重伤害	抱杆安装视频监控系统,提供控制操作人员全面掌握作业现场信息
		操作人员不熟悉操作规程及设备性能	起重伤害	设备操控等作业人员应经过专门培训,并经考试合格,熟悉该设备操作规程及各项技术性能
6	铁塔吊装	超重起吊	起重伤害	严格按施工方案或作业指导书要求,仔细核对施工图纸的吊段参数,控制单吊质量
		偏位起吊	起重伤害	严格按施工方案或作业指导书要求,在允许的范围内进行起吊作业

续表 2-2-2

序号	作业内容	危险点	防范类型	预防控制措施
7	抱杆拆卸	两侧平臂收臂穿绳不规范,收臂不同步	起重伤害	严格按施工方案或作业指导书要求穿设收臂滑车组;两侧平臂收臂应保持同步、平稳、匀速
		抱杆头部多个构件整体拆除,超重起吊	起重伤害、物体打击	严格按施工方案或作业指导书要求,按拆卸滑车组的允许吊重,合理分解各构件,严禁超重起吊
		拆卸过程中,腰环未及时拆除	起重伤害、物体打击	拆卸过程中应随抱杆身部拆除进度,同时拆除相应的腰环及拉线

结合落地双平臂抱杆组塔施工各项作业内容的危险点,从"人、机、料、法、环"五因素分析其施工安全危险点。落地双平臂抱杆机械化程度高,配有多项安全控制装置,采用集中控制操作,无外拉线,受周围障碍物限制影响小,其使用过程中的安全主要依靠抱杆配置的各类电子式、机械式安全装置(如起重量限制器、起重力矩限制器、起重力矩差限制器等)来保证,脱离了传统组塔抱杆完全依赖于施工人员靠目测估计等经验方式。从危险点因素分析,抱杆机具及相应的安全装置是主要因素,施工人员的技能素质及操作经验是次要因素,各因素占比见施工安全危险点因素分析饼图,如图 2-2-16 所示。

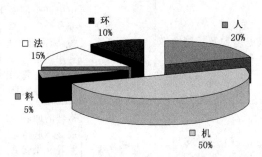

图 2-2-16 落地双平臂抱杆组塔施工安全危险点因素分析饼图

第五节 分析评价

结合落地双平臂抱杆组塔施工技术的特点,对其进行分析评价。

1. 技术先进性

落地双平臂抱杆充分结合铁塔结构对称的特点,采用两侧起重臂同时对称平衡起吊的方式,通过附在起重臂上的小车进行水平变幅,可自由调节起吊幅度;双臂互相平衡,双钩可独立作业,双臂无须空中解体,解决了双臂拆除难题,提高了抱杆拆除工效;抱杆回转及起吊变幅控制均采用电气集中控制操作;设置了质量、幅度、力矩等多项电子式、机械式的安全控制装置;结合铁塔结构,抱杆提升可采用滑车组倒装方式或液压顶升式的正装、倒装方式。落地双平臂抱杆紧密结合目前社会工业化的快速发展,深入应用电子、机械、控制等各相关专业的先进技术,装备总体技术水平先进,符合输电线路施工技术的发展方向。

2. 安全可靠性

抱杆设有质量、幅度、力矩等多项电子式、机械式的安全控制装置,能自动实现减速、限位、限动的安全控制;抱杆采用液压系统从抱杆底部实现自顶升,将传统升降抱杆的高空作业转化为地面作业,大大降低安全风险;结合设计有登塔旋梯井架的铁塔,采用井架作为抱杆杆身,与立塔施工同步安装,方便人员登塔,提高登塔安全性;配用视频监视装置,对组塔施工主要关键点进行重点监视。抱杆总体安全可靠性高,是目前特高压组塔施工中安全可靠性最高的技术之一。

3. 操作便捷性

抱杆回转及起吊变幅控制采用电气集中控制操作,通过手柄式的操作,结合各类监测数据及视频图像,即可实现抱杆各项动作状态的调整;抱杆采用液压系统自顶升,可以一次性连续引入多个标准节,提高了抱杆顶升工效;附着采用附着框、钢索、双钩或葫芦等标准件装配而成,相对建筑塔式起重机的刚性附着,具有安装简单高效、长度调节范围大、可重复利用等优点;抱杆结构组件的整体质量及尺寸相对较大,抱杆组立时需吊机协助配合。

4. 经济性

抱杆采用双侧同步起吊,起吊质量大,施工作业效率高;采用分块装配式基础,可重复利用,安装方便,对地基的地耐力要求较低,经济灵活,对环境的破坏小,适用范围广;结合设计有登塔旋梯井架的铁塔,采用井架作为抱杆杆身,可节约杆身标准节制作费用,与立塔施工同步安装旋梯井架,减小抱杆拆卸工作量。

5. 适用性

落地双平臂抱杆一般适用于总高不超过 200 m、分段吊装高度不大于 20 m 的输电线路跨越塔或特高压铁塔组立,中型运输车能到达的各类平地、高山、丘陵等地形。抱杆不设置外拉线,特别适用于外轮廓投影范围外有电力线等障碍物的铁塔组立。

结合落地双平臂抱杆组塔施工技术在技术先进性、安全可靠性、操作便捷性、经济性、适用性五方面的分析评价结果进行评分,其分析评价柱形图如图 2-2-17 所示。

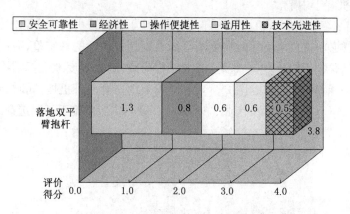

图 2-2-17　落地双平臂抱杆组塔施工技术各项目分析评价柱形图

第三章 落地下顶升智能平衡力矩抱杆组塔施工技术

第一节 技术原理及适用范围

一、技术原理

落地下顶升智能平衡力矩抱杆与落地双平臂抱杆同样采用了双水平臂、双水平跑车、双吊钩、折叠式收臂、软拉索内附着等设计方案,其结构形式主要有吊臂、塔顶、回转塔身、回转上下支座、套架、塔身、底节,采用低合金结构钢,回转支承采用外齿形式,顶升系统采用液压下顶升,起升机构、回转机构及变幅机构均采用变频调速,采用智能平衡配重系统,可以实现在某一范围内的智能平衡力矩功能。平衡力矩组塔起重机如图 2-3-1 所示。

抱杆采用单水平臂结构,水平臂与塔帽之间采用软拉索连接,平衡臂附加可移动智能力矩平衡的活平衡配重系统(活配重)。抱杆杆身结构弦杆主材采用角钢,材料 Q420,接头采用鱼尾板销轴连接,抱杆提升采用液压下顶升、地面加节方式。平衡重和起重小车采用可拆卸式,在抱杆拆卸时可以单独降落到地面,起吊系统采用滑轮组及吊钩,经转向滑车引至卷扬机,卷扬机置于中节。

双平臂采用 2 套地面起升机构同步起吊方案,但 2 个起升机构在实际工作中是无法确保真正同步的,这样必将造成塔身瞬时所受不平衡力矩超过设计的额定值,造成超载现象,埋下安全隐患。为了解决"不同步"这一难题,减少结构荷载,最大限度地发挥结构件的负载能力,本研究提出了"一绳双钩"穿绳法(图 2-3-2),即只采用一套起升机构,同时穿起 2 个吊钩,并提供 2 种作业方式(双钩对称起吊作业、单钩独立作业),供实际施工工况选择。

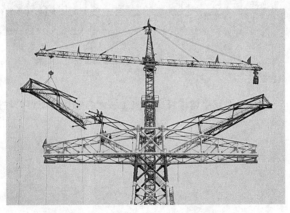

图 2-3-1 平衡力矩组塔起重机

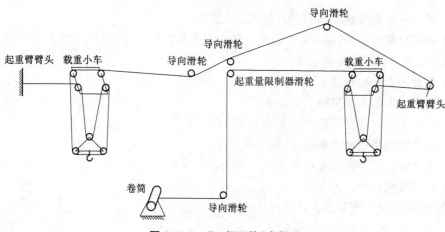

图 2-3-2 "一绳双钩"穿绳法

主要特点:

(1)双水平起重臂、双水平变幅小车能满足组塔施工的特点,充分发挥起重机的起重能力,2 条起重臂均可做工作臂,提高了施工效率。

(2)当铁塔安装完拆卸起重机时,起重臂可方便地利用自身机构折叠收起至垂直位置,随整机降到最低位置再进行拆卸,拆卸安全、方便,降低高空作业的风险。

(3)通过"一绳双钩"的设置自动平衡起重力矩,最大限度地发挥了该机的起重能力。

(4)采用内附着方案,通过选用 4 套钢丝绳构件组成的软附着墙与铁塔节点对称连接,不仅对塔机与铁塔受力均有利,且易于设计、安装施工,安全可靠性高,经济合理。

(5)标准节采用片式结构,由 4 片组成。塔机拆除时可先将标准节拆分,再通过塔机自身的吊钩将其降到地面,缩小了拆除所需空间,而且山地分解运输轻巧方便,降低了劳动强度。

二、适用范围

落地下顶升智能平衡力矩抱杆一般适用于 150 m 以下普通线路(含超、特高压线路)铁塔和 300 m 以下大跨越高塔(包括各种钢管塔、角钢塔)的组立施工。

第二节 施工计算及技术参数

一、施工计算

落地下顶升智能平衡力矩抱杆组塔施工应进行施工计算,主要施工计算内容与落地双平臂抱杆组塔施工相同。

以下以 QTZ 2050 型落地下顶升智能平衡力矩抱杆组塔为例,进行施工计算及施工工艺的介绍。

二、技术参数

1.抱杆技术参数

(1)起重臂长度 20 m,最大工作幅度为 20 m(抱杆中心线至吊钩中心距离)。

(2) 最大起重量及倍率：5 t(任意幅度)，4 倍率。

(3) 额定起重力矩 1 000 kN·m，允许最大不平衡力矩 500 kN·m(最大不平衡力矩为不考虑超载、冲击和风力等情况下)。

(4) 最大独立使用高度 25 m。

(5) 附着使用最大塔身高度 150 m。

(6) 使用柔性附着且附着间距不小于 25 m。

(7) 附着状态塔身最大悬高 20 m。

(8) 起重臂及平衡臂收叠后最大水平方向外形尺寸不大于 3 m。

(9) 底架支承点间距为 5 m。

(10) 安装完成后底架最大外缘尺寸 7 m。

(11) 起重臂水平旋转角度为 360°。

(12) 回转速度 0～0.63 r/min。

(13) 水平臂小车变幅速度为 0～5 m/min。

(14) 起升速度：0～40 m/min(4 倍率)，0～80 m/min(2 倍率)。

(15) 设计最大工作风速为 20 m/s。

第三节　施工工艺

一、现场布置

落地下顶升智能平衡力矩抱杆组立铁塔的现场布置示意图见图 2-3-3。

二、工艺流程

落地下顶升智能平衡力矩抱杆组立铁塔的施工工艺流程同落地双平臂抱杆。

三、主要工艺

(一) 抱杆组立

1. 安装基础节

(1) 在安装基础块的位置平整地面，基础块深入地面高度为 100 mm，平整土地时尺寸需比基础块的尺寸大 100 mm 左右，以便基础块安装时位置可以调整。

(2) 以塔位中心桩为准，抱杆中心与塔位中心桩重合，根据中心桩位置确定基础块的放置位置，开好辅助安装尺寸线，放置基础块，利用水平仪检测 4 个基础块安装的水平度，误差不大于 1/1 000。

(3) 依次安装十字撑杆、斜撑，将十字撑杆与基础块用螺栓连接。

(4) 泥土回填，使基础块深入地面高度 100 mm。

2. 安装爬升架

将爬升架与十字撑杆相连，依次安装爬升架撑杆、平台、顶升机构、爬升架滚轮、升节

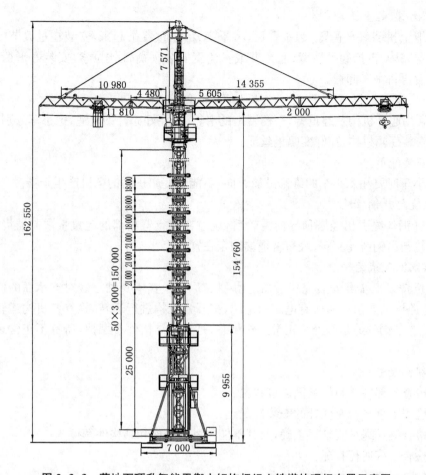

图 2-3-3　落地下顶升智能平衡力矩抱杆组立铁塔的现场布置示意图

机构。

3. 安装标准节

（1）将塔身3个节拼装后吊装与基础节相连，用8个鱼尾板销轴紧固好。注意爬梯的方向。

（2）标准节上有踏步的一面应位于顶升油缸的一侧。

4. 吊装上、下支座，回转节，过渡节，起升机构总成

（1）在地面上先将上、下支座以及回转机构、起升机构、回转支承、回转节、平台等装为一体。

（2）将这套部件吊起安装在标准节上，使下支座的4个接耳与标准节的鱼尾板以销轴连接。

5. 吊装塔顶

（1）在地面上将塔顶部件安装好，然后用吊车将塔顶吊起至过渡节上方，用销轴使它们连接在一起。

（2）把软拉索在塔顶这部分安装好。

6. 平衡臂、起重臂的安装

在平地上拼装好平衡臂、起重臂后,将平衡臂、起重臂吊起来,安装在过渡节的对应接头上并固定完毕,再抬起平衡臂、起重臂成一角度安装平衡臂软拉索,安装好平衡臂、起重臂软拉索后再将吊车卸载。

7. 安装起重小车、平衡臂小车、变幅机构、配重

(1) 利用起升机构及起重臂、平衡臂上的滑轮组,穿好起升钢丝绳,把小车分别安装好。

(2) 安装变幅机构,穿好变幅钢丝绳。

(3) 安装配重。

安装小车时要注意小车的维修吊篮方向,不能对变幅机构的电机产生干涉。

8. 穿绕起升钢丝绳

将起升钢丝绳引出经塔顶导向滑轮后,绕过在起重臂根部的起重量限制器滑轮,再引向小车滑轮与吊钩滑轮穿绕,最后将绳端固定在臂头上。

9. 接电源及试运转

当整机按以上步骤安装完毕后,在无风状态下,检查塔身轴心线对支承面的侧向垂直度,再按电路图的要求接通所有电路的电源,试开各机构进行运转,检查各机构运转是否正确,同时检查各钢丝绳是否处于正常工作状态,是否与结构件有摩擦,所有不正常现象应予以排除。

10. 部件检查

(1) 检查各部件之间的紧固连接状况。

(2) 检查支承平台及栏杆的安装情况。

(3) 检查钢丝绳穿绕是否正确,及其不能与塔机机构和结构件摩擦。

(4) 检查电缆通行状况。

(5) 检查平衡臂配重的固定状况。

(6) 检查平台上有无杂物,防止塔机运转时杂物坠落伤人。

(7) 检查各润滑面和润滑点。

11. 安全装置调试

安全装置主要包括:行程限位器、载荷限制器和风速仪。行程限位器有:起升高度限位器、回转限位器、幅度限位器。载荷限制器有:起重力矩限制器、起重量限制器。

(二) 抱杆顶升

(1) 将起重臂旋转至引入塔身标准节的方向。

(2) 平衡臂配重小车移动到最内侧。

(3) 调整好爬升架导轮与塔身之间的间隙,以平行塔身为准,一般以 2~3 mm 为宜。

(4) 把引进小车吊起安放于爬升架的引进轨道上,调整好小车导轮间隙,然后平稳地吊起标准节,并安放在外伸框架的引进小车上,调整载重小车的位置,使得塔吊的上部重心落在顶升油缸梁的位置上。

(5) 卸下塔身与基础节鱼尾板连接的销轴。

(6) 插好顶升框架与标准节的锁定销轴,开动液压系统,启动顶升油缸,当油缸活塞杆伸出长度略大于标准节净高 3.39 m 时停止伸杆。

（7）推入标准节到爬升架内,调整好位置,使升节结构的上部托架卡轴与引进小车的限位孔对准,启动升节油缸,把标准节提升到与上部标准节对齐,插入鱼尾板插销,固定好。

（8）收缩升节油缸活塞杆,使托架下降,直到引进小车最顶端低于基础节角钢的最高位置时停止,检查标准节的位置是否正确,确认正确后缩回顶升油缸,整个塔身下降,待塔身与基础节接触平稳后停止。拔开塔身顶升框架与标准节的锁定销轴,继续收缩顶升油缸活塞杆到塔身顶升框架与下一个标准节踏步的位置,插入锁定销轴。

（9）重复上述步骤,可继续加高塔身至所需要高度。

（10）加高到需要高度时,连接好最底一节标准节与基础节的鱼尾板销轴,关闭液压系统,做作业后检查。至此,完成了加高标准节的工作。

（11）标准节安装好后,必须把标准节连接销、标准节锁销、开口销连接好,严禁在各连接件未连接好的情况下工作及起吊。

（三）抱杆拆除

将抱杆旋至拆卸区域,保证该区域无障碍影响拆卸作业。严格按顺序进行抱杆拆卸,其步骤与抱杆安装步骤相反。

拆卸作业的具体程序如下:卸载吊钩→拆除起重小车→拆除配重(配重共 4 块,每次拆卸 1 块)→拆除平衡臂小车→扳起重臂并锁紧→扳起平衡臂并锁紧→降塔身标准节(如有附着装置则相应拆去)→拆起重臂(需把塔顶防脱绳装置拆卸)→拆平衡臂→拆塔顶→拆过渡节→拆回转节及上、下支座总成→拆剩余标准节→拆爬升架→拆基础节。

（四）铁塔吊装

1. 塔腿吊装

铁塔塔腿段采用 25 t 汽车吊分解吊装,先吊装四腿主材,再吊装水平杆,最后吊装斜杆。

2. 塔身主材吊装

塔身主材吊装布置如图 2-3-4 所示。

（1）吊装主材时使用专用的吊装螺栓;吊装就位过程中,根据法兰上对位贴位置,调整吊装主材就位位置。

（2）主材落下后,法兰背向心方向先与下段法兰接触,安装人员用撬棍将法兰孔校正对齐,严禁直接用手进行找正。在背向心方向上将螺母拧紧,慢慢地松吊点,使主材法兰与下段法兰的接触面积越来越大,将背向心穿入的螺栓随着吊点的放松而拧紧。随后再将向心侧的就位螺栓适当紧固。

图 2-3-4 塔身主材吊装布置示意图

3. 塔身横杆及斜杆吊装

在铁塔下段,根开尺寸较大的水平横杆采用单杆起吊,横杆采用吊带绑扎。在横杆中部靠两端各 1/4 距离拴 2 个吊点,中部以倒链收紧,并在两端各拴 1 根控制绳。

在主材与水平材的接头处挂滑车,在塔腿设地面转向滑车,利用 φ13 mm 钢丝绳通过滑车与大斜材在底部连接,作为大斜材的辅助吊绳,用以辅助大斜材下部就位。

4. 横担、地线支架吊装

(1) 吊装原则:横担质量大于 10 t 的,将每侧的导线横担组装成前后两段,分段吊装;横担质量小于 10 t 的,每侧横担整体组装后吊装。横担吊装如图 2-3-5 所示。为减少吊装工况,提高工作效率,全部采用活配重方式吊装。吊装顺序:从下往上依次吊装,先下横担,最后上横担、地线支架。

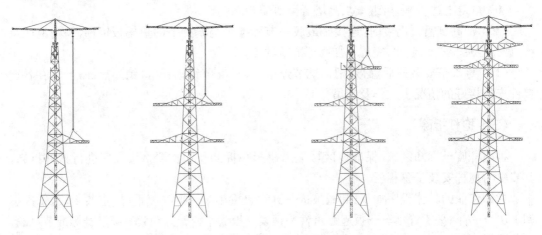

图 2-3-5 横担吊装示意图

(2) 采用 4 点起吊,分别用 2 根吊带拴在横担主材上。

(3) 横担、地线支架在地面合适的位置组装,起吊件先沿顺线路方向提升,当接近就位点时再旋转至正确就位方向就位。

(4) 在起吊过程中,随时观察显示系统不平衡力矩值,根据不平衡力矩值调整活配重前后移动,从而减小不平衡力矩值。

(五)实际吊装应用图片

落地下顶升智能平衡力矩抱杆组塔实际吊装应用如图 2-3-6 所示。

图 2-3-6 落地下顶升智能平衡力矩抱杆组塔实际吊装应用

四、主要工器具

QTZ 2050 型落地下顶升智能平衡力矩抱杆组塔主要工器具配置见表 2-3-1。

表 2-3-1　QTZ 2050 型落地下顶升智能平衡力矩抱杆组塔主要工器具配置

序号	名称	规格	单位	数量	备　注
1	落地下顶升智能平衡力矩抱杆	QTZ 2050	副	1	配腰环及液压顶升套架等相关装置
2	牵引机	75 kN	台	2	
3	卷扬机	75 kN	台	2	
4	发电机	15 kW	台	1	
5	钢丝绳（套）	$\phi16\text{ mm}\times800\text{ m}$	根	2	起吊绳
6		$\phi22\text{ mm}\times30\text{ m}$	根	4	套架拉线
7		$\phi16\text{ mm}\times30\text{ m}$	根	4	回转下支座拉线
8		$\phi20\text{ mm}\times30\text{ m}$	根	4	基础底座拉线
9		$\phi18\text{ mm}$	根	40	腰环下拉线
10		$\phi20\text{ mm}$	根	60	腰环上拉线及交叉拉线
11		$\phi20\sim\phi24\text{ mm}$	根		起吊绑扎绳，长度及数量根据需要配
12	手扳葫芦	100 kN	只	160	
13	卸扣	100 kN	只	200	

第四节　施工安全控制要点

落地下顶升智能平衡力矩抱杆组塔施工安全控制要点见表 2-3-2。

表 2-3-2　落地下顶升智能平衡力矩抱杆组塔施工危险点与预控措施

序号	作业内容	危险点	防范类型	预防控制措施
1	现场布置	场地地基未平整或夯实，不满足抱杆、流动式起重机等施工机械的承载力要求	起重伤害	场地清理完成，地基平整并夯实，满足抱杆、流动式起重机等施工机械的承载力要求
		牵引设备及操作人员布置距离不足	物体打击、起重伤害	为保证牵引设备及操作人员的安全，牵引设备应布置在安全距离之外，必须符合规程要求
2	抱杆组立	抱杆底座及提升或顶升套架的地基未整平夯实，拉线布置角度及选用工具规格不符合方案要求	起重伤害	严格按施工方案或作业指导书要求布置抱杆底座及提升或顶升套架，并收紧相应拉线

续表 2-3-2

序号	作业内容	危险点	防范类型	预防控制措施
2	抱杆组立	未按方案要求打设腰环	起重伤害	严格按施工方案或作业指导书要求,根据抱杆组立高度,及时打设并收紧腰环拉线
		铁塔高度大于 100 m,抱杆无航空警示标志	物体打击	铁塔高度大于 100 m 时,组立过程中抱杆顶端应设置航空警示灯或红色旗号
3	抱杆调试	抱杆未经调试及试运转直接用于吊装	起重伤害	抱杆组立完成,必须经调试及试运转合格后方可用于吊装;调试及试运转过程应严格执行方案或作业指导书要求,保证各安全保护装置及控制系统正确有效
		抱杆相关电缆使用保护不规范	触电	抱杆相关电缆地埋时应外护套管,并做好埋设位置、线路标识,防止意外损坏;配电箱在电源进线侧应装设三相漏电电流动作保护器;设专职电工,负责现场所有的电气维护,严禁无证人员操作
4	抱杆提升	不观察抱杆整体情况,野蛮提升	起重伤害	严格按施工方案或作业指导书要求进行抱杆提升操作,提升过程中应缓慢、匀速,并全面观察抱杆的整体提升情况,发现异常及时停止,查明原因,排除故障后继续提升
		未按方案要求及时打设腰环	起重伤害	严格按施工方案或作业指导书要求,根据抱杆提升高度,及时打设并收紧腰环拉线,控制好抱杆的整体正直度
		抱杆供电电缆及控制电缆未做可靠固定或保护	触电	由抱杆头部引下至地面控制台的供电电缆及控制电缆等,全部采用铠装绝缘电缆,随抱杆的每次提升,与抱杆杆身采取专用扎带进行可靠绑扎固定;电缆地埋时应外护套管,并做好埋设位置、线路标识,防止意外损坏
5	抱杆吊装操作	抱杆超重、超力矩或超力矩差起吊	起重伤害	抱杆的回转、变幅采用集中控制操作,集成显示起重量、作业幅度、起重力矩、力矩差等起吊参数,供控制操作人员观测,抱杆设置起吊质量、起吊力矩及力矩差等多项安全控制装置,提供安全保护
		两侧起吊及就位不同步	起重伤害	两侧起吊操作应基本同步,保持力矩基本平衡。特别是起吊离地及就位落钩阶段,应尽量平稳、慢速
		吊件吊装位置与就位位置偏差	起重伤害	抱杆安装视频监控系统,提供控制操作人员全面掌握作业现场信息
		操作人员不熟悉操作规程及设备性能	起重伤害	设备操控等作业人员应经过专门培训,并经考试合格,熟悉该设备操作规程及各项技术性能

续表 2-3-2

序号	作业内容	危险点	防范类型	预防控制措施
6	铁塔吊装	超重起吊	起重伤害	严格按施工方案或作业指导书要求,仔细核对施工图纸的吊段参数,控制单吊质量
		偏位起吊	起重伤害	严格按施工方案或作业指导书要求,在允许的范围内进行起吊作业
7	抱杆拆卸	两侧臂收臂穿绳不规范,收臂不同步	起重伤害	严格按施工方案或作业指导书要求穿设收臂滑车组;两侧臂收臂应保持同步、平稳、匀速
		抱杆头部多个构件整体拆除,超重起吊	起重伤害、物体打击	严格按施工方案或作业指导书要求,按拆卸滑车组的允许吊重,合理分解各构件,严禁超重起吊
		拆卸过程中,腰环未及时拆除	起重伤害、物体打击	拆卸过程中应随抱杆身部拆除进度,同时拆除相应的腰环及拉线

结合落地下顶升智能平衡力矩抱杆组塔施工各项作业内容的危险点,从"人、机、料、法、环"五因素分析其施工安全危险点。落地下顶升智能平衡力矩抱杆机械化程度高,采用活配重动态平衡系统,可根据起吊负荷动态调整配重位置,可以明显降低塔身不平衡力矩,使运行更加安全,配有多项安全控制装置,采用集中控制操作,无外拉线,受周围障碍物限制影响小,其使用过程中的安全主要依靠抱杆配置的各类电子式、机械式安全装置(如起重量限制器、起重力矩限制器、起重力矩差限制器等)来保证,脱离了传统组塔抱杆完全依赖于施工人员靠目测估计等经验方式。从危险点因素分析,抱杆机具及相应的安全装置是主要因素,施工人员的技能素质及操作经验是次要因素,各因素占比见施工安全危险点因素分析饼图,如图 2-3-7 所示。

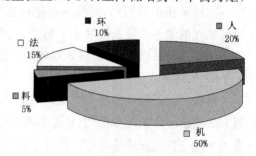

图 2-3-7　落地下顶升智能平衡力矩抱杆
组塔施工安全危险点因素分析饼图

第五节　分析评价

结合落地下顶升智能平衡力矩抱杆施工技术的特点,对其进行分析评价。

1. 技术先进性

落地下顶升智能平衡力矩抱杆采用活配重动态平衡系统,可根据起吊负荷动态调整配重位置,可以明显降低塔身不平衡力矩,使运行更加安全;采用双油缸液压一步式下顶升系统,加节在地面进行,安全性更好,效率更高;设置重量限制器、力矩限制器、高度限位器、幅度限位器、回转限位器、牵引机构的制动器具等安全装置,以及小车防断绳、防断轴装置,使塔机安全性能更加可靠;采用上下位机 PLC 通信控制系统,该系统简洁明了,减少电线电缆的数量和敷设布置,减轻安装和维护工作量;全机使用了全变频驱动系统,工作效率高,调速性能好,工作平稳可靠。落地下顶升智能平衡力矩抱杆紧密结合目前社会工业化的快速发展,深入应用电子、机械、控制等各相关专业的先进技术,装备总体技术水平先进,符合输电线路施工技术的发展方向。

2. 安全可靠性

抱杆设有质量、幅度、力矩等多项电子式、机械式的安全控制装置,能自动实现减速、限位、限动的安全控制;抱杆采用液压系统从抱杆底部实现自顶升,将传统升降抱杆的高空作业转化为地面作业,大大降低安全风险;采用活配重动态平衡系统,可根据起吊负荷动态调整配重位置,可以明显降低塔身不平衡力矩,使运行更加安全。抱杆总体安全可靠性高,是目前特高压组塔施工中安全可靠性最高的技术之一。

3. 操作便捷性

抱杆回转及起吊变幅控制采用电气集中控制操作,设监控管理系统和视频监视系统,利用触摸屏和显示屏直观显示各种操作、故障、运行参数和视频,确保安全使用和操作上的便利;抱杆采用液压系统自顶升,可以一次性连续引入多个标准节,提高了抱杆顶升工效;附着采用附着框、钢索、双钩或葫芦等标准件装配而成,相对建筑塔式起重机的刚性附着,具有安装简单高效、长度调节范围大、可重复利用等优点;抱杆结构组件的整体质量及尺寸相对较大,抱杆组立时需吊机协助配合。

4. 经济性

抱杆采用单侧起吊、对侧活配重动态平衡方式,起吊质量大,施工作业效率较高;抱杆结构组件的整体质量及尺寸相对较大,抱杆组立周期相对较长。对单件质量较大、总体组立周期较长的铁塔组立,经济效益较为明显。

5. 适用性

落地下顶升智能平衡力矩抱杆一般适用于 150 m 以下普通线路(含超、特高压线路)铁塔和 300 m 以下大跨越高塔(包括各种钢管塔、角钢塔)的组立施工,中型运输车能到达的各类平地、高山、丘陵等地形。抱杆不设置外拉线,特别适用于外轮廓投影范围外有电力线等障碍物的铁塔组立。

结合落地下顶升智能平衡力矩抱杆组塔施工技术在技术先进性、安全可靠性、操作便捷性、经济性、适用性五方面的分析评价结果进行评分,其分析评价柱形图如图 2-3-8 所示。

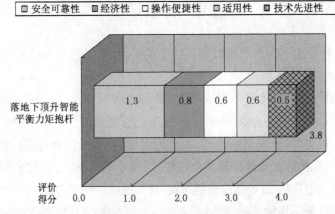

图 2-3-8 落地下顶升智能平衡力矩抱杆组塔施工技术各项目分析评价柱形图

第四章
落地单动臂抱杆组塔施工技术

第一节　技术原理及适用范围

一、技术原理

落地单动臂抱杆是在建筑塔式起重机基础上,针对输电线路铁塔组立施工特点和要求研发设计,其立于铁塔中心,与铁塔进行软附着,采用单动臂形式及智能平衡配重系统、可重复利用的装配式基础,通过单吊臂俯仰及回转实现塔材就位。

二、适用范围

落地单动臂抱杆适用于 150 m 以下普通线路(含超、特高压线路)铁塔和 300 m 以下大跨越高塔(包括各种钢管塔、角钢塔)的组立施工。

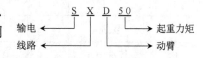

本书以 SXD50(□1 300 mm)型落地单动臂抱杆为例,进行施工计算及施工工艺的介绍。

第二节　施工计算及技术参数

一、施工计算

组塔施工应进行施工计算,主要施工计算的内容同落地双平臂抱杆。

二、技术参数

1. 抱杆技术参数

(1) 额定起重力矩 500 kN·m。

(2) 最大起重量 4 t(工作幅度 1.5~12.5 m)。

(3) 最大工作幅度 20.8 m(起重量 2.5 t)。

(4) 最大自由段高度(第一道腰拉线至吊臂臂根铰点距离)21 m。

(5) 工作工况仰角对应幅度:最小仰角对应最大幅度 15°/20.8 m,最大仰角对应最小幅度 88.3°/1.5 m。

(6) 回转角度±180°。

（7）抱杆全高 161 m，结构整体自重 65 735 kg。

（8）抱杆设有起重量、起重幅度、起重力矩等安全控制装置，具有减速、限位、限动功能。

2. 抱杆结构参数

SXD50(□1 300 mm)型落地单动臂抱杆由塔顶总成、拉杆、吊臂、载重小车和吊钩、回转塔身、上下支座总成、塔身、腰环、套架、基础底架、基础底板等组成，并配有起吊、变幅、平衡、腰环、提升等系统。

抱杆主杆断面□1 300 mm，抱杆塔顶段（吊臂铰接点以上）高 8 m，吊臂长 21 m，平衡臂长 6.6 m（配 3 t 配重），吊臂铰接点以下配置 153 m（51 节 3 m 标准段），配置全高 161 m。抱杆组成构件如表 2-4-1 所示。

表 2-4-1　SXD50(□1 300 mm)型落地单动臂抱杆构件组成表

序号	名称	单件质量（kg）	外形尺寸(mm)（长×宽×高）	数量	备注
1	基础底板	3 976	4 110×4 110×590	1	基础底板(16 块×248.5)3 976＋底架基础 1 537
2	底架基础	1 537	4 053×4 053×590	1	
3	套架	6 685	3 510×3 080×11 780	1	可拆分，单件重 2 051 kg
4	油缸	150		2	
5	泵站	300		1	
6	标准节	678	1 308×1 308×3 000	51	可拆分，单片重 639 kg
7	起升专用节	1 004	1 825.5×2 611×3 000	1	
8	回转总成	6 000	2 500×2 600×2 310	1	
9	平衡臂	1 261	6 652×2 400×1 234	1	
10	配重提升架	372	700×2 504×1 765	1	
11	变幅机构	1 710	1 220×1 220×2 132	1	
12	塔头总成	2 262	1 600×1 800×8 075	1	
13	变幅滑轮组	161	1 068×168×640	1	
14	安全绳	35	17 310×33×106	1	
15	吊臂总成	1 338	21 140×576×776	1	
16	吊钩滑轮组	499	834×457×1 592	1	
17	起升机构	2 400		1	
18	司机室	500		1	
19	绳索系统	556		1	
20	吊装支架	261		1	

第三节　施工工艺

一、现场布置

落地单动臂抱杆组立铁塔的现场布置如图 2-4-1 所示。

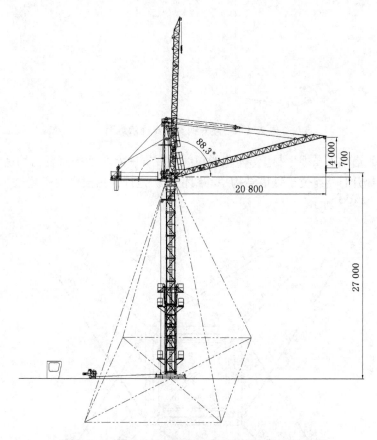

图 2-4-1　落地单动臂抱杆组立铁塔现场布置示意图

1. 抱杆吊臂布置

抱杆布置在铁塔中心位置进行吊装作业。根据各塔位现场情况,吊臂布置在横线路或顺线路方向位置,吊装时以此为基准,通过电动控制在 $-180°\sim+180°$ 之间往复旋转。

2. 起吊系统布置

起吊滑车组采用 $\phi16\,mm$ 钢丝绳 1-1 滑车组走 3 道磨绳,穿绕方式如图 2-4-2 所示。

3. 变幅系统布置

变幅滑车组采用 $\phi20\,mm$ 钢丝绳,将塔顶滑轮组与起重臂拉杆滑轮组进行穿绕,成 8 倍率滑车组。

4. 抱杆腰拉线布置

抱杆腰拉线的安装间距一般不大于 20 m,从下往上第一道腰拉线的高度可为 31.4 m。腰

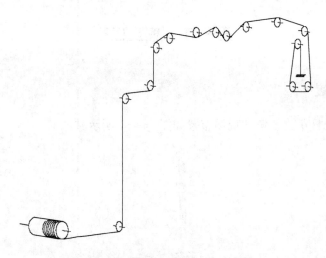

图 2-4-2　起升钢丝绳穿绕示意图

拉线固定在已组塔架的 4 根主材上。4 根腰拉线应在同一水平面内且受力均衡,以保证抱杆在吊装构件及提升时始终位于铁塔结构中心线位置。抱杆自由段高度不超过 21 m。腰拉线打设布置如图 2-4-3 所示。

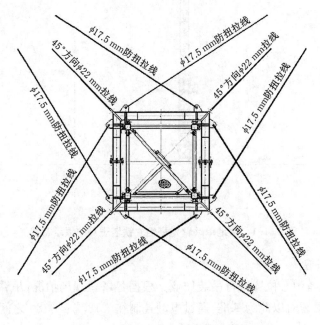

图 2-4-3　腰拉线打设布置示意图

二、工艺流程

落地单动臂抱杆分解组塔施工工艺流程如图 2-4-4 所示。

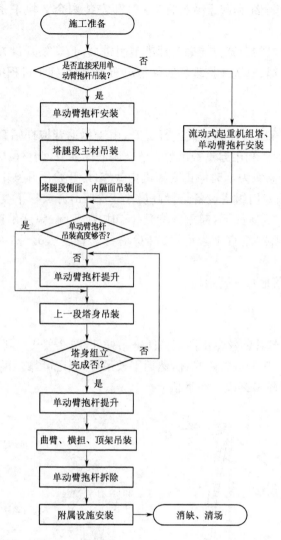

图 2-4-4 落地单动臂抱杆分解组塔施工工艺流程图

三、主要工艺

(一)抱杆组立

对于交通便利的平地基础,落地单动臂抱杆采用汽车吊进行组立;对于山区地形条件较差的基础,由于汽车吊无法到位,采用□900 mm 抱杆组立落地单动臂抱杆。

单动臂抱杆初始段包括:基础底板+底架基础+4 至 5 个标准节+腰环+回转段+回转塔身+塔顶段+吊臂及载重小车、变幅钢丝绳+拉杆+吊钩及起升钢丝绳。安装顺序为:(1)抱杆基础处理→(2)安装基础底板→(3)安装抱杆底架基础→(4)安装四至五节标准节→(5)安装顶升套架→(6)安装回转塔身下支座→(7)安装回转支承→(8)安装回转塔身上支座→(9)安装塔顶→(10)安装平衡臂(带吊杆和平衡臂拉杆,含 1 块配重)→

(11)安装起重臂(带安全绳和起重臂拉杆)→(12)安装剩余2块平衡重→(13)安装吊钩及起升钢丝绳。

安装时,依据牵引机的布置方向确定标准节引进方向、套架开口方向。抱杆组件接入,各种起吊钢丝绳、水平绳、电缆线按现场实际情况布置,减小施工过程中的相互影响。

(二)抱杆提升

单动臂抱杆采用液压顶升的方式进行提升,由于单动臂抱杆频繁存在的不平衡力矩,在顶升前必须进行消除。利用起重臂吊起2节空闲的标准节,调整吊臂幅度,同时利用经纬仪测量,直至抱杆杆身倾斜为0°时停止变幅机构动作,再开始顶升操作。

开始顶升前,确保专用组塔设备悬臂高度小于21 m,并放松下支座内拉线,对专用组塔设备进行调平工作,具体如下:起重臂仰角15°时,在20 m幅度吊重一块0.8 t的配重,微调幅度,用经纬仪观测(垂直于起重臂方向)塔身垂直度<0.5/1 000时方可进行顶升工作。

后续提升工作同落地双平臂抱杆。

(三)抱杆拆除

(1)解除吊钩,将起升钢丝绳反穿至平衡臂吊杆处(图2-4-5),利用起升机构由外侧向内逐一卸下配重(图2-4-6)并拆除栏杆,然后平放吊杆,固定可靠。再将起升钢丝绳重新穿绕,经平衡臂后部的滑轮最终固定在塔顶上。

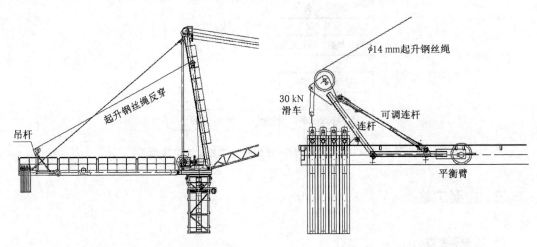

图 2-4-5　起升钢丝绳反穿至平衡吊杆示意图　　　图 2-4-6　卸载配重示意图

(2)运行变幅机构,将起重臂向上摇至竖直状态,并与塔顶固定可靠;然后运行起升机构,将平衡臂向上摇至竖直状态,并与塔顶固定可靠。如图2-4-7所示。

(3)通过套架将塔身降至最低,然后依次将塔顶、回转塔身上下支座、塔身、套架等部分拆除,最后拆除底架基础和基础底板。至此,完成抱杆拆卸过程。

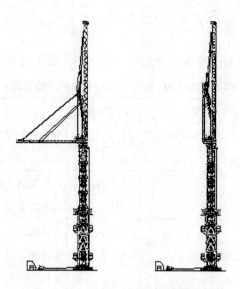

图 2-4-7　吊臂、平衡臂收起示意图

（四）铁塔吊装

落地单动臂抱杆分解吊装铁塔方法同落地双摇臂抱杆。

（五）实际吊装应用图片

落地单动臂抱杆组塔实际吊装应用如图 2-4-8 所示。

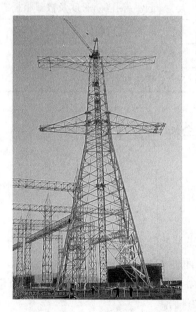

图 2-4-8　落地单动臂抱杆组塔实际吊装应用

四、主要工器具配置

SXD50(□1 300 mm)型落地单动臂抱杆分解组塔主要工器具配置见表2-4-2。

表 2-4-2　SXD50(□1 300 mm)型落地单动臂抱杆分解组塔主要工器具配置

序号	名称	规格	单位	数量	备 注
1	落地单动臂抱杆	SXD50(□1 300 mm)型	套	1	整套系统,配腰环6套
2	悬浮抱杆	□900 mm×42 m	副	1	含起立、吊装配套工器具
3	控制台		套	1	整体控制及调整
4	卷扬机	8 t	台	1	提供驱动力
5	机动绞磨	50 kN	台	1	带过载保护
6		φ16 mm×800 m	根	2	起吊钢丝绳
7		φ22 mm×10 m/12 m	根	各4	腰环45°拉线用
8		φ22 mm×8 m	根	16	腰环45°拉线用
9		φ18 mm×12 m/15 m	根	8/16	腰环下层拉线用
10	钢丝绳(套)	φ18 mm×20 m	根	8	腰环防扭拉线用
11		φ22 mm×30 m/40 m	根	各2	套架拉线用
12		φ20 mm×20 m	根	4	底架拉线用
13		φ20 mm×30 m/40 m	根	各2	回转拉线用
14		φ16~φ24 mm	根		起吊绑扎绳,长度及数量根据需要配
15	手拉葫芦	10 t	只	24	45°上层拉线用
16		6 t	只	32	防扭及下层拉线用
17	卸扣	标准型	只	300	腰拉线打设用

第四节　施工安全控制要点

一、抱杆保护装置原理及动作

1. 启动零位保护

启动零位保护是操作台操作面板上,各操作开关的零位即停止位置。它是为了避免送上电源后,由于手动复位的操作开关不处于零位而使起重机启动,产生危险动作而设置的一种保护装置。只有各控制开关同时都处于零位时,按启动按钮,总接触器才能闭合,各机构才能得电动作,从而避免因操作不当而产生危险情况。

2. 错断相保护

错断相保护器是保护电源相序和缺相的装置。当进入变幅-回转电控箱电源缺相或相序不对,电控箱内的控制回路不能得电,机构不能动作,从而保护了各机构。

3. 过欠压保护

过欠压保护器是保护各电器元件不因电压过高或过低损坏而设置的一种装置。当工地电压过高或过低时,能有效地切断总起接触器,从而切断总电源,防止电器元件烧毁,从而保护各类电器元件。

4. 短路和过载保护

操作台、回转、变幅机构动力线路及控制线路中都装有断路器,这些断路器都有短路、过载保护功能。当发生短路或过载时,这些开关会自动跳闸,从而保护机构和各线路的安全。

5. 变频器故障保护

变频器故障保护是变频器自身带有的故障输出点,在变频器出现故障时,电机停止转动,电机刹车合闸,对应机构停止动作,防止出现溜车而产生事故。同时,变频器进行基极封锁,防止变频器再次运行。出现故障后,需查明原因,排除故障,方可重新启动变频器,进行操作。

6. 电机的过载保护

电机都采用变频调速控制方式,所以不采用热继电器来做电机过载保护,变频器本身带有电机过载保护功能。

7. 幅度限制器

幅度变化是通过吊臂的上摇和下放来实现的,幅度限制器就是为了保证吊臂在$15°\sim 87°$这个有效区间内工作,防止吊臂超出范围发生事故而设置的保护装置。它位于变幅机构转筒边上。

幅度限制器设有上限、上减速、下限、下减速四路保护,当达到内限、外限时,吊臂自动停止,当达到上减速和下减速时,吊臂自动减速为一挡。

旁路功能:旁路是在吊臂到上限位时,吊臂又需要继续往内靠近的时候运用的一项功能,通过按下旁路按钮,并且操作变幅开关,吊臂可以继续往上运动,此时吊臂只有低速挡的速度。

8. 幅度极限位

幅度极限位是为了防止在旁路作用下吊臂继续上摇,在吊臂达到$90°$垂直时,切断变幅机构向上动作而设置的一种保护装置。当达到幅度极限位时,吊臂自动停止上摇,旁路功能失效。

9. 回转限制器

回转限制器是为了防止专用组塔设备一直沿着某一个方向转动而设置的一个保护装置。同时,回转限制器还有保护进线电缆的作用,防止因专用组塔设备单方向转动过多而引起进线电缆扭转及与钢丝绳产生摩擦引起电缆损伤或断裂。它安装于回转上下支座上。

10. 高度限制器

高度限制器是为了防止吊钩冲顶而设置的一种安全保护装置。

高度限位器设置有超高极限位、高限、高减速、低限四路保护,当达到低限时,吊钩停止下降动作,确保起升钢丝绳在卷筒上的最少圈数。当达到高减速时,吊钩自动降为低速一挡运行。当达到高限时,吊钩自动停止上升。

旁路功能:旁路是在吊钩到高限位时,吊物又需要继续往上移动的时候运用的一项功能,通过按下旁路按钮,并且操作起升开关,吊物可以继续往上运动,此时吊钩只有低速挡的速度。

超高极限位功能:当使用旁路功能时,为防止吊钩无限制地上升冲撞吊臂而设置,当达到超高极限位时,吊钩自动停止上升,旁路功能失效。

11. 起重量限制器

起重量限制器是为了保护起升机构不超载使用而设置的一种安全保护装置。

起重量限制器设置有 8 t、6 t、4 t 三路保护,当达到 8 t 时,吊钩自动停止上升;当达到 6 t 时,吊钩只能以一、二、三挡动作;当达到 4 t 时,吊钩没有第五挡速度。

12. 力矩限制器

力矩限制器是为了保护本设备不超载使用而设置的一种保护装置。

力矩限制器设置有 80%、90%、100% 三路保护,当达到 80% 时,变幅速度自动降为低速运行;当达到 90% 时,发出声光报警,但不参与控制;当达到 100% 时,自动停止向外变幅和吊钩上升。

13. 风速报警

当风速超过规定值时,发出报警,要求操作人员停止作业。

二、施工安全控制要点

落地单动臂抱杆组塔施工的安全控制要点见表 2-4-3。

表 2-4-3　落地单动臂抱杆组塔施工安全危险点与预控措施

序号	作业内容	危险点	防范类型	预防控制措施
1	现场布置	场地地基未平整或夯实,不满足抱杆、流动式起重机等施工机械的承载力要求	起重伤害	场地清理完成,地基平整并夯实,满足抱杆、流动式起重机等施工机械的承载力要求
		牵引设备及操作人员布置距离不足	物体打击、起重伤害	为保证牵引设备及操作人员的安全,牵引设备应布置在安全距离之外,必须符合规程要求
2	平台吊装	塔脚板或塔腿段主材安装后,未连接接地装置	触电	组塔前,接地装置施工完成,接地电阻验收合格;塔脚板或塔腿段主材安装后,及时安装接地引下线
3	抱杆组立	抱杆底座及提升或顶升套架的地基未整平夯实,拉线布置角度及选用工具规格不符合方案要求	起重伤害	严格按施工方案或作业指导书要求布置抱杆底座及提升或顶升套架,并收紧相应拉线
		未按方案要求打设腰环	起重伤害	严格按施工方案或作业指导书要求,根据抱杆组立高度,及时打设并收紧腰环拉线
		铁塔高度大于 100 m,抱杆无航空警示标志	物体打击	铁塔高度大于 100 m 时,组立过程中抱杆顶端应设置航空警示灯或红色旗号

续表 2-4-3

序号	作业内容	危险点	防范类型	预防控制措施
4	抱杆调试	抱杆未经调试及试运转直接用于吊装	起重伤害	抱杆组立完成,必须经调试及试运转合格后方可用于吊装;调试及试运转过程应严格执行方案或作业指导书要求,保证各安全保护装置及控制系统正确有效
		抱杆相关电缆使用保护不规范	触电	抱杆相关电缆地埋时应外护套管,并做好埋设位置、线路标识,防止意外损坏;配电箱在电源进线侧应装设三相漏电电流动作保护器;设专职电工,负责现场所有的电气维护,严禁无证人员操作
5	抱杆提升	不观察抱杆整体情况,野蛮提升	起重伤害	严格按施工方案或作业指导书要求进行抱杆提升操作,提升过程中应缓慢、匀速,并全面观察抱杆的整体提升情况,发现异常及时停止,查明原因,排除故障后继续提升
		未按方案要求及时打设腰环	起重伤害	严格按施工方案或作业指导书要求,根据抱杆提升高度,及时打设并收紧腰环拉线,控制好抱杆的整体正直度
		抱杆供电电缆及控制电缆未做可靠固定或保护	触电	由抱杆头部引下至地面控制台的供电电缆及控制电缆等,全部采用铠装绝缘电缆,随抱杆的每次提升,与抱杆杆身采取专用扎带进行可靠绑扎固定;电缆地埋时应外护套管,并做好埋设位置、线路标识,防止意外损坏
6	抱杆吊装操作	抱杆超重、超力矩起吊	起重伤害	抱杆的回转、变幅、起吊采用集中控制操作,集成显示起重量、作业幅度、起吊力矩等起吊参数,供控制操作人员观测,抱杆设置起吊质量、起吊力矩等多项安全控制装置,提供安全保护
		吊件吊装位置与就位位置偏差	起重伤害	抱杆安装视频监控系统,提供控制操作人员全面掌握作业现场信息
		操作人员不熟悉操作规程及设备性能	起重伤害	单动臂设备操控等作业人员应经过专门培训,并经考试合格,熟悉该设备操作规程及各项技术性能
7	铁塔吊装	超重起吊	起重伤害	严格按施工方案或作业指导书要求,仔细核对施工图纸的吊段参数,控制单吊质量
		偏位起吊	起重伤害	严格按施工方案或作业指导书要求,在允许的范围内进行起吊作业
8	抱杆拆卸	起重臂、平衡臂摇至竖直状态后,未与塔顶可靠固定	起重伤害、物体打击	严格按施工方案或作业指导书要求,将起重臂、平衡臂先后向上摇至竖直状态,并与塔顶可靠固定
		抱杆头部多个构件整体拆除,超重起吊	起重伤害、物体打击	严格按施工方案或作业指导书要求,按拆卸滑车组的允许吊重,合理分解各构件,严禁超重起吊
		拆卸过程中,腰环未及时拆除	起重伤害、物体打击	拆卸过程中应随抱杆身部拆除进度,同时拆除相应的腰环及拉线

结合落地单动臂抱杆组塔施工各项作业内容的危险点,从"人、机、料、法、环"五因素分析其施工安全危险点。落地单动臂抱杆机械化程度高,配有多项安全控制装置,采用集中控制操作,无外拉线,受周围障碍物限制影响小,其使用过程中的安全主要依靠抱杆配置的各类电子式、机械式安全装置(如起重量限制器、起重力矩限制器等)来保证,脱离了传统组塔抱杆完全依赖于施工人员靠目测估计等经验方式。从危险点因素分析,抱杆机具及相应的安全装置是主要因素,施工人员的技能素质及操作经验是次要因素,各因素占比见施工安全危险点因素分析饼图,如图 2-4-9 所示。

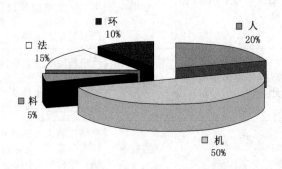

图 2-4-9 落地单动臂抱杆组塔施工安全危险点因素分析饼图

第五节 分析评价

结合落地单动臂抱杆组塔施工技术的特点,对其进行分析评价。

1. 技术先进性

落地单动臂抱杆采用一侧起吊、对侧平衡起吊方式,通过动臂上的变幅滑车组调节起吊幅度;抱杆回转及起吊变幅控制均采用电气集中控制操作;设置了质量、幅度、力矩等多项电子式、机械式的安全控制装置;结合铁塔结构,抱杆提升采用液压顶升式。落地单动臂抱杆紧密结合目前社会工业化的快速发展,深入应用电子、机械、控制等各相关专业的先进技术,装备总体技术水平先进,符合输电线路施工技术的发展方向。

2. 安全可靠性

落地单动臂抱杆设计、制造、试验、使用等严格遵守和执行塔式起重机的有关国家标准和行业标准的规定和要求,抱杆的起升、变幅机构均采用电动卷扬机驱动,顶升机构采用电动液压驱动,启动、制动平稳可靠;抱杆设有质量、幅度、力矩等多项电子式、机械式的安全控制装置,能自动实现减速、限位、限动的安全控制,智能化和自动化程度高;配用视频监视装置,对组塔施工主要关键点进行重点监视;遇大风、附着破坏、限位装置失灵时,抱杆会出现失稳。抱杆总体安全可靠性高,是目前特高压组塔施工中安全可靠性最高的技术之一。

3. 操作便捷性

落地单动臂抱杆具有一套起升机构,无须考虑平衡起吊问题,无同步性要求,塔件在地面组装完成后可随时起吊,塔件离地后地面施工人员即可进行其他塔件的地面组装工作,塔上作业人员完成塔件与铁塔的对接就位,使用灵活性强,所需施工人员少,配合要求低;抱杆回转及起吊变幅控制采用电气集中控制操作,通过手柄式操作,结合各类监测数据及视频图像,即可实现抱杆各项动作状态的调整;抱杆结构组件的整体质量及尺寸相对较大,抱杆组立时需吊机协助配合。

4. 经济性

抱杆采用单侧起吊、对侧平衡方式,起吊质量大,施工作业效率较高;抱杆结构组件的整体质量及尺寸相对较大,抱杆组立周期相对较长。对单件质量较大、总体组立周期较长的铁塔组立,经济效益较为明显。

5. 适用性

落地单动臂抱杆单侧起吊,起吊和提升系统占用场地小,且不影响其他地面施工,对场地的要求少,节约了施工场地。落地单动臂抱杆一般适用于总高不超过 150 m 的普通输电线路铁塔或总高不超过 300 m 的跨越塔或特高压铁塔组立,中型运输车能到达的各类平地、高山、丘陵等地形。抱杆不设置外拉线,特别适用于外轮廓投影范围外有电力线等障碍物的铁塔组立。

结合落地单动臂抱杆组塔施工技术在技术先进性、安全可靠性、操作便捷性、经济性、适用性五方面的分析评价结果进行评分,其分析评价柱形图如图 2-4-10 所示。

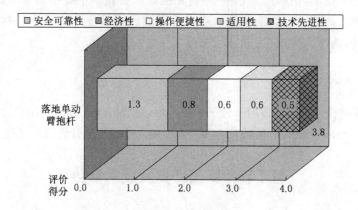

图 2-4-10　落地单动臂抱杆组塔施工技术各项目分析评价柱形图

第五章

落地双摇臂抱杆组塔施工技术

第一节　技术原理及适用范围

一、技术原理

落地双摇臂抱杆由1个垂直的主抱杆和2副可上下和水平转动的摇臂组成，主抱杆立于铁塔基础中心的地面，在高塔组立中，是将主抱杆坐在铁塔中心的电梯井筒或井架上，抱杆高度随铁塔组立高度的增加而增高。摇臂可以通过调幅滑车组从水平状态转动到垂直状态的任意角度，使用内拉线控制抱杆平衡。

二、适用范围

落地双摇臂抱杆分解组塔适用于较平坦的地形，一般情况下，铁塔高度不宜大于 150 m。本书以 □900 mm×130 m 落地双摇臂抱杆为例，进行施工计算及施工工艺的介绍。

第二节　施工计算及技术参数

一、施工计算

落地双摇臂抱杆组塔施工应进行施工计算，主要施工计算应包括下列内容：
(1) 施工过程中构件和塔体的强度验算。
(2) 抱杆附着、内拉线、提升点等设置后塔体的强度和稳定性验算。
(3) 抱杆等主要机具的受力计算。
(4) 抱杆配套基础的设计计算。
(5) 抱杆的长细比计算。

二、技术参数

1. 抱杆技术参数
(1) 额定起吊质量 6 t。
(2) 摇臂全长 15.4 m。
(3) 起吊滑车组与铅垂线夹角≤5°。

（4）抱杆自由高度（即抱杆摇臂转盘处至第一道腰环距离）21 m。

（5）内拉线对水平面夹角≤45°。

（6）控制绳对地夹角≤45°。

（7）回转角度±100°。

（8）抱杆全高 161.6 m，结构整体自重 17 187 kg。

2. 抱杆结构参数

□900 mm×130 m 落地双摇臂整副抱杆（图 2-5-1）由主桅杆、摇臂、四通段、转盘组件、标准节、钢丝绳导向节及底座等结构组成，并配有起吊、变幅、平衡、腰环、提升等系统。

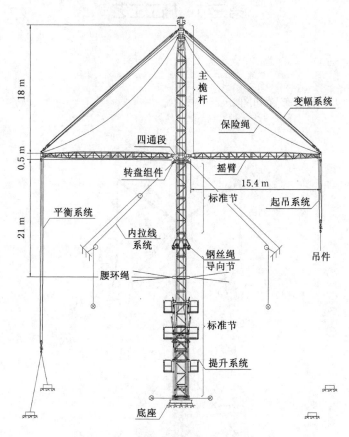

图 2-5-1　落地双摇臂抱杆组成示意图

抱杆主桅杆段（摇臂铰接点以上）高 18 m，摇臂长 15.4 m，摇臂铰接点以下配置 143 m（47 节 3 m 标准段＋1 节 2 m 段），配置全高 160 m。抱杆配 2 只摇臂。

抱杆主杆断面□900 mm，主材规格 Q345B∠100×8；摇臂断面□600 mm，主材规格 Q345B∠63×5。

3. 抱杆使用要求

（1）每副抱杆设 4 套机动绞磨为动力系统，其中 2 套起吊用，2 套变幅用，动力平台可设在塔身构件副吊侧及非横担整体吊装侧，与铁塔中心的距离应不小于铁塔全高的½，且不小于 40 m。

（2）摇臂抱杆组塔，采用单侧或双侧平衡起吊。采用单侧吊装时，起吊反侧摇臂的平衡应使反侧变幅绳受力,使保险绳松弛,为保证抱杆受力后处于平衡状态,抱杆顶部应向平衡侧(即起吊反向侧)预偏 0.2 m,另一侧摇臂的起吊滑车组均应与塔脚相连接,起到平衡拉线的作用,起吊过程中抱杆应保持竖直。

(3) 构件组装及摆放位置应尽量处于摇臂吊点正下方,偏移方向不得超出抱杆技术参数允许要求。

(4) 在塔片就位前根据安装位置暂停提升,调整摇臂,使其适应于就位的位置后再进行就位,严禁提升与变幅同时进行。在就位卸荷时,起吊反侧变幅绳平衡滑车组应随之逐步放松。

第三节　施工工艺

一、现场布置

落地双摇臂抱杆现场布置如图 2-5-2 所示。

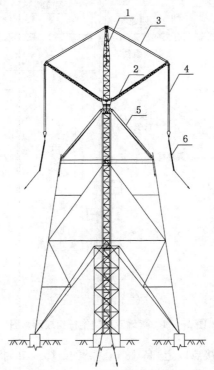

1—抱杆;2—摇臂;3—变幅滑车组;4—起吊滑车组;
5—内拉线;6—吊件
图 2-5-2　落地双摇臂抱杆现场布置示意图

1. 抱杆摇臂布置

抱杆布置在铁塔中心位置进行吊装作业。根据各塔位现场情况,摇臂布置在横线路或顺线路方向位置,吊装时以此为基准,在 $-90°\sim+90°$ 之间往复旋转。摇臂长度应满足吊装顶横担(即地线横担)及边横担(即酒杯形塔上曲臂外侧的横担部分)的需要。摇臂根部至抱杆顶端的高度应比摇臂长度大 1m。

2. 起吊系统布置

起吊采用 1-2 滑车组走 4 道磨绳,起吊滑车组上滑车滑轮固定于摇臂顶部,下滑车采用同轴滑轮滑车;变幅采用 2-3 滑车组走 6 道磨绳,两滑车均采用悬挂式。变幅及起吊磨绳均采用 φ15 mm 钢丝绳或 B14 特种少捻钢丝绳;变幅、起吊磨绳均从抱杆内部引下,从转盘以下 2 节 3 m 标准段下方的钢丝绳转向段导向滑轮过渡段引出。

3. 拉线系统布置

内拉线采用 φ19.5 mm+2×φ13 mm 钢丝绳。

4. 抱杆旋转

抱杆应在空载状态下旋转,即 2 副摇臂的起吊及变幅系统均处于松弛状态下旋转,通过在地面上拉动两侧起吊滑车组实现抱杆的旋转,抱杆应在−90°~+90°之间往复旋转。

5. 抱杆腰拉线布置

抱杆由下至上每隔不大于 15 m 布置一道腰拉线,腰拉线固定在已组塔架的 4 根主材上。4 根腰拉线应在同一水平面内且受力均衡,以保证抱杆在吊装构件及提升时始终位于铁塔结构中心线位置。抱杆自由段高度不超过 21 m。

(1)塔身处的抱杆腰拉线按 50 kN 设置,45°方向布置 4 根。连接方式:腰环→BW5 卸扣→φ17.5 mm 钢丝绳→50 kN 双钩→BW5 卸扣→铁塔主材。

(2)酒杯形直线塔曲臂处的抱杆腰拉线按 80 kN 设置,按图 2-5-3 所示交叉布置 4 根。连接方式:腰环→BW9.5 卸扣→φ21.5 mm 钢丝绳→90 kN 手扳葫芦→BW9.5 卸扣→铁塔主材。

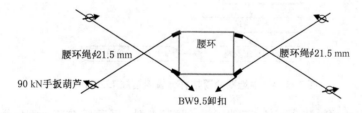

图 2-5-3　酒杯形直线塔曲臂处的抱杆腰拉线布置示意图

二、工艺流程

落地双摇臂抱杆分解组塔施工工艺流程如图 2-5-4 所示。

三、主要工艺

(一)抱杆组立

1. 抱杆的组装

(1)抱杆组装前,应根据塔位地形情况选定整位起立方向。抱杆宜组装在平整的场地上,且支垫方木。

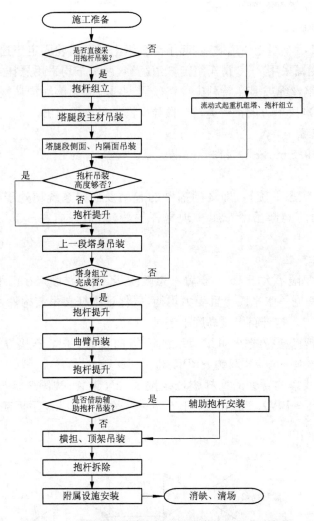

图 2-5-4　落地双摇臂抱杆分解组塔施工工艺流程图

（2）抱杆在地面组装成整体：基础底板—底架基础—3 节标准节—钢丝绳转向段—2 节标准节—转盘组件—四通段—3 节标准节—1 节标准节（带防撞装置）—顶部段—旋转头部。另外四通段处连接 2 只摇臂。

（3）抱杆首次组立高度应满足塔腿吊装及抱杆提升的需要。

（4）抱杆组装后应正直，弯曲度不应超过 1%，若超过时，应在接头处加垫圈校直，接头螺栓应装齐、拧紧。

2. 整体起立抱杆的布置

（1）采用钢质人字抱杆整体起立，抱杆起立布置如图 2-5-5 所示。

（2）抱杆采用 2 点起吊，起吊钢丝绳头在抱杆上平面绕 2 圈后用卸扣锁头；牵引系统采用 1-2 滑车组走 4 道磨绳。

（3）牵引总地锚与抱杆根部距离应不小于 45 m。

（4）抱杆制动绳共设置 2 组制动系统，2 组制动系统按平行于抱杆轴线方向设置。

（5）抱杆起立前应打设好两侧面及前后侧的 4 组外拉线，其中两侧面外拉线需收紧，反侧外拉线呈松弛状态。

（6）抱杆起立布置时应使牵引总地锚、人字抱杆中心、制动系统中心和抱杆中心线保持在同一铅垂面上。

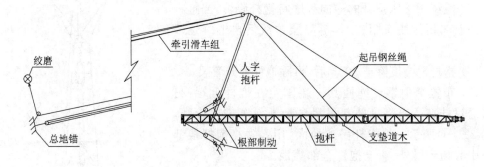

图 2-5-5 人字抱杆组立双摇臂抱杆示意图

3. 整体起立抱杆

（1）立抱杆前先起立小抱杆。人字小抱杆应设置制动绳，且两杆置于坚土的地坑内，防止滑移。启动绞磨，收紧牵引滑车组，用人力抬起小抱杆头部，使其缓慢竖立，直至达到对地夹角为 65°～70°时停止牵引。

（2）对起立落地双摇臂抱杆的布置进行全面检查，无异常后可启动绞磨，使抱杆坐在底座上缓慢旋转起立。

（3）抱杆离地 0.5～0.8 m 时暂停牵引，进行各部位检查并做冲击试验，确认可靠后方可继续起立。

（4）抱杆起立至 50°～60°时，应注意人字抱杆脱帽，抱杆脱帽后立即带上反侧临时拉线，并随抱杆的继续起立而随之调整。

（5）抱杆起立过程中，应设专人在抱杆的正面和侧面监视抱杆的正直情况，并指挥两侧面拉线、牵引和反侧拉线进行调整。

（6）抱杆起立至约 80°时停止牵引，利用总牵引滑车张力和放出反侧拉线使抱杆立正。

（7）抱杆起立后，基底座应位于塔位中心。调整抱杆正直后，固定抱杆顶部的四侧临时拉线。抱杆底座的四角方向用 φ17.5 mm 钢丝绳及 50 kN 双钩分别固定于 4 个塔基。放出变幅滑车组，放平两侧摇臂。

（8）抱杆起立后，安装套架和引出节并打设套架拉线，其中套架安装顺序为套架结构—液压顶升系统—顶升承台—走台。

（二）抱杆提升

抱杆提升采用液压顶升加高的方式，施工方法同落地双平臂抱杆。

（三）抱杆拆除

（1）构件已安装完毕且螺栓已拧紧，铁塔已形成稳定结构后方可拆除抱杆。

（2）将 2 只摇臂收拢至竖直状态，用钢丝套将摇臂与抱杆杆身临时绑固。

（3）利用液压顶升的逆向程序，将抱杆摇臂下降至塔身高度以下，方便塔上作业人员拆除摇臂。

（4）拆除抱杆变幅绳、起吊绳、保险绳等钢丝绳，再利用绞磨将2只摇臂逐一卸下。

（5）继续用液压顶升的逆向程序将抱杆降低，当抱杆降低到上部腰拉线有阻挡时，拆除腰拉线后再继续逐段拆卸。

（6）抱杆总高度降至30 m后，拆除抱杆顶升套架。

（7）布置牵引钢丝绳使其一端固定在抱杆上端，另一端通过挂在适当高度的起吊滑车经地滑车进入绞磨，如图2-5-6所示。将抱杆吊离地面，用人力将抱杆根部从塔中心拖到塔外，直至抱杆全部落地。

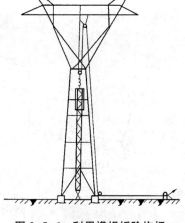

图 2-5-6　利用横担拆除抱杆现场布置示意图

（四）铁塔吊装

1. 平台组立

（1）铁塔平台采用已组立的抱杆进行吊装。特高压铁塔由于根开大，塔材重，因此在平台搭设吊装时，需采用主材分片吊装组立。

（2）将抱杆摇臂旋转45°至塔腿位置，单独吊装塔腿主材。为防止塔材内倾，就位后及时打设φ13 mm外侧拉线。在铁塔4个面辅材未安装完毕之前，不得拆除临时拉线。

（3）4根主材吊装完成后，再用人力将抱杆摇臂旋转至顺、横线路位置，吊装水平铁和八字铁。

2. 塔身吊装

（1）塔身组片吊装，起吊质量不超过允许吊重。对于超重的塔片，采取分散吊装方式，即先单独吊装塔腿主材，再吊装侧面交叉铁。

（2）塔片应组装在摇臂的正下方，以避免吊件对摇臂及抱杆产生偏心扭矩。单侧起吊时，如受场地限制，吊件起吊中心对抱杆轴线的偏角应不大于5°。

（3）铁塔分片应组成较稳定的结构，对部分根开较大、稳定性较差的塔片应采用补强措施。

（4）在吊件上绑扎好倒"V"形吊点绳，吊点绳绑扎点应在吊件重心以上的主材节点处，若绑扎点在重心附近时，应采取防止吊件倾覆的措施。"V"形吊点绳应由2根等长的钢丝绳通过卸扣和四眼板连接，两吊点绳之间的夹角不得大于120°。

3. 酒杯形直线塔头吊装

（1）曲臂吊装

下曲臂整体质量不超过允许吊重的，采用整体吊装；对于超过允许吊重的，采用分下段和上段2次吊装，如图2-5-7所示。

上曲臂分成上下2段，下段整体起吊，上段分成内、外2片吊装，如图2-5-8所示。

（2）上曲臂上盖吊装

上曲臂上盖（即为连接上曲臂的上方结构，属于中横担或中横梁的一部分，不同设计院叫法不一，为方便统一取名）吊装前用钢丝套和双钩对曲臂进行对拉补强，补强时以双钩收紧稍稍受力为原则，防止曲臂过紧而产生变形；同时，上曲臂外侧采用钢丝绳打设补强落地拉线。上曲臂上盖分成前后侧分片吊装,如图 2-5-9 所示。

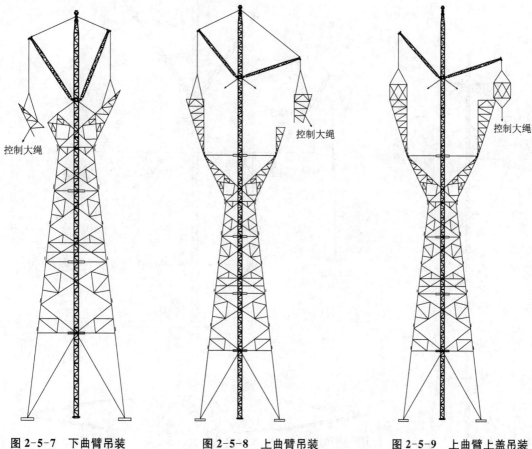

图 2-5-7　下曲臂吊装　　　　图 2-5-8　上曲臂吊装　　　　图 2-5-9　上曲臂上盖吊装

（3）中横梁吊装

将抱杆摇臂旋转至顺线路方向侧,中横梁分成前后侧分片吊装,采用四点起吊,并用圆木或横梁进行补强。如图 2-5-10 所示。

（4）中横担与地线顶架吊装

中横担和地线顶架组装成整体吊装,根据整体质量及安装位置,满足抱杆允许吊重及摇臂工作幅度时,可采用落地双摇臂抱杆直接吊装。当不满足时,采用人字抱杆辅助吊装。

① 人字抱杆选用□400 mm×15 m(可根据需要组成 12 m 使用),允许吊重 6.5 t。

② 人字抱杆铰支座安装在上曲臂上方中横梁上主材平面的预留施工孔。在地面将人字抱杆组装后,两抱杆根部用横梁绑扎固定,其间距由塔顶两支座间距即中横梁宽度确定。人字抱杆利用摇臂抱杆吊装就位。

③ 人字抱杆采用单侧起吊对侧平衡方式进行吊装作业,严禁双侧同时起吊。人字抱杆的变幅滑车组利用摇臂抱杆的起吊滑车组,人字抱杆的横担吊装滑车组利用 φ13 mm 钢丝绳、80 kN 双轮滑车、DG8 卸扣穿引成 4 道磨绳,起吊磨绳经起吊侧的塔身导向引至地面绞磨。如图 2-5-11 所示。

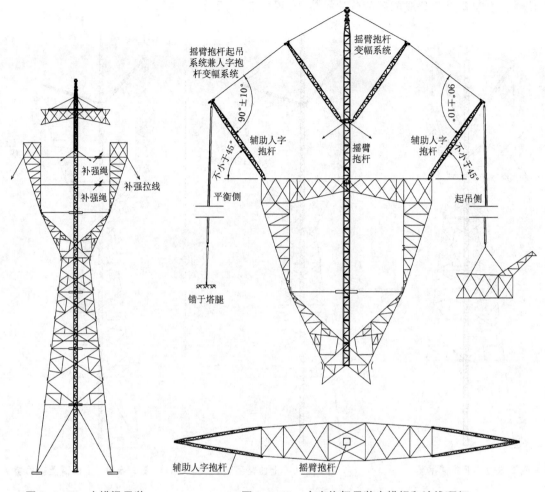

图 2-5-10　中横梁吊装　　　　图 2-5-11　人字抱杆吊装中横担和地线顶架

④ 摇臂抱杆的起吊滑车组与人字抱杆中心轴线的侧偏角度控制在 2°以内。

⑤ 人字抱杆的起吊滑车组与人字抱杆中心轴线的侧偏角度控制在 3°以内。

⑥ 人字抱杆的起吊滑车组（包括反侧平衡起吊滑车组）与人字抱杆中心轴线方向的偏角控制在 0°~10°，即要求往塔身方向偏。

⑦ 人字抱杆吊装横担时，摇臂抱杆仍需按施工方案要求，打设好腰环及拉线。

⑧ 2 副人字抱杆采用对称布置，其与水平面的夹角按吊装横担的重心与塔中心的距离进行控制，但夹角不宜小于 45°。吊装前，应按摇臂抱杆起吊滑车组与人字抱杆中心轴线夹角呈 90°±10°，控制摇臂变幅角度；并根据吊装作业幅度要求，控制好人字抱杆的倾角。

⑨ 横担应组装于横线路方向的人字抱杆正下方，以保证起吊过程中人字抱杆双肢受力均匀。受地形限制时，应控制起吊滑车组在顺线路方向的偏角≤5°，横担吊装离地后，应及时通过大绳控制调整，使横担回至横线路正方向。

⑩ 在吊装操作过程中，应先预紧反侧人字抱杆平衡起吊滑车组后进行起吊作业。起吊及就位过程中，应加强摇臂抱杆正直度监测，并及时调整平衡侧起吊滑车组的受力，保证抱杆受力基本平衡。

⑪人字抱杆的起吊滑车组牵引钢丝绳应从人字抱杆上方引至塔身，且牵引钢丝绳应与人字抱杆轴线基本在同一平面。

⑫人字抱杆与塔身角钢连接的固定座安装螺栓两头均应加平垫。

（5）边横担吊装

边横担采用地线顶架挂线孔吊装，如图2-5-12所示。

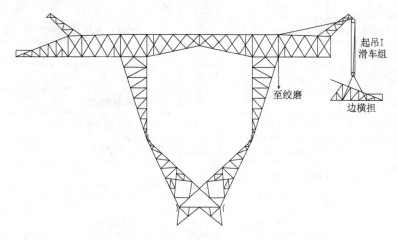

起吊Ⅰ
滑车组

至绞磨

边横担

图 2-5-12　边横担吊装示意图

（五）实际吊装应用图片

落地双摇臂抱杆组塔实际吊装应用如图2-5-13所示。

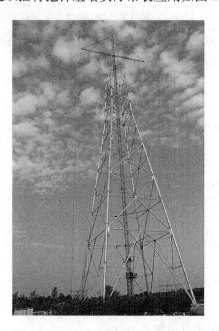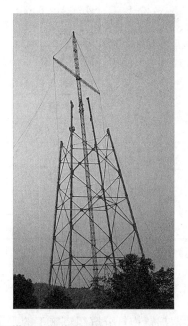

图 2-5-13　落地双摇臂抱杆组塔实际吊装应用

四、主要工器具配置

□900 mm×130 m 落地双摇臂抱杆分解组塔主要工器具配置见表 2-5-1。

表 2-5-1　□**900 mm×130 m 落地双摇臂抱杆分解组塔主要工器具配置**

序号	名称	规格	单位	数量	备　注
1	落地双摇臂抱杆	□900 mm×130 m	副	1	配腰环及液压顶升套架等相关装置
2	辅助人字抱杆	□400 mm×15 m	副	2	
3	发电机	15 kW	台	1	
4	双筒绞磨	50 kN	台	2	带过载保护
5	机动绞磨	30 kN	台	2	带过载保护
6	钢丝绳(套)	φ15 mm×650 m	根	2	起吊磨绳
7		φ21.5 mm×40 m	根	4	内拉线上段
8		φ15 mm×450 m	根	4	内拉线下段
9		φ15 mm×450 m	根	2	变幅磨绳
10		φ26 mm×23.1 m	根	2	保险绳(16 m 摇臂)
11		φ15 mm×450 m	根	1	抱杆提升磨绳
12		φ21.5 mm×16 m	根	12	起吊滑车组地面锚固绳
13		φ17.5 mm×25 m	根	4	抱杆底座固定
14		φ15～φ19.5 mm	根		起吊绑扎绳，长度及数量根据需要配
15		φ15 mm	根		腰环绳，长度及数量根据需要配
16	高速滑车	130 kN 双轮	只	2	起吊滑车
17		100 kN 单轮环闭	只	2	起吊滑车
18		160 kN 三轮	只	2	变幅滑车
19		160 kN 双轮	只	2	变幅滑车
20	卸扣	T-BW18	只	4	
21		T-BW15	只	10	
22		DG10	只	12	
23		DG8	只	30	

第四节　施工安全控制要点

落地双摇臂抱杆分解组塔施工的安全控制要点见表 2-5-2。

表 2-5-2　落地双摇臂抱杆分解组塔施工危险点与预控措施

序号	作业内容	危险点	防范类型	预防控制措施
1	现场布置	场地地基未平整或夯实,不满足抱杆、流动式起重机等施工机械的承载力要求	起重伤害	场地清理完成,地基平整并夯实,满足抱杆、流动式起重机等施工机械的承载力要求
		牵引设备及操作人员布置距离不足	物体打击、起重伤害	为保证牵引设备及操作人员的安全,牵引设备应布置在安全距离之外,必须符合规程要求
2	抱杆组立	抱杆底座及提升或顶升套架的地基未整平夯实,拉线布置角度及选用工具规格不符合方案要求	起重伤害	严格按施工方案或作业指导书要求布置抱杆底座及提升或顶升套架,并收紧相应拉线
		未按方案要求打设腰环	起重伤害	严格按施工方案或作业指导书要求,根据抱杆组立高度,及时打设并收紧腰环拉线
		铁塔高度大于 100 m,抱杆无航空警示标志	物体打击	铁塔高度大于 100 m 时,组立过程中抱杆顶端应设置航空警示灯或红色旗号
3	抱杆调试	抱杆未经调试及试运转直接用于吊装	起重伤害	抱杆组立完成,必须经调试及试运转合格后方可用于吊装;调试及试运转过程应严格执行方案或作业指导书要求,保证各安全保护装置及控制系统正确有效
		抱杆相关电缆使用保护不规范	触电	抱杆相关电缆地埋时应外护套管,并做好埋设位置、线路标识,防止意外损坏;配电箱在电源进线侧应装设三相漏电电流动作保护器;设专职电工,负责现场所有的电气维护,严禁无证人员操作
4	抱杆提升	不观察抱杆整体情况,野蛮提升	起重伤害	严格按施工方案或作业指导书要求进行抱杆提升操作,提升过程中应缓慢、匀速,并全面观察抱杆的整体提升情况,发现异常及时停止,查明原因,排除故障后继续提升
		未按方案要求及时打设腰环	起重伤害	严格按施工方案或作业指导书要求,根据抱杆提升高度,及时打设并收紧腰环拉线,控制好抱杆的整体正直度
5	抱杆吊装操作	抱杆带载旋转	起重伤害	抱杆采取单侧起吊、对侧平衡方式,应在空载状态下将摇臂回转至吊装方向,严禁负载状态下旋转抱杆
		抱杆平衡控制不到位	起重伤害	抱杆起吊受力前,其顶部应向平衡侧(即起吊反侧)预偏 0.2 m 左右,并随起吊侧的受力变化,及时调整平衡侧的滑车组受力,以保证抱杆整体正直
		吊件吊装位置与就位位置偏差	起重伤害	抱杆安装视频监控系统,提供控制操作人员全面掌握作业现场信息

续表 2-5-2

序号	作业内容	危险点	防范类型	预防控制措施
6	铁塔吊装	超重起吊	起重伤害	严格按施工方案或作业指导书要求,仔细核对施工图纸的吊段参数,控制单吊质量
		偏位起吊	起重伤害	严格按施工方案或作业指导书要求,在允许的范围内进行起吊作业
		酒杯形或猫头形塔K节点处腰环设置不规范	起重伤害	严格按施工方案或作业指导书要求,在K节点处设置交叉或落地形式的腰环并收紧拉线
		长横担结构塔辅助人字抱杆使用不规范	起重伤害	严格按施工方案或作业指导书要求,辅助人字抱杆布置于塔身预留的安装支座上,与水平面的夹角不宜小于45°,主抱杆与人字抱杆中心轴线的夹角宜控制为90°
7	抱杆拆卸	塔头中部布置抱杆拆卸滑车组位置的主要受力构件未安装齐全	起重伤害、物体打击	塔头中部布置抱杆拆卸滑车组位置的主要受力构件必须安装齐全,并紧固所有连接螺栓
		抱杆头部多个构件整体拆除,超重起吊	起重伤害、物体打击	严格按施工方案或作业指导书要求,按拆卸滑车组的允许吊重,合理分解各构件,严禁超重起吊
		拆卸过程中,腰环未及时拆除	起重伤害、物体打击	拆卸过程中应随抱杆身部拆除进度,同时拆除相应的腰环及拉线

结合落地双摇臂抱杆组塔施工各项作业内容的危险点,从"人、机、料、法、环"五因素分析其施工安全危险点。落地双摇臂抱杆机械化程度一般,尽管采用了落地形式,通过双侧摇臂平衡方式起吊,但使用过程中的安全控制,需依赖于施工人员的目测或估计等经验方式,如通过观测主桅杆的倾斜判断两侧摇臂的不平衡力矩。从危险点因素分析,抱杆机具是主要因素,但施工人员的技能素质及操作经验也是一个重要因素,各因素占比见施工安全危险点因素分析饼图,如图 2-5-14 所示。

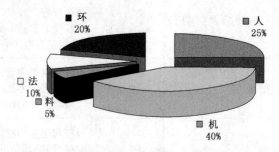

图 2-5-14　落地双摇臂抱杆组塔施工安全危险点因素分析饼图

第五节 分析评价

结合落地双摇臂抱杆组塔施工技术的特点,对其进行分析评价。

1. 技术先进性

落地双摇臂抱杆可采用单侧起吊(对侧平衡)或双侧起吊,通过摇臂的幅角变化进行起吊幅度的调节;抱杆采用内拉线形式;结合铁塔结构,抱杆提升可采用滑车组倒装方式或液压顶升式的正装、倒装方式。落地双摇臂抱杆应用了机械专业的相关技术,装备总体技术水平较为先进。

2. 安全可靠性

抱杆通过内拉线进行总体平衡控制,采用单侧起吊(对侧平衡)或双侧起吊的摇臂双侧平衡控制,抱杆采用落地形式;遇大风、附着破坏、超重起吊、内拉线或变幅系统破坏时,抱杆会出现失稳。抱杆总体安全可靠性较高。

3. 操作便捷性

抱杆起吊、变幅系统采用双套独立动力系统,通过现场负责人统一协调指挥控制;抱杆结构组件的整体质量及尺寸相对较小,抱杆组立操作较为方便。

4. 经济性

抱杆可采用双侧同步起吊,起吊质量大,施工作业效率较高;抱杆结构组件的整体质量及尺寸相对较小,抱杆组件安装及运输方便。对单件质量较大的铁塔组立,经济效益明显。

5. 适用性

落地双摇臂抱杆组塔一般适用于较平坦的地形,总高不超过 150 m 的输电线路铁塔组立,适应于索道运输。

结合落地双摇臂抱杆组塔施工技术在技术先进性、安全可靠性、操作便捷性、经济性、适用性五方面的分析评价结果进行评分,其分析评价柱形图如图 2-5-15 所示。

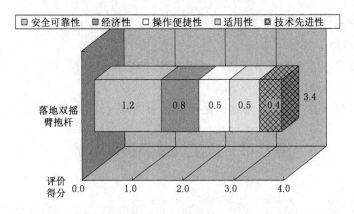

图 2-5-15 落地双摇臂抱杆组塔施工技术各项目分析评价柱形图

第六章
落地四摇臂抱杆组塔施工技术

第一节 技术原理及适用范围

一、技术原理

落地式抱杆也称通天抱杆,距抱杆顶适当距离安装前后左右 4 个方向摇臂时,称为落地四摇臂抱杆。其技术原理如下:

(1) 抱杆竖立在铁塔中心的地面处,利用已组塔架设置多层腰拉线对抱杆进行固定,抱杆长细比较小。

(2) 距抱杆顶适当距离设置 4 根摇臂,施工起吊半径大。

(3) 2 只主摇臂作起吊用,2 只副摇臂作平衡用。一侧主摇臂吊装构件时,对侧主摇臂悬挂的起吊绳用作平衡拉线以保持抱杆稳定。

(4) 抱杆随铁塔安装高度的增加而升高,它的最终高度应大于铁塔全高 5 m,抱杆较高,使用工器具较多。

(5) 抱杆上部露出塔架的部分为近似悬臂梁杆件,稳定性稍差,吊较重的构件受到限制。

二、适用范围

落地四摇臂抱杆由于利用了摇臂作为平衡稳定之用,施工时无须外拉线,因此能适用于平原、丘陵及山地等各种地形条件。

落地四摇臂抱杆适用于特高压各种类型铁塔,特别是酒杯形、猫头形塔横担的安装,更显现其优越性。

本书以 □1 000 mm×139 m 落地四摇臂抱杆为例,进行施工计算及施工工艺的介绍。

第二节 施工计算及技术参数

一、施工计算

落地四摇臂抱杆组塔施工应进行施工计算,主要施工计算同落地双平臂抱杆。

二、技术参数

1. 抱杆技术参数

(1) 采用单侧起吊,三侧设置平衡的方式进行吊装,起吊侧最大起吊载荷 Q 如表 2-6-1。

表 2-6-1　抱杆起重量参数表　　　　　　　　　　　　　　　　单位:t

摇臂相对杆身位置	自由段高度 17 m(摇臂铰接点至第一道腰环高度)	自由段高度 22 m(摇臂铰接点至第一道腰环高度)
0°或 90°位置	$Q=5.2$	$Q=4$
对角位置(除 0°或 90°以外的位置)	$Q=3.5$	$Q=2.5$

(2) 摇臂全长 17 m(可根据需要选配 17 m、14 m、11 m)。

(3) 摇臂工作角度(与吊臂夹角)0°~87°,工作幅度 2.5~17 m。

(4) 起吊滑车组沿摇臂方向侧偏≤5°且≤5 m,垂直摇臂方向侧偏≤3°且≤3 m。

(5) 控制绳对地夹角≤45°。

(6) 回转角度±100°。

(7) 抱杆全高 139 m,结构整体自重 36 268 kg。

(8) 抱杆设有起重量、起重力矩差等安全控制装置,具有限速、限动、停机功能。

2. 抱杆结构参数

□1 000 mm×139 m 落地四摇臂整副抱杆(图 2-6-1)由主桅杆、摇臂、四通段、转盘组件、标准节、钢丝绳转向节及底座等结构组成,并配有起吊、变幅、平衡、腰环、提升等系统。

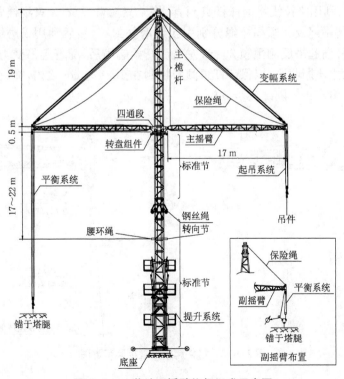

图 2-6-1　落地四摇臂抱杆组成示意图

抱杆主桅杆段(摇臂铰接点以上)高 19 m,摇臂长 17 m,摇臂铰接点以下配置 119 m(37节 3 m 标准段＋4 节 2 m 段),配置全高 138 m。2 只主摇臂作起吊用(单侧起吊,对侧平衡),另 2 只副摇臂作平衡用。

抱杆主杆断面□1 000 mm,主材规格 Q345B∠110×10;桅杆断面□900 mm,主材规格 Q345B∠100×8;摇臂断面□600 mm,主材规格 Q345B∠63×6。

3. 抱杆使用要求

(1)每副抱杆设 4 套机动绞磨为动力系统,其中 2 套起吊用,2 套变幅用,动力平台可设在塔身构件副吊侧及非横担整体吊装侧,与铁塔中心的距离应不小于塔全高的 0.5 倍,且不小于 45 m。

(2)根据抱杆自由段高度严格控制主摇臂最大允许吊重,采用单侧主摇臂起吊,对侧主摇臂及两侧副摇臂平衡方式进行吊装作业。

(3)构件组装及摆放位置应尽量处于摇臂吊点正下方,偏移方向不得超出抱杆技术参数允许要求。抱杆高度每增加 10 m,吊件起吊点位置允许在摇臂中心线方向上的水平偏移距离(偏角≤5°)(图 2-6-2)、垂直摇臂方向上的偏移距离(偏角≤3°)如表 2-6-2 所示。

表 2-6-2 抱杆高度与构件偏移距离控制表 单位:m

抱杆高度增加值	10	20	30	40	50	≥57.15
摇臂中心线方向上的水平偏移距离(偏角≤5°)	0.87	1.75	2.62	3.50	4.37	≤5.00
垂直摇臂方向上的偏移距离(偏角≤3°)	0.52	1.05	1.57	2.10	2.62	≤3.00

注:高度大于 57.15 m 后,沿摇臂中心线方向上的水平偏移距离按不大于 5.00 m、垂直摇臂方向按不大于 3.00 m 控制。

(4)起吊前,利用腰拉线将抱杆杆身调直,将 4 只摇臂平放,2 只副摇臂利用起吊绳封牢,起吊反侧的起吊绳及变幅绳尾绳分别引至绞磨并封牢,然后利用绞磨缓慢收紧起吊反侧变幅绳,使抱杆向起吊反侧预倾 20 cm 左右。开始起吊后,随着起吊受力不断增加,起吊反侧变幅绳应随之不断收紧,以保证杆顶倾斜控制在 10～20 cm 之内,在就位卸荷时,起吊反侧变幅绳平衡滑车组应随之逐步放松。

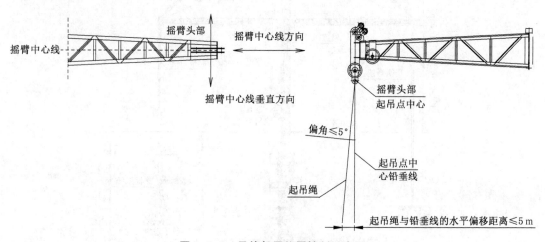

图 2-6-2 吊件起吊位置控制示意图

（5）2只副摇臂上的变幅绳用保险绳代替使用，用于平衡副摇臂起吊滑车组，副摇臂起吊滑车组的平衡力不应大于2N。

（6）施工过程中，2只主摇臂上的保险绳不得受力，即保险绳应松弛。

（7）抱杆主摇臂方向应与底座上耳轴挂孔方向相对应，即主摇臂轴线应与底座上耳轴线挂孔平行。

第三节　施工工艺

一、现场布置

落地四摇臂抱杆分解组塔现场布置如图2-6-3所示。

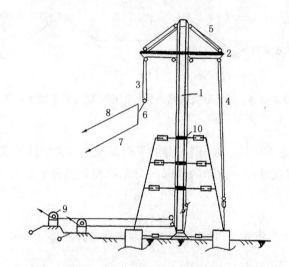

1—抱杆；2—摇臂；3—起吊滑车组；4—平衡滑车组；5—变幅滑车组；
6—塔片；7—攀根绳；8—调整绳；9—机动绞磨；10—腰拉线

图2-6-3　落地四摇臂抱杆分解组塔现场布置示意图

1. 抱杆摇臂布置

抱杆布置在铁塔中心位置进行吊装作业。根据各塔位现场情况，主摇臂布置在横线路或顺线路方向位置，吊装时以此为基准，在-90°～+90°之间往复旋转，机动绞磨布置在垂直主摇臂方向视野开阔处。

2. 起吊系统布置

主摇臂起吊滑车组采用1-2滑车组走4道磨绳，起吊滑车组上滑车滑轮固定于摇臂顶部，下滑车采用吊钩自带滑轮；变幅滑车组采用2-3滑车组走6道磨绳，两滑车均采用悬挂式，另设置1道φ26mm保险钢丝绳。变幅、起吊磨绳均采用φ15mm钢丝绳；变幅、起吊磨绳均从抱杆内部引下，从回转组件以下2节2m段下方的导向滑轮过渡段引出。副摇臂无变幅系统，仅采用1道φ26mm钢丝绳将摇臂头部与抱杆顶端连接，起吊系统采用3道φ15mm钢丝绳锚固到地面塔腿。

3. 抱杆腰拉线布置

抱杆由下至上每隔不大于 17 m 布置 1 道腰拉线,腰拉线固定在已组塔架的 4 根主材上。4 根腰拉线应在同一水平面内,且受力均衡,以保证抱杆在吊装构件及提升时始终位于铁塔结构中心线位置。抱杆自由段高度不超过 17 m(限吊 5.2 t)或 22 m(限吊 4.0 t)。

(1) 塔身处的抱杆腰拉线按 50 kN 设置,45°方向布置 4 根。连接方式:腰环→BW5 卸扣→φ17.5 mm 钢丝绳→50 kN 双钩→BW5 卸扣→铁塔主材。

(2) 酒杯形直线塔曲臂处的抱杆腰拉线按 80 kN 设置,按图 2-6-4 所示交叉布置 4 根。连接方式:腰环→BW9.5 卸扣→φ21.5 mm 钢丝绳→90 kN 手扳葫芦→BW9.5 卸扣→铁塔主材。

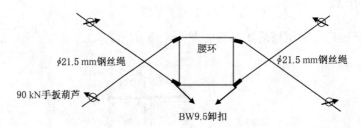

图 2-6-4 酒杯形直线塔曲臂处的抱杆腰拉线布置示意图

4. 抱杆旋转

抱杆应在空载状态下旋转,即 2 副摇臂的平衡系统及两主摇臂的起吊、变幅系统均处于松弛状态下旋转,通过在地面上拉动两侧起吊滑车组实现抱杆的旋转,抱杆应在 −90°~+90°之间往复旋转。

5. 摇臂平衡布置

抱杆主摇臂进行吊装作业时,对侧主摇臂及两侧副摇臂的起吊滑车组固定于塔脚筋板上。

二、工艺流程

落地四摇臂抱杆分解组塔施工工艺流程同落地双摇臂抱杆。

三、主要工艺

(一)抱杆组立

1. 抱杆的组装

(1) 抱杆组装前,应根据塔位地形情况选定整位起立方向。抱杆宜组装在平整的场地上,且支垫方木。

(2) 抱杆在地面组装成整体:3 节标准节—钢丝绳转向段—2 节标准节—转盘组件—四通段—3 节标准节—1 节标准节(带防撞装置)—顶部段—旋转头部。

(3) 抱杆首次组立高度应满足塔腿吊装及抱杆提升的需要。

(4) 抱杆组装后应正直,弯曲度不应超过 1%。若超过时,应在接头处加垫圈校直,接头螺栓应装齐、拧紧。

2. 整体起立抱杆的布置

(1) 采用钢质人字抱杆整体起立,抱杆起立布置同人字抱杆组立双摇臂抱杆示意图(图 2-5-5)。

(2) 抱杆采用两点起吊,起吊钢丝绳头在抱杆上平面绕 2 圈后用卸扣锁头;牵引系统采用 1-2 滑车组走 4 道磨绳。

(3) 牵引总地锚与抱杆根部距离应不小于 45 m。

(4) 抱杆制动绳采用 φ21.5 mm 钢丝绳+双道 φ15 mm 钢丝绳,共设置 2 组制动系统,2 组制动系统按平行于抱杆轴线方向设置。

(5) 抱杆起立前应打设好两侧面及前后侧的 4 组外拉线,其中两侧面外拉线需收紧,反侧外拉线呈松弛状态。

(6) 抱杆起立布置时应使牵引总地锚、人字抱杆中心、制动系统中心和抱杆中心线保持在同一铅垂面上。

3. 整体起立抱杆

(1)~(6)步骤同落地双摇臂抱杆。

(7) 抱杆起立后,基底座应位于塔位中心。调整抱杆正直后,固定抱杆顶部的四侧临时拉线。抱杆底座的四角方向用 φ17.5 mm 钢丝绳及 50 kN 双钩分别固定于 4 个塔基。

(8) 抱杆组立完成后,进行摇臂的吊装。摇臂吊装时抱杆主杆顶部挂 1 只起重滑车,吊装磨绳一端锁于摇臂顶部,另一端经抱杆顶部及地面导向滑车后进绞磨,用绞磨将摇臂吊装至四通段位置就位。摇臂吊装完毕后,安装好变幅、起吊系统,放平摇臂。

(9) 抱杆起立后,安装套架和引出节,并打设套架拉线,其中套架安装顺序为套架结构—液压顶升系统—顶升承台—走台。地拉线打设在提升套架顶部,连接方式:套架耳板孔→DG8 卸扣→φ21.5 mm 钢丝绳→90 kN 手扳葫芦→DG8 卸扣→塔腿。

(二)抱杆提升

抱杆提升采用液压顶升加高的方式,施工方法同落地双平臂抱杆。

(三)抱杆拆除

落地四摇臂抱杆拆除同落地双摇臂抱杆拆除。

(四)铁塔吊装

1. 平台组立

落地四摇臂抱杆铁塔平台组立同落地双摇臂抱杆。

2. 塔身吊装

落地四摇臂抱杆铁塔塔身吊装同落地双摇臂抱杆。

3. 酒杯形直线塔头吊装

落地四摇臂抱杆吊装酒杯形直线塔的方法同落地双摇臂抱杆。

(五)实际吊装应用图片

落地四摇臂抱杆组塔实际吊装应用如图 2-6-5 所示。

图 2-6-5 落地四摇臂抱杆组塔实际吊装应用

四、主要工器具配置

□1 000 mm×139 m 落地四摇臂抱杆分解组塔主要工器具配置见表 2-6-3。

表 2-6-3 □1 000 mm×139 m 落地四摇臂抱杆分解组塔主要工器具配置

序号	名称	规格	单位	数量	备 注
1	落地四摇臂抱杆	□1 000 mm×139 m	副	1	配腰环及液压顶升套架等相关装置
2	辅助人字抱杆	□400 mm×15 m	副	2	
3	发电机	15 kW	台	1	
4	双筒绞磨	50 kN	台	2	带过载保护
5	机动绞磨	30 kN	台	2	带过载保护
6	钢丝绳(套)	φ15 mm×700 m	根	2	主摇臂起吊磨绳
7		φ15 mm×400 m	根	4	副摇臂起吊磨绳、主摇臂变幅磨绳
8		φ15 mm×150 m	根	4	抱杆起立外拉线
9		φ26 mm×23 m	根	4	保险绳(17 m 摇臂)
10		φ21.5 mm×15 m	根	4	套架拉线
11		φ17.5 mm×15 m	根	4	抱杆底座固定
12		φ17.5 mm	根		塔身腰环绳,长度及数量根据需要配
13		φ15~φ17.5 mm	根		起吊绑扎绳,长度及数量根据需要配
14	起重滑车	160 kN 三轮	只	2	主摇臂变幅滑车
15		160 kN 双轮	只	2	主摇臂变幅滑车
16	手扳葫芦	90 kN	只	12	
17	卸扣	T-BW15	只	16	变幅/起吊/保险钢丝绳用
18		DG8	只	8	套架拉线用

第四节　施工安全控制要点

落地四摇臂抱杆分解组塔施工的安全控制要点见表2-6-4。

表 2-6-4　落地四摇臂抱杆分解组塔施工危险点与预控措施

序号	作业内容	危险点	防范类型	预防控制措施
1	现场布置	场地地基未平整或夯实,不满足抱杆、流动式起重机等施工机械的承载力要求	起重伤害	场地清理完成,地基平整并夯实,满足抱杆、流动式起重机等施工机械的承载力要求
		牵引设备及操作人员布置距离不足	物体打击、起重伤害	为保证牵引设备及操作人员的安全,牵引设备应布置在安全距离之外,必须符合规程要求
2	抱杆组立	抱杆底座及提升或顶升套架的地基未整平夯实,拉线布置角度及选用工具规格不符合方案要求	起重伤害	严格按施工方案或作业指导书要求布置抱杆底座及提升或顶升套架,并收紧相应拉线
		未按方案要求打设腰环	起重伤害	严格按施工方案或作业指导书要求,根据抱杆组立高度,及时打设并收紧腰环拉线
		铁塔高度大于 100 m,抱杆无航空警示标志	物体打击	铁塔高度大于 100 m 时,组立过程中抱杆顶端应设置航空警示灯或红色旗号
3	抱杆调试	抱杆未经调试及试运转直接用于吊装	起重伤害	抱杆组立完成,必须经调试及试运转合格后方可用于吊装;调试及试运转过程应严格执行方案或作业指导书要求,保证各安全保护装置及控制系统正确有效
		抱杆相关电缆使用保护不规范	触电	抱杆相关电缆地埋时应外护套管,并做好埋设位置、线路标识,防止意外损坏;配电箱在电源进线侧应装设三相漏电电流动作保护器;设专职电工,负责现场所有的电气维护,严禁无证人员操作
4	抱杆提升	不观察抱杆整体情况,野蛮提升	起重伤害	严格按施工方案或作业指导书要求进行抱杆提升操作,提升过程中应缓慢、匀速,并全面观察抱杆的整体提升情况,发现异常及时停止,查明原因,排除故障后继续提升
		未按方案要求及时打设腰环	起重伤害	严格按施工方案或作业指导书要求,根据抱杆提升高度,及时打设并收紧腰环拉线,控制好抱杆的整体正直度

续表 2-6-4

序号	作业内容	危险点	防范类型	预防控制措施
5	抱杆吊装操作	抱杆带载旋转	起重伤害	抱杆采取单侧起吊、三侧平衡方式,应在空载状态下将摇臂回转至吊装方向,严禁负载状态下旋转抱杆
		抱杆平衡控制不到位	起重伤害	抱杆起吊受力前,其顶部应向平衡侧(即起吊反侧)预偏 0.2 m 左右,并随起吊侧的受力变化,及时调整平衡侧的滑车组受力,以保证抱杆整体正直
		吊件吊装位置与就位位置偏差	起重伤害	抱杆安装视频监控系统,提供控制操作人员全面掌握作业现场信息
6	铁塔吊装	超重起吊	起重伤害	严格按施工方案或作业指导书要求,仔细核对施工图纸的吊段参数,控制单吊质量
		偏位起吊	起重伤害	严格按施工方案或作业指导书要求,在允许的范围内进行起吊作业
		酒杯形或猫头形塔 K 节点处腰环设置不规范	起重伤害	严格按施工方案或作业指导书要求,在 K 节点处设置交叉或落地形式的腰环并收紧拉线
		长横担结构塔辅助人字抱杆使用不规范	起重伤害	严格按施工方案或作业指导书要求,辅助人字抱杆布置于塔身预留的安装支座上,与水平面的夹角不宜小于 45°,主抱杆与人字抱杆中心轴线的夹角宜控制为 90°
7	抱杆拆卸	塔头中部布置抱杆拆卸滑车组位置的主要受力构件未安装齐全	起重伤害、物体打击	塔头中部布置抱杆拆卸滑车组位置的主要受力构件必须安装齐全,并紧固所有连接螺栓
		抱杆头部多个构件整体拆除,超重起吊	起重伤害、物体打击	严格按施工方案或作业指导书要求,按拆卸滑车组的允许吊重,合理分解各构件,严禁超重起吊
		拆卸过程中,腰环未及时拆除	起重伤害、物体打击	拆卸过程中应随抱杆身部拆除进度,同时拆除相应的腰环及拉线

结合落地四摇臂抱杆组塔施工各项作业内容的危险点,从"人、机、料、法、环"五因素分析其施工安全危险点。落地四摇臂抱杆机械化程度较高,配有部分安全控制装置,无外拉线,受周围障碍物限制影响小,且使用过程中的安全控制主要靠力矩差限制器、起重力限制器,同时也需依赖于施工人员的目测或估计等经验方式,如两侧副摇臂的平衡控制。从危险点因素分析,抱杆机具是主要因素,但施工人员的技能素质及操作经验也是一个重要因素,各因素占比见施工安全危险点因素分析饼图,如图 2-6-6 所示。

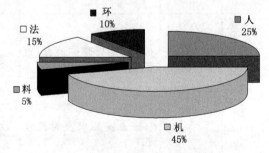

图 2-6-6 落地四摇臂抱杆组塔施工
安全危险点因素分析饼图

第五节　分析评价

结合落地四摇臂抱杆组塔施工技术的特点,对其进行分析评价。

1. 技术先进性

落地四摇臂抱杆采用单侧起吊(三侧平衡),通过摇臂的幅角变化进行起吊幅度的调节;抱杆通过三侧摇臂的起吊绳落地控制实现抱杆本体的自平衡,不需设置外拉线;抱杆设置有力矩差限制器及起重力限制器,对起吊侧的起吊力矩差及起重量进行总体监测,根据监测情况进行限速、限动、停机控制;结合铁塔结构,抱杆提升可采用滑车组倒装方式或液压顶升式的正装、倒装方式。落地四摇臂抱杆应用了机械、控制专业的相关技术,装备总体技术水平较为先进。

2. 安全可靠性

抱杆采用落地形式,通过一侧起吊、三侧平衡的起吊方式,控制抱杆总体的受力平衡;设有起吊力矩差及起重量安全控制装置;遇大风、附着破坏、超重起吊、变幅或平衡系统破坏时,抱杆会出现失稳。抱杆总体安全可靠性较高。

3. 操作便捷性

抱杆起吊、变幅系统采用独立动力系统,通过现场负责人统一协调指挥控制;抱杆结构组件的整体质量及尺寸相对较小,抱杆组立操作较为方便。

4. 经济性

抱杆可采用单侧起吊、三侧平衡方式,起吊质量大,施工作业效率一般;抱杆结构组件的整体质量及尺寸相对较小,抱杆组件安装及运输方便。对单件质量较大、受地形限制无法设置外拉线的铁塔组立,经济效益明显。

5. 适用性

落地四摇臂抱杆适用于平原、丘陵及山地等各种地形条件,总高不超过 150 m 的输电线路铁塔组立,适应于索道运输。抱杆不设置外拉线,特别适用于受地形限制无法设置外拉线的酒杯形、猫头形塔组立,或外轮廓投影范围外有电力线等障碍物的铁塔组立。

结合落地四摇臂抱杆组塔施工技术在技术先进性、安全可靠性、操作便捷性、经济性、适用性、技术先进性五方面的分析评价结果进行评分,其分析评价柱形图如图 2-6-7 所示。

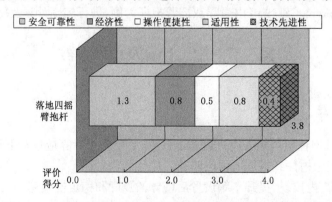

图 2-6-7　落地四摇臂抱杆组塔施工技术各项目分析评价柱形图

第七章
内悬浮双摇臂抱杆组塔施工技术

第一节　技术原理及适用范围

一、技术原理

内悬浮双摇臂抱杆由1个垂直的主抱杆和2个可水平转动的摇臂组成,摇臂通过铰接装置可以上下活动。内悬浮双摇臂抱杆与落地双摇臂抱杆组塔相比,主要差别在于主抱杆前者为内悬浮,靠承托系统在塔身上的固定位置提高来提升抱杆起吊高度;后者为落地式,靠主抱杆底部增加抱杆杆段来提升抱杆起吊高度。内悬浮双摇臂抱杆一般采用内拉线固定方式,具有如下特点:

(1)抱杆带有双摇臂,起吊构件半径大,方便构件就位。

(2)抱杆通过承托系统悬浮于铁塔结构中心,4根主材受力均衡,宜于保证安装质量。

(3)与落地双摇臂抱杆相比,减少了部分长度的主抱杆,工具较轻便。

(4)可实现单边起吊和双边同时起吊,双边吊装时抱杆的受力平衡、稳定,安全性较好。

二、适用范围

内悬浮双摇臂抱杆适用于各种塔型的组立,铁塔高度宜限制在130 m以下,拉线长度应限制在180 m以下。

本文以□900 mm×51.9 m内悬浮双摇臂抱杆为例,进行施工计算及施工工艺的介绍。

第二节　施工计算及技术参数

一、施工计算

内悬浮双摇臂抱杆组塔施工应进行施工计算,主要施工计算应包括下列内容:

(1)施工过程中构件和塔体的强度验算。

(2)抱杆附着、内拉线、提升点等设置后塔体的强度和稳定性验算。

(3)抱杆的长细比计算。

(4)抱杆等主要机具的受力计算。

二、技术参数

1. 抱杆技术参数

(1) 额定起吊质量 5 t。

(2) 抱杆摇臂长度 15 m。

(3) 吊件最大偏角≤5°。

(4) 内拉线对水平面夹角≤45°。

(5) 控制绳对地夹角≤45°。

(6) 承托绳与抱杆轴线夹角≤45°。

(7) 摇臂回转角度±100°。

(8) 抱杆全高 51.9 m,结构整体自重 4 699 kg。

2. 抱杆结构参数

□900 mm 内悬浮双摇臂整副抱杆由桅杆、主抱杆、摇臂、转动支撑等结构组成,并配有起吊、变幅、内拉线、承托、提升等系统。

(1) 桅杆长度 15.5 m,顶部断面为□400 mm,根部断面为□750 mm,主材规格 Q345L∠80×6。

(2) 主抱杆断面为□900 mm,长度 33.6 m,主材规格 Q345L∠80×8。

(3) 摇臂断面为□400 mm,长度 15 m,主材规格 Q345L∠45×5。

(4) 转动支撑高度为 1.4 m,由上支座、回转支撑及下支座组成。

3. 抱杆使用要求

抱杆下部设置 2 道腰拉线,提升抱杆时,2 道腰拉线间距不小于 6 m,吊装构件时,不小于 12 m。

第三节　施工工艺

一、现场布置

内悬浮双摇臂抱杆现场布置如图 2-7-1 所示。

1. 抱杆摇臂布置

抱杆布置在铁塔中心位置进行吊装作业。根据各塔位现场情况,摇臂布置在横线路或顺线路方向位置,吊装时以此为基准,在-90°～+90°之间往复旋转。

2. 起吊系统布置

摇臂外端挂起吊滑车组,供起吊构件用。采用 80 kN 级双轮 1-2 滑车组走 4 道磨绳,起吊绳采用 φ13 mm 钢丝绳。

3. 变幅系统布置

桅杆顶至摇臂外端设置变幅滑车组,采用 80 kN 级三轮 2-3 滑车组走 6 道磨绳,变幅绳采用 φ13 mm 钢丝绳。同时,桅杆顶至摇臂外端之间连接 1 根 φ21.5 mm 定长钢丝绳作为保险绳。

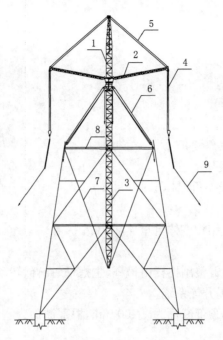

1—桅杆;2—摇臂;3—主抱杆;4—起吊系统;5—变幅系统;
6—内拉线;7—承托系统;8—腰拉线;9—控制绳

图 2-7-1　内悬浮双摇臂抱杆现场布置示意图

4. 内拉线系统布置

抱杆回转下方设置 4 根内拉线,布置在铁塔塔身对角线方向,拉线采用 φ15 mm 钢丝绳。

5. 提升系统布置

利用已组铁塔主材节点布置提升系统,提升滑车固定在铁塔 2 个对角主材,提升绳采用 φ15 mm 钢丝绳,经过抱杆底部悬挂的滑车共形成 4 道提升绳。

6. 承托系统布置

抱杆承托采用 4 组独立布置,主绳选用 φ15.5 mm 钢丝绳(双道),用卸扣直接与预留的承托板施工孔相连。

7. 抱杆旋转

抱杆应在空载状态下旋转,即 2 副摇臂的起吊及变幅系统均处于松弛状态下旋转,通过在地面上拉动两侧起吊滑车组实现抱杆的旋转,抱杆应在−90°~+90°之间往复旋转。

二、工艺流程

内悬浮双摇臂抱杆分解组塔施工工艺流程同落地双摇臂抱杆。

三、主要工艺

（一）抱杆组立

内悬浮双摇臂抱杆（含摇臂）采用人字抱杆整体组立,组立方法同内悬浮外拉线抱杆。

（二）抱杆提升

内悬浮双摇臂抱杆的提升方法同内悬浮外拉线抱杆,提升抱杆时,2道腰拉线间距不小于6 m。

（三）抱杆拆除

内悬浮双摇臂抱杆的拆除分3个步骤:(1)利用桅杆拆除两侧摇臂;(2)利用提升滑车组将抱杆降落;(3)利用塔头上悬挂滑车组将抱杆落至地面。

（四）铁塔吊装

内悬浮双摇臂抱杆分解组塔方法同落地双摇臂抱杆。

四、主要工器具配置

□900 mm×51.9 m内悬浮双摇臂抱杆分解组塔主要工器具配置如表2-7-1所示。

表2-7-1 □900 mm×51.9 m内悬浮双摇臂抱杆分解组塔主要工器具配置

序号	名称	规格	单位	数量	备注
1	内悬浮双摇臂抱杆	□900 mm×51.9 m	副	1	配腰环
2	辅助人字抱杆	□400 mm×15 m	副	2	
3	机动绞磨	50 kN	台	5	带过载保护
4	钢丝绳（套）	φ13 mm×700 m	根	2	起吊绳
5		φ13 mm×300 m	根	2	变幅绳
6		φ21.5 mm×21 m	根	4	保险绳
7		φ15 mm×170 m	根	4	内拉线
8		φ21.5 mm×30 m	根	4	承托绳
9		φ15.5 mm×160 m	根	2	提升绳
10		φ13 mm×150 m	根	1	提升绳
11		φ13～φ17.5 mm	根		起吊绑扎绳,长度及数量根据需要配
12	起重滑车	80 kN 双轮	只	4	
13		80 kN 三轮	只	4	
14		100 kN 单轮	只	4	
15	卸扣	DG10	只	16	

第四节　施工安全控制要点

内悬浮双摇臂抱杆分解组塔施工的安全控制要点见表 2-7-2。

表 2-7-2　内悬浮双摇臂抱杆分解组塔施工危险点与预控措施

序号	作业内容	危险点	防范类型	预防控制措施
1	现场布置	场地地基未平整或夯实,不满足抱杆、流动式起重机等施工机械的承载力要求	起重伤害	场地清理完成,地基平整并夯实,满足抱杆、流动式起重机等施工机械的承载力要求
		牵引设备及操作人员布置距离不足	物体打击、起重伤害	为保证牵引设备及操作人员的安全,牵引设备应布置在安全距离之外,必须符合规程要求
2	平台吊装	塔脚板或塔腿段主材安装后,未连接接地装置	触电	组塔前,接地装置施工完成,接地电阻验收合格;塔脚板或塔腿段主材安装后,及时安装接地引下线
3	抱杆组立	抱杆整体组立用人字抱杆,根部滑动、沉陷	起重伤害、物体打击	严格按施工方案或作业指导书要求布置现场,人字抱杆根部应水平,采取防滑、防陷安全措施
		抱杆内拉线未全部收紧固定,即拆除牵引滑车组及临时浪风绳	起重伤害、物体打击	抱杆内拉线未全部收紧固定前,不得拆除牵引滑车组及临时浪风绳
		铁塔高度大于 100 m,抱杆无航空警示标志	物体打击	铁塔高度大于 100 m 时,组立过程中抱杆顶端应设置航空警示灯或红色旗号
4	抱杆提升	不观察抱杆整体情况,野蛮提升	起重伤害	严格按施工方案或作业指导书要求进行抱杆提升操作,提升过程中应缓慢、匀速,并全面观察抱杆的整体提升情况,发现异常及时停止,查明原因,排除故障后继续提升
		未按方案要求打设承托系统	起重伤害	严格按施工方案或作业指导书要求,根据抱杆提升高度,在相应位置打设承托系统,控制承托绳对抱杆铅垂轴线的角度
5	抱杆吊装操作	抱杆带载旋转	起重伤害	抱杆采取双侧同步起吊方式,应在空载状态下将摇臂回转至吊装方向,严禁负载状态下旋转抱杆
		抱杆平衡控制不到位	起重伤害	抱杆起吊受力前应检查调整内拉线,保证抱杆整体正直,吊件离地时两侧起吊机构应保持同步、平衡、匀速

续表 2-7-2

序号	作业内容	危险点	防范类型	预防控制措施
6	铁塔吊装	超重起吊	起重伤害	严格按施工方案或作业指导书要求,仔细核对施工图纸的吊段参数,控制单吊质量
		偏位起吊	起重伤害	严格按施工方案或作业指导书要求,在允许的范围内进行起吊作业
		长横担结构塔辅助人字抱杆使用不规范	起重伤害	严格按施工方案或作业指导书要求,辅助人字抱杆布置于塔身预留的安装支座上,与水平面的夹角不宜小于45°,主抱杆与人字抱杆中心轴线的夹角宜控制在90°
7	抱杆拆卸	塔头中部布置抱杆拆卸滑车组位置的主要受力构件未安装齐全	起重伤害、物体打击	塔头中部布置抱杆拆卸滑车组位置的主要受力构件必须安装齐全,并紧固所有连接螺栓
		抱杆头部多个构件整体拆除,超重起吊	起重伤害、物体打击	严格按施工方案或作业指导书要求,按拆卸滑车组的允许吊重,合理分解各构件,严禁超重起吊

　　结合内悬浮双摇臂抱杆组塔施工各项作业内容的危险点,从"人、机、料、法、环"五因素分析其施工安全危险点。内悬浮双摇臂抱杆机械化程度一般,使用过程中的安全控制需依赖于施工人员的目测或估计等经验方式,如抱杆悬浮时承托绳的受力状态、主桅杆的倾斜及内拉线的受力等。从危险点因素分析,施工人员的技能素质及操作经验是主要因素,工艺操作方法及外部环境条件是次要因素,各因素占比见施工安全危险点因素分析饼图,如图 2-7-2。

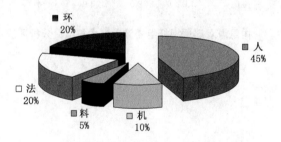

图 2-7-2　内悬浮双摇臂抱杆组塔施工安全危险点因素分析饼图

第五节　分析评价

　　结合内悬浮双摇臂抱杆组塔施工技术的特点,对其进行分析评价。

1. 技术先进性

内悬浮双摇臂抱杆采用中心悬浮、内拉线平衡控制、双侧同步起吊,通过摇臂的幅角变化进行起吊幅度的调节。内悬浮双摇臂抱杆装备总体技术水平一般。

2. 安全可靠性

抱杆采用中心悬浮利用塔身承托形式和双侧起吊方式,通过内拉线控制抱杆总体的受力平衡,设有起吊力矩差及起重量安全控制装置;遇大风、超重起吊、变幅或承托系统破坏时抱杆会出现失稳。抱杆总体安全可靠性一般。

3. 操作便捷性

抱杆起吊、变幅系统采用独立动力系统,通过现场负责人统一协调指挥控制;抱杆结构组件的整体质量及尺寸极小,抱杆组立操作极为方便。

4. 经济性

抱杆可采用双侧起吊方式,施工作业效率较高;抱杆结构组件的整体质量及尺寸相对极小,抱杆组件安装及运输方便。对单件质量较小的铁塔组立,经济效益明显。

5. 适用性

内悬浮双摇臂抱杆适用于平原、丘陵及山地等总高低于 130 m 且拉线长度应限制在180 m 以下的输电线路铁塔组立,适应于索道运输。

结合内悬浮双摇臂抱杆组塔施工技术在技术先进性、安全可靠性、操作便捷性、经济性、适用性五方面的分析评价结果进行评分,其分析评价柱形图如图 2-7-3 所示。

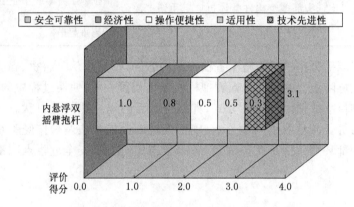

图 2-7-3 内悬浮双摇臂抱杆组塔施工技术各项目分析评价柱形图

第八章
内悬浮外拉线抱杆组塔施工技术

第一节 技术原理及适用范围

一、技术原理

内悬浮外拉线抱杆悬浮于铁塔结构内部中心,由承托系统和外拉线系统柔性约束。承托系统一端连接于抱杆底部的承托环,另一端固定于已组塔段的主材节点处,形成对抱杆底部的约束;外拉线系统一端连接于抱杆顶部的抱杆帽上,另一端固定于铁塔基础45°方向外延长线的地锚上,形成对抱杆的顶部约束。起吊绳穿过抱杆顶部的起吊滑轮,利用外部动力提升铁塔塔片并将起吊重力沿轴向传递给抱杆。

内悬浮外拉线抱杆分解吊装较长横担有困难时,可增设辅助抱杆配合吊装。

二、适用范围

内悬浮外拉线抱杆的拉线由于固定在地面,一般适用于平坦及丘陵地形。对于地形陡峭的山地,由于受地形条件影响,外拉线抱杆组塔受到一定限制。一般情况下,铁塔全高不宜大于 100 m,或者拉线长度不宜大于 200 m。

本文以 □900 mm×48 m 内悬浮外拉线抱杆为例,进行施工计算及施工工艺的介绍。

第二节 施工计算及技术参数

一、施工计算

内悬浮外拉线抱杆组塔施工应进行施工计算,主要施工计算应包括下列内容:

(1) 施工过程中构件和塔体的强度验算。

(2) 抱杆承托点、外拉线、提升点等设置后塔体的强度和稳定性验算。

(3) 抱杆的长细比计算。

(4) 抱杆等主要机具的受力计算。

二、技术参数

1. 抱杆技术参数

(1) 额定起吊质量:90°方向吊装 6 t,45°方向吊装 4 t。

（2）抱杆倾角≤5°。

（3）起吊滑车组与铅垂线夹角≤20°。

（4）外拉线对地夹角≤45°。

（5）控制大绳对地夹角≤45°。

（6）承托绳与铅垂线夹角≤45°。

（7）抱杆全高48 m,结构整体自重4 238 kg。

2. 抱杆结构参数

□900 mm×48 m内悬浮外拉线抱杆由旋转头部、顶段、中段、下段、承托组件等结构组成,并配有起吊、拉线、提升等系统。全高配置48 m,抱杆断面□900 mm。

3. 抱杆使用要求

（1）吊装塔片过程中,抱杆不做旋转。

（2）吊装横担时采用旋转抱杆头部的施工方法,承托系统无须旋转。

第三节　施工工艺

一、现场布置

内悬浮外拉线抱杆分解组塔现场布置如图2-8-1所示。

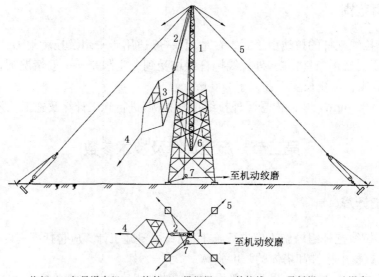

1—抱杆;2—起吊滑车组;3—构件;4—攀根绳;5—外拉线;6—承托绳;7—地滑车

图2-8-1　内悬浮外拉线抱杆分解组塔现场布置示意图

1. 承托系统布置

抱杆承托采用4组独立布置,主绳选用φ21.5 mm钢丝绳（双道）,用DG8直接与预留的承托板施工孔相连。承托系统布置如图2-8-2所示（图中仅画出1组承托绳,另3组承托绳相同）。

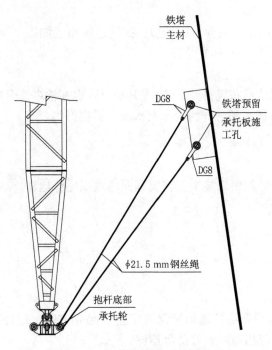

图 2-8-2　承托系统布置示意图

2. 起吊系统布置

抱杆起吊系统采用 φ15 mm 钢丝绳,下起吊滑车选用 130 kN 双轮环闭滑车,上起吊滑车选用 100 kN 单轮环闭滑车,腰滑车选用 50 kN 单轮环开滑车,地滑车选用 80 kN 单轮环开滑车,采用 1-2 滑车组走 4 道磨绳。吊件控制大绳选用 φ13 mm 钢丝绳(双道)。起吊系统布置如图 2-8-3 所示(图中仅画出一侧,另一侧相同)。

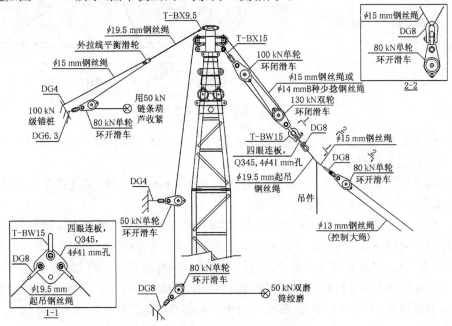

图 2-8-3　起吊系统及外拉线布置示意图

3. 拉线系统布置

抱杆外拉线采用φ15 mm钢丝绳（双道）。拉线系统布置如图2-8-3所示（图中仅画出1个45°方向的外拉线，另3个方向相同）。

4. 提升系统布置

利用已组铁塔主材节点布置提升系统，提升滑车固定在铁塔2个对角主材，提升绳采用φ15 mm钢丝绳，经过抱杆底部悬挂的滑车共形成4道提升绳。

二、工艺流程

内悬浮外拉线抱杆分解组塔施工工艺流程同落地双摇臂抱杆。

三、主要工艺

（一）抱杆组立

1. 抱杆组装与布置

（1）抱杆组装前，应根据塔位地形情况选定整位起立方向。抱杆宜组装在平整的场地上，且支垫方木，其根部应用道木做好防沉措施。

（2）抱杆起立采用钢质人字钢管，抱杆起立非全高度时，起立后待第一次提升时将其余段别逐段接入至抱杆全高；起立时要将抱杆的最下面一段接入首次起立的抱杆根部。抱杆起立现场布置如图2-8-4所示。

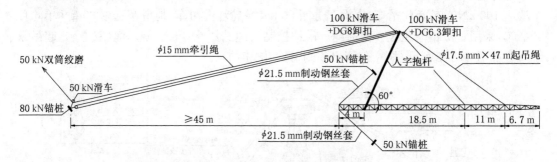

图2-8-4　抱杆起立现场布置示意图

（3）抱杆采用2点起吊，起吊钢丝绳头在抱杆上平面绕2圈后用卸扣锁头；牵引系统采用1-1滑车组走3道磨绳。

（4）抱杆制动绳采用φ21.5 mm钢丝绳＋双道φ15 mm钢丝绳，共设置2组制动系统，2组制动系统按平行于抱杆轴线方向设置。

（5）抱杆起立前应打设好两侧面及前后侧的4组外拉线，其中两侧面外拉线需收紧，反侧外拉线呈松弛状态。4组外拉线均采用φ19.5 mm×40 m钢丝绳＋双道φ15 mm钢丝绳（详见图2-8-3）。拉线锚桩与铁塔中心距离不得小于抱杆起立高度的1.2倍。

（6）牵引总地锚与抱杆根部距离应不小于45 m，总地锚采用80 kN级。抱杆起立布置时应使牵引总地锚、人字抱杆中心、制动系统中心和抱杆中心线保持在同一铅垂面上。

2. 整体起立抱杆

（1）～（6）步骤同落地双摇臂抱杆。

（7）抱杆起立后，基底座应位于塔位中心。调整抱杆正直后，固定抱杆顶部的四侧外拉线。

（8）抱杆起吊铁塔塔件前应对所有抱杆的连接螺栓重新紧固一遍。

（二）抱杆提升

（1）内悬浮抱杆利用滑车组和已组塔架进行抱杆接长和提升，提升系统布置如图2-8-5所示。

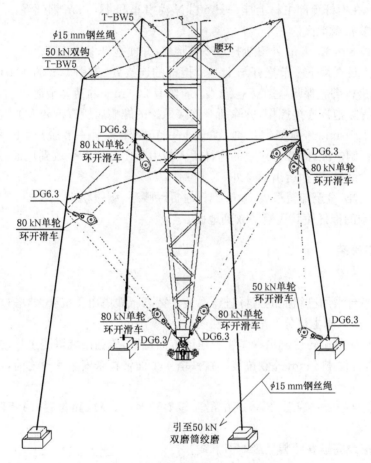

图2-8-5 提升系统布置示意图

（2）抱杆提升时必须使用2道腰环，腰环间距须≥10 m。

（3）首次提升前，将剩余抱杆杆段逐段接入，此时用专用的提升抱箍连接抱杆底部进行提升。将抱杆提升至底部高出接续段，将接续段扶正，缓慢将上部抱杆落下，使抱杆底部与接续段的连接螺孔对正，安装连接螺栓，最后放松提升钢丝绳。每次提升接高一段后，将提升抱箍和滑车组拉下安装至底部进行下一段接入提升。

（4）抱杆提升接长至全高后，采用抱杆底部段上的专用提升孔进行提升。

（5）抱杆应布置在铁塔中心，提升前使抱杆正直，提升时绞磨应缓慢、平稳，并随时观察抱杆的正直情况，将外拉线徐徐放松调整抱杆正直性。

（6）抱杆提升到位后，绑定承托绳，收紧四侧外拉线调整好抱杆垂直度，松弛腰环绳后即可进行吊装。

（7）提升抱杆时，不得将起吊索具钩挂在塔片及其他部件上，应将其自由放松，事先将起吊滑车拽回地面。

（三）抱杆拆除

（1）吊装结束后，将塔身螺栓紧固，按抱杆提升的逆顺序降低抱杆高度。当抱杆顶部低于塔身顶部后，在抱杆顶部主材上挂一只 50 kN 动滑车和 ϕ15 mm 钢丝绳，采用拎吊法，将抱杆从塔身内放松至地面。

（2）在离地 8 m 和 16 m 处重新打设 2 道腰环，并使抱杆保持正直。

（3）拆卸人员在最下一节抱杆与上一节抱杆的连接处，先用 1 m 的 ϕ11 mm 保险钢丝套对上下两节进行绑扎保险（注意不要太紧，应留有 200 mm 的活动余地）。

（4）逐个拆除抱杆连接螺帽，拆除所有连接螺栓的螺帽后所有拆卸人员随即下地。

（5）收紧 ϕ15 mm 卸抱杆钢丝绳，使最下一节抱杆与上一节脱离，随后再缓缓松出 ϕ15 mm 卸抱杆钢丝绳，此时已松脱的抱杆用人力引导使其逐渐平放到地面，随即拆除 1 m 的 ϕ11 mm 保险钢丝套，并运出塔身外。

（6）依此类推，直至卸至最后 16 m 抱杆时拆除腰环，缓缓松出 ϕ15 mm 卸抱杆钢丝绳，用人力引导剩余的抱杆使其逐渐平放到地面。

（四）铁塔吊装

1. 平台组立

（1）铁塔平台采用已组立的抱杆进行吊装。特高压铁塔由于根开大，塔材重，因此在平台搭设吊装时，需采用主材分片吊装组立。

（2）将抱杆头部旋转使起吊滑车组至塔腿方向位置，单独吊装塔腿主材，为防止塔材内倾，就位后及时打设 ϕ13 mm 外侧拉线。在铁塔 4 个面辅材未安装完毕之前，不得拆除临时拉线。

（3）4 根主材吊装完成后，再将起吊滑车组旋转至顺、横线路位置，吊装四侧面水平铁和八字铁。

（4）平台搭设完毕立即装上接地引下线。

2. 塔身吊装

（1）塔身组片吊装，起吊质量不超过允许吊重。对于超重的塔片，采取分散的吊装方式，即先单独吊装塔腿主材，再吊装侧面交叉铁。

（2）铁塔分片应组成较稳定的结构，对部分根开较大、稳定性较差的塔片应采用补强措施。

（3）在吊件上绑扎好倒 V 形吊点绳，吊点绳绑扎点应在吊件重心以上的主材节点处，若绑扎点在重心附近，应采取防止吊件倾覆的措施。V 形吊点绳应由 2 根等长的钢丝绳通过卸扣和四眼板连接，两吊点绳之间的夹角不得大于 120°。

3. 单回耐张塔及双回路塔横担吊装

地线顶架利用抱杆，组成整体后左右分别吊装，如图 2-8-6 所示。

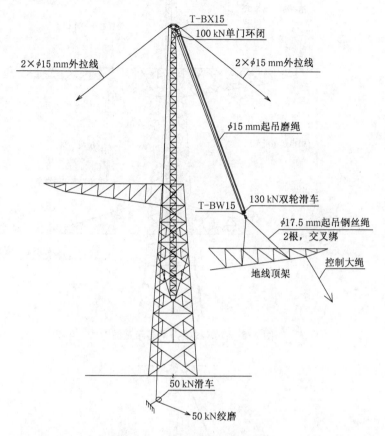

图 2-8-6　地线顶架吊装示意图

导线横担利用地线顶架布置起吊滑车组，并用抱杆补强顶架。不超重时单只横担组装成整体吊装，整体吊装超重时分成内外 2 段或 3 段分别吊装，如图 2-8-7 所示。

地线架、横担均采用四点起吊，直拎式吊装，并使横担外端略上翘，就位时先将上平面主材螺栓连上，再以此为旋转支点徐徐松落，完成下平面主材就位。严禁先就位下平面主材，再收紧磨绳的方式进行上平面主材就位。

4. 酒杯形直线塔头吊装

（1）曲臂吊装

整体质量不超过允许吊重的，采用整体吊装；对于超过允许吊重的，采用分下段和上段 2 次吊装。

上曲臂整体质量不超过允许吊重的，采用整体吊装；对于超过允许吊重的，采用分下段和上段 2 次吊装，如图 2-8-8 所示。完成上曲臂吊装后，即对上曲臂进行补强。上曲臂之间补强采用 $\phi15\,mm \times 20\,m$ 钢丝套＋5 t 双钩，双钩以摇紧为原则，上曲臂外侧用 $\phi13\,mm \times 150\,m$ 对地打设补强拉线，拉线锚桩按照 3 t 设置。

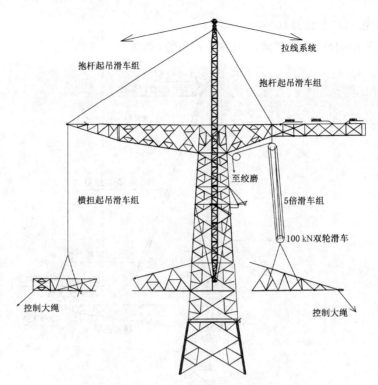

图 2-8-7　导线横担吊装示意图

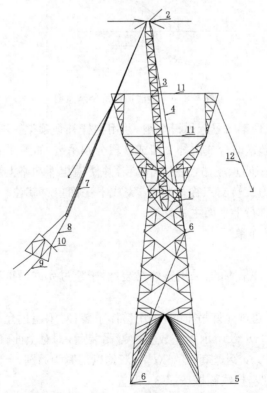

1—承托绳；2—外拉线；3—抱杆；4—起吊磨绳；5—机动绞磨；6—转向滑车；
7—滑车组；8—起吊套子；9—控制大绳；10—塔片；11—补强绳；12—补强拉线

图 2-8-8　上曲臂吊装示意图

（2）上曲臂上盖吊装

上曲臂上盖质量较大,安装的水平距离较远,采取前后侧分片吊装的方式,尽量减轻上曲臂上盖单次吊装质量。在吊装前需确保抱杆提升到位,将承托打设在下曲臂与塔身连接的变坡点;调整外拉线,抱杆向起吊方向适当倾斜,倾斜角度控制在10°以内。吊装如图2-8-9所示。

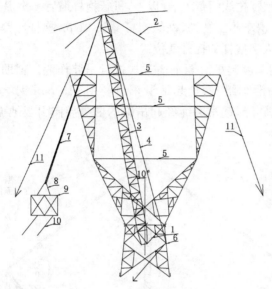

1—承托绳;2—外拉线;3—抱杆;4—起吊磨绳;5—补强套;6—转向滑车;
7—滑车组;8—起吊套子;9—塔片;10—控制大绳;11—补强拉线

图2-8-9　上曲臂上盖吊装示意图

完成单边上曲臂上盖前后片吊装后,即进行上片面的封铁,确保单侧铁塔的整体性,调整抱杆角度,进行另一侧上曲臂上盖的吊装。

（3）中横梁吊装

中横梁分成前后侧分片吊装,采用四点起吊,并用圆木或横梁进行补强,如图2-8-10所示。

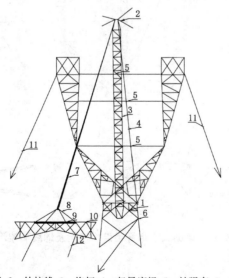

1—承托绳;2—外拉线;3—抱杆;4—起吊磨绳;5—补强套;6—转向滑车;
7—滑车组;8—起吊套子;9—补强木;10—塔片;11—补强拉线;12—控制大绳

图2-8-10　中横梁吊装示意图

（4）中横担及地线顶架吊装

中横担和地线顶架的吊装需要采用辅助人字抱杆进行吊装。辅助人字抱杆选用
□400 mm×15 m,允许吊重 6.5 t。

中横担吊装前,先调整抱杆腰拉线位置,下道腰拉线设置在 K 节点处,上道腰拉线设置
在中横梁下方,确保 2 道腰拉线间距 10 m 以上,进行抱杆最后一次提升,提升后抱杆承托打
设在上曲臂内侧的转向滑车施工孔处,确保抱杆露头 21 m,抱杆底部在铁塔平口交叉铁上
方,利用抱杆进行辅助人字抱杆的提升就位。

辅助人字抱杆采用单侧起吊对侧平衡方式进行吊装作业。辅助人字抱杆的变幅滑车
组利用悬浮抱杆的起吊滑车组,横担起吊滑车组利用 φ13 mm 钢丝绳、80 kN 双轮滑车、
DG10 卸扣穿引成 4 道磨绳,起吊磨绳经起吊侧的塔身导向引至地面绞磨。如图 2-8-11
所示。

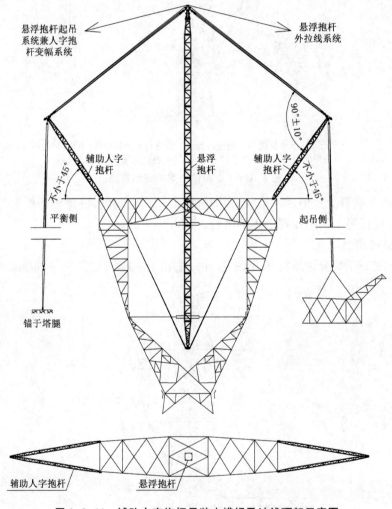

图 2-8-11　辅助人字抱杆吊装中横担及地线顶架示意图

（5）边横担吊装

边横担采用地线顶架挂线孔吊装。

（五）实际吊装应用图片

内悬浮外拉线抱杆组塔实际吊装应用如图 2-8-12 所示。

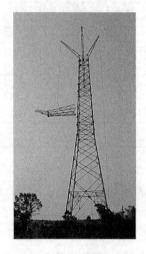

图 2-8-12　内悬浮外拉线抱杆组塔实际吊装应用

四、主要工器具配置

□900 mm×48 m 内悬浮外拉线抱杆分解组塔主要工器具配置如表 2-8-1 所示。

表 2-8-1　□900 mm×48 m 内悬浮外拉线抱杆分解组塔主要工器具配置

序号	名称	规格	单位	数量	备　注
1	内悬浮外拉线抱杆	□900 mm×48 m	副	1	配腰环 2 副
2	辅助人字抱杆	□400 mm×15 m	副	2	
3	绞磨	50 kN	只	1	带过载保护
4	机动绞磨	30 kN	台	2	带过载保护
5	钢丝绳（套）	ϕ15 mm×650 m	根	2	悬浮抱杆起吊磨绳
6		ϕ21.5 mm×40 m	根	4	外拉线上段
7		ϕ15 mm×450 m	根	4	外拉线下段
8		ϕ15 mm×200 m	根	4	塔身补强拉线
9		ϕ15 mm×400 m	根	1	抱杆提升磨绳
10		ϕ13 mm×650 m	根	2	人字抱杆起吊磨绳
11		ϕ21.5 mm×40 m	根	2	人字抱杆平衡绳
12		ϕ15 mm×15 m	根	12	腰环绳
13		ϕ21.5 mm	根		承托绳，长度及数量根据需要配
14		ϕ15～ϕ19.5 mm	根		起吊绑扎绳，长度及数量根据需要配

续表 2-8-1

序号	名称	规格	单位	数量	备注
15	起重滑车	160 kN 双轮环闭	只	2	起吊滑车
16		100 kN 单轮环开	只	2	起吊滑车
17		80 kN 双轮环闭	只	4	起吊滑车
18	卸扣	T-BX15	只	4	
19		T-BX9.5	只	8	
20		T-BW15	只	2	
21		DG10	只	4	

第四节　施工安全控制要点

内悬浮外拉线抱杆分解组塔施工的安全控制要点见表 2-8-2。

表 2-8-2　内悬浮外拉线抱杆分解组塔施工安全危险点与预控措施

序号	作业内容	危险点	防范类型	预防控制措施
1	现场布置	场地地基未平整或夯实,不满足抱杆、流动式起重机等施工机械的承载力要求	起重伤害	场地清理完成,地基平整并夯实,满足抱杆、流动式起重机等施工机械的承载力要求
		牵引设备及操作人员布置距离不足	物体打击、起重伤害	为保证牵引设备及操作人员的安全,牵引设备应布置在安全距离之外,必须符合规程要求
2	平台吊装	塔脚板或塔腿段主材安装后,未连接接地装置	触电	组塔前,接地装置施工完成,接地电阻验收合格;塔脚板或塔腿段主材安装后,及时安装接地引下线
3	抱杆组立	抱杆整体组立用人字抱杆,根部滑动、沉陷	起重伤害、物体打击	严格按施工方案或作业指导书要求布置现场,人字抱杆根部应水平,采取防滑、防陷安全措施
		抱杆外拉线未全部收紧固定即拆除牵引滑车组及临时浪风绳	起重伤害、物体打击	抱杆外拉线未全部收紧固定前,不得拆除牵引滑车组及临时浪风绳
		铁塔高度大于 100 m,抱杆无航空警示标志	物体打击	铁塔高度大于 100 m 时,组立过程中抱杆顶端应设置航空警示灯或红色旗号
4	抱杆提升	不观察抱杆整体情况,野蛮提升	起重伤害	严格按施工方案或作业指导书要求进行抱杆提升操作,提升过程中应缓慢、匀速,并全面观察抱杆的整体提升情况,发现异常及时停止,查明原因,排除故障后继续提升
		未按方案要求打设承托系统	起重伤害	严格按施工方案或作业指导书要求,根据抱杆提升高度,在相应位置打设承托系统,控制承托绳对抱杆铅垂轴线的角度

续表 2-8-2

序号	作业内容	危险点	防范类型	预防控制措施
5	抱杆吊装操作	抱杆倾角大于允许值,与铁塔横隔材阻碍	起重伤害	吊装前,检查收紧抱杆外拉线;吊装过程中,注意观测抱杆倾角变化情况,不超允许值;在塔上设人观测,注意控制抱杆与横隔材保持一定的安全距离
		吊装时,腰环绳未放松,呈受力状态	起重伤害	抱杆起吊受力前,应检查调整外拉线,保证抱杆整体正直,吊件离地时两侧起吊机构应保持同步、平衡、匀速
		吊件吊装位置与就位位置偏差	起重伤害	抱杆安装视频监控系统,提供控制操作人员全面掌握作业现场信息
6	铁塔吊装	超重起吊	起重伤害	严格按施工方案或作业指导书要求,仔细核对施工图纸的吊段参数,控制单吊质量
		偏位起吊	起重伤害	严格按施工方案或作业指导书要求,在允许的范围内进行起吊作业
		长横担结构塔辅助人字抱杆使用不规范	起重伤害	严格按施工方案或作业指导书要求,辅助人字抱杆布置于塔身预留的安装支座上,与水平面的夹角不宜小于45°,主抱杆与辅助人字抱杆中心轴线的夹角宜控制在90°
7	抱杆拆卸	塔头中部布置抱杆拆卸滑车组位置的主要受力构件未安装齐全	起重伤害、物体打击	塔头中部布置抱杆拆卸滑车组位置的主要受力构件必须安装齐全,并紧固所有连接螺栓
		抱杆头部多个构件整体拆除,超重起吊	起重伤害、物体打击	严格按施工方案或作业指导书要求,按拆卸滑车组的允许吊重,合理分解各构件,严禁超重起吊

结合内悬浮外拉线抱杆组塔施工各项作业内容的危险点,从"人、机、料、法、环"五因素分析其施工安全危险点。内悬浮外拉线抱杆机械化程度一般,使用时需设置外拉线,质量大、尺寸宽的构件吊装就位时,需完全依赖于远距离的控制大绳,受周围障碍物限制影响较大,使用过程中的安全控制需依赖于施工人员的目测或估计等经验方式,如抱杆悬浮时承托绳的受力状态、抱杆的倾斜及外拉线、控制大绳的受力等。从危险点因素分析,施工人员的技能素质及操作经验是主要因素,外部环境条件是次要因素,各因素占比见施工安全危险点因素分析饼图,如图 2-8-13 所示。

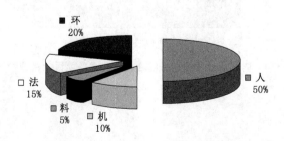

图 2-8-13 内悬浮外拉线抱杆组塔施工安全危险点因素分析饼图

第五节　分析评价

结合内悬浮外拉线抱杆组塔施工技术的特点,对其进行分析评价。

1. 技术先进性

内悬浮外拉线抱杆采用外拉线平衡控制,无摇臂,直接在桅杆顶设置起吊滑车组,采用单侧起吊,工艺技术应用成熟。内悬浮外拉线抱杆装备总体技术水平一般。

2. 安全可靠性

抱杆采用中心悬浮利用塔身承托和单侧起吊方式,通过外拉线控制抱杆总体的受力平衡,需现场指挥统一协调各方配合,对施工人员的经验依赖程度较高;遇超重起吊、抱杆倾角过大、外拉线系统破坏时,抱杆会出现失稳。抱杆总体安全可靠性一般。

3. 操作便捷性

抱杆总长固定,结构组件简单,整体质量及尺寸极小,组立、提升、拆卸操作极为方便、灵活。抱杆操作便捷性较好。

4. 经济性

抱杆采用单侧起吊方式,抱杆结构组件简单,整体质量及尺寸极小,抱杆组件安装及运输方便,施工作业效率较高;机具配置简单、设备购置使用成本低。对单件质量较小、可设置外拉线的铁塔组立,经济效益明显。

5. 适用性

内悬浮外拉线抱杆适用于平原、丘陵及山地等各种满足外拉线设置要求的塔型结构简单、质量相对较小、总高不超过 100 m 的输电线路铁塔组立;适应于人力或畜力运输;抱杆需设置外拉线,不适用于铁塔全高半径范围内有电力线等障碍物的铁塔组立。

结合内悬浮外拉线抱杆组塔施工技术在技术先进性、安全可靠性、操作便捷性、经济性、适用性五方面的分析评价结果进行评分,其分析评价柱形图如图 2-8-14 所示。

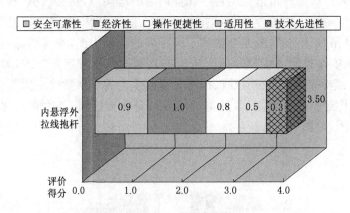

图 2-8-14　内悬浮外拉线抱杆组塔施工技术各项目分析评价柱形图

第九章

内悬浮外拉线铰接抱杆组塔施工技术

第一节　技术原理及适用范围

一、技术原理

内悬浮外拉线铰接抱杆是在内悬浮外拉线抱杆的基础上研究改进而来,在上下主副抱杆之间通过铰接点连接,主抱杆顶部安装外拉线系统,中间铰接点位置安装中部水平拉线系统,下部副抱杆底部安装承托系统。通过外拉线和中部水平拉线系统的控制,增大主抱杆的起吊倾角,减小抱杆长细比,改善抱杆受力状况,从而满足部分特高压铁塔组立的技术要求。

二、适用范围

内悬浮外拉线铰接抱杆需要使用外拉线,一般较适用于平坦及丘陵地形。对于地形陡峭的山地,由于受地形条件影响,铰接抱杆组塔受到一定限制。一般情况下,铁塔全高不宜大于 120 m,或者拉线长度不宜大于 200 m。

本文以□900 mm×50 m 内悬浮外拉线铰接抱杆为例,进行施工计算及施工工艺的介绍。

第二节　施工计算及技术参数

一、施工计算

内悬浮外拉线铰接抱杆组塔施工应进行施工计算,主要施工计算内容同内悬浮外拉线抱杆。

二、技术参数

1. 抱杆技术参数

(1) 额定起吊质量:8 t。

(2) 抱杆倾角:使用主抱杆时 10°,使用铰接组合抱杆时 15°。

(3) 外拉线对地夹角≤45°。

（4）控制大绳对地夹角≤45°。

（5）承托绳与铅垂线夹角≤45°。

（6）抱杆全高50 m，结构整体自重4 500 kg。

（7）抱杆智能系统：拉力、角度、水平传感器、限位器等部件。

2. 抱杆结构参数

（1）抱杆断面：□900 mm×900 mm，变截面处断面□500 mm×500 mm；抱杆由上下两部分组成，上段主抱杆高度30～40 m，下段副抱杆高度20～10 m，总高度50 m。

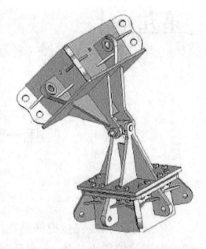

（2）抱杆组成：由上脱帽、2.675 m变截面、3 m标准节×9节、中上脱帽、中下脱帽、3 m标准节×5节、下脱帽组成。

（3）主、副抱杆通过铰接点连接，如图2-9-1所示，使主抱杆可以在顺线路方向和横线路方向倾斜，以满足吊装要求。

图2-9-1 抱杆铰接点示意图

3. 抱杆使用要求

只使用主抱杆，承托系统固定在主抱杆底部；使用铰接组合抱杆时，承托系统移至副抱杆底部，在原主抱杆承托位置增加水平拉线。

第三节 施工工艺

一、现场布置

内悬浮外拉线铰接抱杆分解组塔现场布置如图2-9-2所示。

1. 起吊系统布置

起吊系统采用φ15 mm钢丝绳组成的2-2滑车组，滑车采用100 kN双轮滑车。一端连于待起吊吊片，另一端经转向滑车至牵引设备。

2. 承托系统布置

抱杆承托采用4组独立布置，主绳选用φ24 mm钢丝绳（双道），用DG10直接与预留的承托板施工孔相连。

3. 外拉线系统布置

抱杆外拉线采用φ15 mm钢丝绳（双道）。抱杆外拉线地锚应位于基础对角线的延长线上，对地夹角不大于45°。

4. 提升系统布置

利用已组铁塔主材节点布置提升系统，提升滑车固定在铁塔2个对角主材，提升绳采用φ15 mm钢丝绳，经过抱杆底部悬挂的滑车共形成4道提升绳。

5. 控制系统布置

采用2根φ13 mm钢丝绳作为吊件调整控制绳，一端连于起吊件下端，另一端用人力或

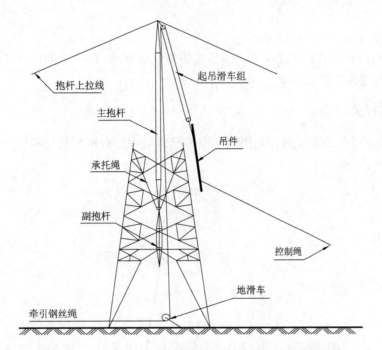

图 2-9-2　内悬浮外拉线铰接抱杆分解组塔现场布置示意图

机动绞磨在地面进行控制。

二、工艺流程

内悬浮外拉线铰接抱杆分解组塔施工工艺流程同落地双摇臂抱杆。

三、主要工艺

(一) 抱杆组立

1. 主抱杆组立

主抱杆组立主要有 4 种方式,可根据现场条件选择使用。

(1) 吊车整体组立。吊车可以到达塔位时,可利用吊车组立或吊车结合绞磨将抱杆整体组立。采用吊车结合绞磨整立时,先利用吊车把抱杆吊起成倾斜状,控制好拉线,再用起重滑车组和绞磨斜抱杆牵引立成直立状态,然后固定好抱杆底座,用拉线将抱杆稳固。

(2) 人字抱杆整体组立。如地形条件较好,或铁塔根开较大,无法利用铁塔倒装提升抱杆时,利用人字抱杆将上抱杆整体组立。

(3) 人字抱杆部分整立,其余部分利用铁塔倒装组立。受地形条件限制或铁塔根开较小时,先利用小型倒落式人字抱杆整体组立抱杆上段,再利用抱杆上段将铁塔组立到一定高度,然后采用倒装提升方式,在抱杆下部接装抱杆其余各段,直至全部组装完成。

(4) 采用倒装架倒装组立。当地形条件较差,没有抱杆组装场地时,利用倒装架倒装组立抱杆。

2. 副抱杆组立

下段副抱杆采用倒装方式组立。当铁塔下段组装完成,提升主抱杆时,采用倒装的方式将副抱杆连接在主抱杆下端。

（二）抱杆提升

（1）内悬浮外拉线铰接抱杆利用滑车组和已组塔架进行抱杆接长和提升,提升系统布置如图 2-9-3 所示。

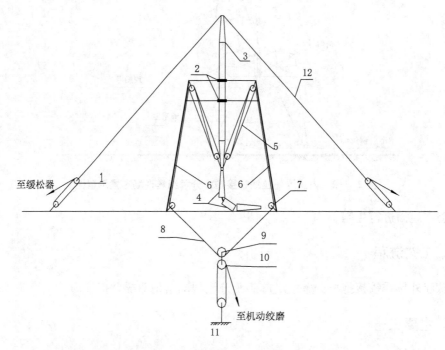

1—拉线调节滑车组;2—腰环;3—主抱杆;4—副抱杆;5—提升滑车组;6—已立塔身;
7—转向滑车;8—牵引绳;9—平衡滑车;10—牵引滑车组;11—地锚;12—抱杆拉线

图 2-9-3　内悬浮外拉线铰接抱杆提升布置示意图

（2）在已组塔架顶部两对角处各挂上一套提升滑车组,滑车组的下端与主抱杆下部的挂板相连,将 2 套滑车组牵引绳通过各自塔腿上的转向滑车引入地面上的平衡滑车,相互连接,平衡滑车与地面滑车组相连,利用地面滑车组以"2 变 1"方式进行平衡提升,提升时依靠 2 道腰环及顶部落地拉线控制抱杆。

（3）抱杆提升时必须使用 2 道腰拉线,腰拉线间距须≥6 m。

（4）将副抱杆采用倒装的方式依次连接在抱杆根部。

（5）抱杆提升过程中,应设专人对腰环和抱杆进行监护;随着抱杆的提升,应同步缓慢放松拉线,使抱杆始终保持竖直状态。

（6）抱杆提升到预定高度后,将承托绳固定在主材节点的上方或预留孔处。

（7）抱杆固定后,收紧拉线,调整腰拉线使之呈松弛状态。调整抱杆的倾斜角度,使其顶端定滑车位于被吊构件就位后结构中心的垂直上方。

（三）抱杆拆除

内悬浮外拉线铰接抱杆拆除方法同内悬浮外拉线抱杆。

（四）铁塔吊装

1. 铁塔平台、塔身及下曲臂、耐张塔、双回路直线塔吊装

铁塔平台、塔身及下曲臂、耐张塔、双回路直线塔等吊装时只使用主抱杆，承托系统固定在主抱杆底部，吊装方法同内悬浮外拉线抱杆。如图 2-9-4 所示。

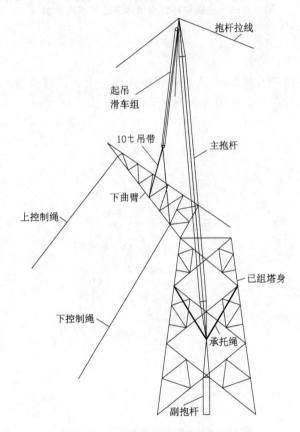

图 2-9-4　主抱杆吊装下曲臂示意图

2. 主副抱杆转换

（1）吊装完下曲臂后，在曲臂 K 接点处施工孔上各挂一套提升滑车，下端提升滑车固定在主抱杆底部。

（2）利用滑车组提升抱杆，使主抱杆底部高于曲臂交叉点上方 1～2 m 处。

（3）在副抱杆底部安装承托系统。

（4）在主副抱杆铰接点处安装水平拉线，如图 2-9-5 所示。抱杆调整好后，应将水平拉线用 6 t 手扳葫芦收紧，同时收紧保险钢丝绳。

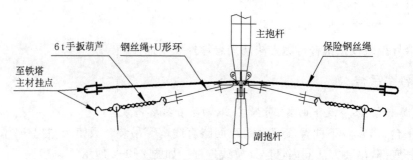

图 2-9-5 主副抱杆铰接点水平拉线布置示意图

3. 酒杯形直线塔头吊装

(1) 上曲臂及中横担吊装

根据抱杆允许吊重和构件质量,上曲臂成整体或分上下2段吊装,上盖分前后片吊装,中横担补强后分前后片吊装。如图2-9-6所示。

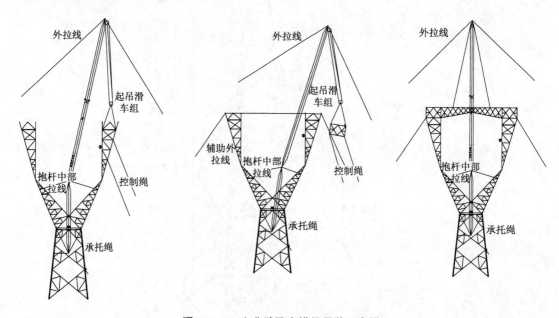

图 2-9-6 上曲臂及中横担吊装示意图

(2) 边横担及地线顶架吊装

边横担靠近塔身段及边横担头部一起整体吊装,地线顶架采取整体吊装。起吊前,将抱杆角度调整到合适位置。如图2-9-7所示。

抱杆倾斜或吊重超出允许范围时,可利用辅助人字抱杆进行吊装,施工方法同内悬浮外拉线抱杆。

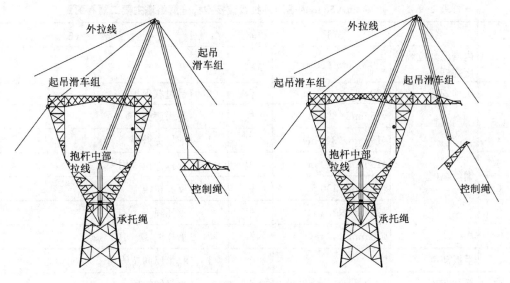

图 2-9-7　边横担及地线顶架吊装示意图

（五）实际吊装应用图片

内悬浮外拉线铰接抱杆组塔实际吊装应用如图 2-9-8 所示。

图 2-9-8　内悬浮外拉线铰接抱杆组塔实际吊装应用

四、主要工器具配置

□900 mm×50 m 内悬浮外拉线铰接抱杆分解组塔主要工器具配置如表 2-9-1 所示。

表 2-9-1　□900mm×50 m 内悬浮外拉线铰接抱杆分解组塔主要工器具配置

序号	名称	规格	单位	数量	备　注
1	内悬浮外拉线铰接抱杆	□900 mm×50 m	副	1	
2	机动绞磨	50 kN	台	2	带过载保护
3	钢丝绳(套)	φ15 mm×900 m	根	2	起吊磨绳
4		φ15 mm×300 m	根	1	抱杆提升绳
5		φ15 mm×250 m	根	4	抱杆上拉线用
6		φ15 mm×150 m	根	2	反向拉线
7		φ28 mm×30 m	根	2	承托绳
8		φ28 mm×10 m	根	2	承托绳
9	手扳葫芦	9 t	个	1	收紧反向拉线用
10	手拉葫芦	5 t	个	4	收紧拉线用
11	起重滑车	10 t	个	3	提升用
12		15 t 双轮	个	4	
13	承托滑车	20 t	个	2	
14	卸扣	15 t	个	4	
15		20 t	个	2	

第四节　施工安全控制要点

内悬浮外拉线铰接抱杆组塔施工的安全控制要点见表 2-9-2。

表 2-9-2　内悬浮外拉线铰接抱杆组塔施工安全危险点与预控措施

序号	作业内容	危险点	防范类型	预防控制措施
1	现场布置	场地地基未平整或夯实,不满足抱杆、流动式起重机等施工机械的承载力要求	起重伤害	场地清理完成,地基平整并夯实,满足抱杆、流动式起重机等施工机械的承载力要求
		牵引设备及操作人员布置距离不足	物体打击、起重伤害	为保证牵引设备及操作人员的安全,牵引设备应布置在安全距离之外,必须符合规程要求
2	平台吊装	塔脚板或塔腿段主材安装后未连接接地装置	触电	组塔前,接地装置施工完成,接地电阻验收合格;塔脚板或塔腿段主材安装后,及时安装接地引下线

续表 2-9-2

序号	作业内容	危险点	防范类型	预防控制措施
3	抱杆组立	抱杆整体组立用人字抱杆,根部滑动、沉陷	起重伤害、物体打击	严格按施工方案或作业指导书要求布置现场,人字抱杆根部应水平,采取防滑、防陷安全措施
		抱杆外拉线未全部收紧固定,即拆除牵引滑车组及临时浪风绳	起重伤害、物体打击	抱杆外拉线未全部收紧固定前,不得拆除牵引滑车组及临时浪风绳
		铁塔高度大于 100 m,抱杆无航空警示标志	物体打击	铁塔高度大于 100 m 时,组立过程中抱杆顶端应设置航空警示灯或红色旗号
4	抱杆提升	不观察抱杆整体情况,野蛮提升	起重伤害	严格按施工方案或作业指导书要求进行抱杆提升操作,提升过程中应缓慢、匀速,并全面观察抱杆的整体提升情况,发现异常及时停止,查明原因,排除故障后继续提升
		未按方案要求打设承托系统	起重伤害	严格按施工方案或作业指导书要求,根据抱杆提升高度,在相应位置打设承托系统,控制承托绳对抱杆铅垂轴线的角度
5	抱杆吊装操作	抱杆倾角大于允许值,与铁塔横隔材阻碰	起重伤害	吊装前,检查收紧抱杆外拉线;吊装过程中,注意观测抱杆倾角变化情况,不超允许值;在塔上设人观测,注意控制抱杆与横隔材保持一定的安全距离
		吊装时,腰环绳未放松,呈受力状态	起重伤害	抱杆起吊受力前应检查调整外拉线,保证抱杆整体正直,吊件离地时两侧起吊机构应保持同步、平衡、匀速
		抱杆铰接点水平拉线布置不规范	起重伤害	计算明确各次吊装状态下抱杆铰接点水平拉线的受力情况,按施工方案或作业指导书要求选用相应规格工器具,布置并收紧拉线
6	铁塔吊装	超重起吊	起重伤害	严格按施工方案或作业指导书要求,仔细核对施工图纸的吊段参数,控制单吊质量
		偏位起吊	起重伤害	严格按施工方案或作业指导书要求,在允许的范围内进行起吊作业
		酒杯形或猫头形塔,塔头布置铰接水平拉线位置,拉线受力超出铁塔结构强度	起重伤害	对需布置铰接水平拉线位置的塔身结构,进行水平拉线受力计算及铁塔结构强度验算,确认满足安全要求
7	抱杆拆卸	塔头中部布置抱杆拆卸滑车组位置的主要受力构件未安装齐全	起重伤害、物体打击	塔头中部布置抱杆拆卸滑车组位置的主要受力构件必须安装齐全,并紧固所有连接螺栓
		抱杆头部多个构件整体拆除,超重起吊	起重伤害、物体打击	严格按施工方案或作业指导书要求,按拆卸滑车组的允许吊重,合理分解各构件,严禁超重起吊

结合内悬浮外拉线铰接抱杆组塔施工各项作业内容的危险点,从"人、机、料、法、环"五

因素分析其施工安全危险点。内悬浮外拉线铰接抱杆机械化程度一般,使用时需设置外拉线及中间水平拉线,质量大、尺寸宽的构件吊装就位时需完全依赖于远距离的控制大绳,受周围障碍物限制影响较大,使用过程中的安全控制需依赖于施工人员的目测或估计等经验方式,如抱杆悬浮时承托绳的受力状态、抱杆的倾斜及中间水平拉线、外拉线、控制大绳的受力等。从危险点因素分析,施工人员的技能素质及操作经验是主要因素,外部环境条件是次要因素,各因素占比见施工安全危险点因素分析饼图,如图2-9-9所示。

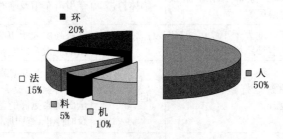

图 2-9-9　内悬浮外拉线铰接抱杆组塔施工安全危险点因素分析饼图

第五节　分析评价

结合内悬浮外拉线铰接抱杆组塔施工技术的特点,对其进行分析评价。

1. 技术先进性

创新设计,上下分为2段、中间铰接,高强钢材质,减少了抱杆长细比,增加了吊装高度和吊重,增大了抱杆倾斜角度,解决了横担吊装就位困难问题;铰接装置增加刚性支撑,实现了抱杆在铰接和刚性2个使用工况间互换,改变了普通抱杆的劣势,显著提升了悬浮抱杆的性能和工效;内悬浮外拉线铰接抱杆结合内悬浮外拉线抱杆进行研究改进,通过铰接点连接、上部主抱杆顶部外拉线、中间铰接点水平拉线、下部副抱杆底部承托等配合控制,增大主抱杆的起吊倾角,满足吊装要求。内悬浮外拉线铰接抱杆采用单侧起吊,装备总体技术水平一般。

2. 安全可靠性

抱杆采用中心悬浮利用塔身承托和单侧起吊方式,通过上部主抱杆顶部外拉线、中间铰接点水平拉线、下部副抱杆底部承托等多个系统配合控制抱杆总体的受力平衡,需现场指挥统一协调各方配合,对施工人员的经验及操作熟练程度要求较高;遇超重起吊、抱杆倾角过大、外拉线或水平拉线或承托系统破坏时抱杆会出现失稳。内悬浮外拉线铰接抱杆总体安全可靠性一般。

3. 操作便捷性

抱杆操作涉及上部主抱杆顶部外拉线、中间铰接点水平拉线、下部副抱杆底部承托等多个系统的配合控制,操作相对复杂。内悬浮外拉线铰接抱杆操作便捷性一般。

4. 经济性

抱杆采用单侧起吊方式,通过主抱杆的大倾角控制,可满足大幅度吊装作业要求,相对摇臂抱杆,该抱杆的结构组件简单,整体质量较小,组件安装及运输方便,施工作业效率较高;机具配置简单,设备购置使用成本低。对单件质量较小、可设置外拉线、上部结构吊装有大幅度要求的铁塔组立,经济效益明显。

5．适用性

内悬浮外拉线铰接抱杆一般适用于平原、丘陵及山地等各种满足外拉线设置要求的质量相对较小、铁塔上部吊装作业幅度较大、总高不超过 120 m 的输电线路铁塔组立,适应人力或畜力运输。抱杆需设置外拉线,不适用于铁塔全高半径范围内有电力线等障碍物的铁塔组立。

结合内悬浮外拉线铰接抱杆组塔施工技术在技术先进性、安全可靠性、操作便捷性、经济性、适用性五方面的分析评价结果进行评分,其分析评价柱形图如图 2-9-10 所示。

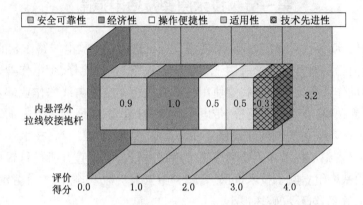

图 2-9-10　内悬浮外拉线铰接抱杆组塔施工技术各项目分析评价柱形图

第十章
直升机组塔施工技术

第一节　技术原理及适用范围

早在 20 世纪 50 年代,国外就开展了使用直升机进行架空输电线路作业的探索,经过几十年的发展,目前已将直升机广泛应用于架空输电线路巡线、检修、带电作业、物料运输、杆塔组立、塔上辅助作业等工作中。我国使用直升机进行架空输电线路作业起步相对国外较晚,但近年来发展很快,在直升机巡检、带电作业、物料运输、引绳展放等方面取得了很大的进步。输电线路铁塔组立是电网建设施工中工程量大、施工难度高、技术环节多的重要环节。长期以来,组塔施工技术还主要利用施工抱杆进行。使用直升机进行输电线路铁塔组立是一种先进的铁塔组立施工技术,可显著减少施工人员数量,降低人员劳动强度,提高施工安全性和施工效率,对环境破坏很小。

2005 年,美国在 West Virginia 和 Virginia 两个变电站间的 145 km、765 kV 联络线工程中采用了波音- 234 直升机运送塔材和组立 V 形拉线塔。2007 年 6 月中旬,在加拿大温哥华岛,采用了波音- 234 直升机进行 138 kV 线路的铁塔更换。

一、技术原理

直升机由于具有可在空中悬停和平稳爬高的技术性能,因此可以用来进行铁塔的吊装运载。

(一)直升机吊运飞行特性

1. 直升机飞行的力学性能

直升机能够利用旋翼的旋转实现爬升或下降,也可在一定高度悬停,如图 2-10-1 所示,其工作时的力学特性为

(1)悬停时:$T = G$。

(2)垂直爬升:$T > G$。

(3)垂直下降:$T < G$。

为使直升机能够获得前进的拉力,可适当控制直升机旋翼的旋转平面呈一定的倾斜角,旋翼拉力 R 由两部分组成:

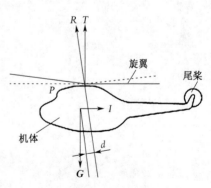

图 2-10-1　直升机工作原理示意图

（1）T（上升力），用以平衡重力 G。

（2）P（水平拉力），用以克服机体所受阻力 I。

由于 R 产生了一个相对于重心的力矩"$d \times R$"，将导致机头向下倾斜。当 $|T| <$ $|R|$ 时，垂直升力减小。对于旋翼拉力 R 而言，旋翼平面的任何倾斜（前进、转弯或侧滑）都将使上升力减小。

尾桨（反扭矩旋翼）的功能是平衡机体不向旋翼转动方向扭转。

2. 直升机吊装组塔作业特点

（1）受地形影响，飞行高度多变。

（2）受气流影响，易造成直升机颠簸、侧倾或侧滑，易引起吊挂物摆动。

（3）直升机在吊装时功率消耗大，旋翼处于大扭矩工作状态。

（4）施工中受地形或场地影响，有时须临时着陆，飞行员要有高超的驾驶技术。

（5）直升机悬停时稳定性差，而吊装组塔的整体就位与分段对接作业要求吊件稳定，飞行员必须与现场指挥密切配合。

（6）直升机作业效率与飞行高度、气温等有关，高海拔及高温度地带，直升机吊运能力将有所下降。

3. 直升机吊塔飞行的特性

（1）吊塔飞行直接影响到直升机飞行的姿态，如图 2-10-2 所示，这时的力平衡关系有

$$\sum y = 0: T - (G+q)\cos\theta - I\sin\theta = 0 \qquad (2\text{-}10\text{-}1)$$

$$\sum x = 0: P + (G+q)\sin\theta - I\cos\theta = 0 \qquad (2\text{-}10\text{-}2)$$

$$\sum M_z = 0: Tx + Py - qx_1 - M_z - \Delta M_z = 0 \qquad (2\text{-}10\text{-}3)$$

式中：M_z——平衡力矩；

　　I——直升机前行所受阻力；

　　G——直升机重力；

　　θ——直升机俯角；

　　P——直升机旋翼水平拉力；

　　q——塔重；

　　ΔM_z——直升机抬头力矩。

由于 θ 很小，$\sin\theta \approx \theta$，$\cos\theta = 1$，替代整理得到

$$\theta = \frac{I-P}{G+q} \qquad (2\text{-}10\text{-}4)$$

从上式可见，直升机吊塔飞行时影响到俯角 θ 变化的因素增加了塔重 q。当直升机重心移至旋翼轴前边时，随着吊重的增加将使直升机抬头力矩增大，俯角 θ 减小。

（2）考虑塔身受空气阻力影响，如图 2-10-3 所示，直升机力和力矩的平衡关系如下：

$$\sum y = 0: T - (G+q)\cos\theta - I\sin\theta - q_1\sin\theta = 0 \qquad (2\text{-}10\text{-}5)$$

$$\sum x = 0: P + (G+q)\sin\theta - I\cos\theta - q_1\cos\theta = 0 \qquad (2\text{-}10\text{-}6)$$

$$\sum M_z = 0: Tx + Py - qx_1 + q_1 y_1 - M_z - \Delta M_z = 0 \qquad (2\text{-}10\text{-}7)$$

式中：q_1——塔身所受空气阻力。

当 θ 很小时,近似计算可用下式：

$$\theta = \frac{I + q_1 - P}{G + q} \qquad (2\text{-}10\text{-}8)$$

当阻力 q_1 较大时,将会使直升机增加一个低头力矩,俯角 θ 将增加。

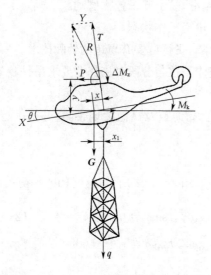

图 2-10-2 直升机吊塔时平衡力系

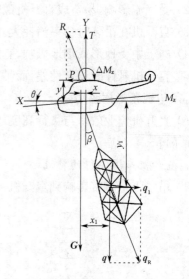

图 2-10-3 直升机吊塔飞行时平衡力系

二、适用范围

直升机组塔适用于各种地形条件、各种塔型的整体或分解组立。

第二节 施工计算及技术参数

一、吊挂索具及吊挂连接方式

直升机吊挂索具由吊索、挂具、脱扣装置、主吊索、吊钩 5 个部件构成,如图 2-10-4 所示。吊钩具有自动脱扣功能,脱扣时只要操作脱扣装置即可将主吊索和吊钩一起脱掉。这种专业索具在紧急情况下应能自动脱扣,如图 2-10-5 所示。

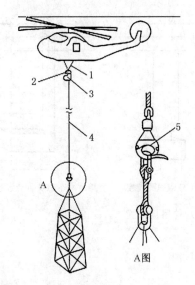

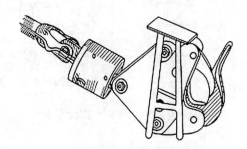

1—吊索;2—挂具;3—脱扣装置;4—主吊索;5—吊钩

图 2-10-4　直升机吊挂索具及连接方式

图 2-10-5　能自动脱扣的吊钩

二、主吊索长度

主吊索长度关系到吊装就位的准确性和安全性。直升机吊运过程中重物的摆动周期表达式为式(2-10-9),摆动频率表达式为式(2-10-10)。

$$T = 2\pi\sqrt{\frac{L}{g}} \tag{2-10-9}$$

$$f = \frac{1}{T} = \frac{1}{2\pi\sqrt{\frac{L}{g}}} \tag{2-10-10}$$

式中:L——主吊索长度,m;

　　　g——重力加速度,9.807 m/s²。

L 越大,则 f 越低,但 T 增加。理论上,L 越大越有利于直升机控制摆动以保持正常飞行,但主吊索太长也是不必要的。当 $L=30$ m 时,吊件的摆动频率约为 0.09 Hz,摆动周期约为 11 s,这个周期已能满足飞行员在操作上修正直升机的飞行状态了。实践证明,主吊索过短会导致吊件就位困难。

三、吊挂索具及吊挂方式

直升机吊运时,吊件的稳定性除与主吊索长度有关外,还与吊件质量、体型尺寸及所采用的吊挂方式有关。直升机吊索的几种吊挂方式如图 2-10-6 所示。

(1) 单点连接。图 2-10-6(a)所示为一种最简单、最常用的吊挂方式,吊件仅有较小摆动,稳定性尚好。

(2) 双点连接。双点吊挂有 2 种,横列连接如图 2-10-6(b)所示,纵列连接如图 2-10-6(c)所示。其中前者对偏航有稳定作用,后者对仰俯有稳定作用。这 2 种吊挂方式

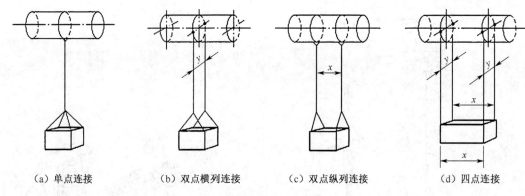

（a）单点连接　　　（b）双点横列连接　　　（c）双点纵列连接　　　（d）四点连接

图 2-10-6　直升机吊索的几种吊挂方式

产生的稳定力矩，可按下式计算：

横列连接时
$$M_s = \frac{Gy^2}{57.3L}$$
(2-10-11)

纵列连接时
$$M_s = \frac{Gx^2}{57.3L}$$
(2-10-12)

式中：G——吊件重力，kN；

　　　L——吊索长度，m。

（3）四点连接。四点连接如图 2-10-6(d)所示，它可同时对仰俯、偏航起稳定和抑制作用，适合于吊装车辆、集装箱等，其稳定力矩按下式计算：

$$M_s = \frac{G(x^2 + y^2)}{57.3L}$$
(2-10-13)

以上三式表明：吊件重力越大，吊挂点距离越大，吊挂索具长度越短，则吊件的稳定性越好。

第三节　施工工艺

一、准备工作及施工现场布置

1. 料场及临时停机坪的选择

料场和停机坪应就近选择，如条件有限也可分开，但停机坪附近必须设有加油系统，停机坪面积一般为 50 m²，地质坚硬，起降场地应地势平坦，300 m 内无 20 m 以上建筑物，至少一个方向开阔，作为直升机作业进出场的通道。料场和停机坪应能通电、通交通、通信息，地势平坦并能存放施工所需器材，满足摆放塔材和组装铁塔的需要。

2. 提前掌握气象情况

在制订施工作业计划前应认真搜集和调查相关气象资料，作业尽量选在晴好天气进行。

3. 机型的选择

目前,国内的航空运输公司多拥有中、轻型直升机。整体吊装应使用中、重型机,如波音-234、S-64、波音-107等机型。分解吊装可使用中、轻型机,如S-61、波音-107、贝尔-205、米-171、米-8、海豚等机型。总之,选择机型应根据实际情况,力求经济合理、安全可靠。

表 2-10-1　各机型相关性能参数表

机型	项　　　目				
	空机质量(kg)	最大起飞质量(kg)	巡航速度(km/h)	带吊挂最大速度(km/h)	外挂承载(kg)
S-76	2 540	4 670	232	150	1 814
Z-8	7 095	13 000	266	150	5 000
Z-9	2 100	4 100	260	150	1 600
W-171	7 100	13 000	250	150	3 000
W-26	28 200	56 000	255	150	16 000

4. 办理飞行手续

使用直升机作业应按《中华人民共和国民用航空法》《中华人民共和国飞行基本规则》《通用航空飞行管制条例》等法规,提前办好相关手续,经批准后在指定地域内进行飞行作业。

5. 施工现场的准备

(1) 停机坪及供油系统已准备好。

(2) 铁塔或塔段组装完毕,或虽未组完但不致影响直升机作业。

(3) 备齐全部机具,包括索具、导轨、地脚螺栓保护帽等。

二、工艺流程

直升机组塔工艺流程如图 2-10-7 所示。

三、主要工艺

直升机吊装铁塔,分为起吊、运输、就位组装 3 个阶段。

(一) 起吊阶段

直升机在待吊铁塔(段)上方悬停,地面工作人员将铁塔通过吊索挂于直升机自带的工作钩上,然后直升机按地面指挥命令徐徐上升、移位,使塔体逐渐立起。塔位立直后直升机继续上升,当铁塔底部离地 3~4 m 时悬停,待稳定后即可吊运至安装地点。

(二) 运输阶段

运输飞行应均匀加速,保持速度在 50~60 km/h 之间。当受气流影响铁塔可能出现摆

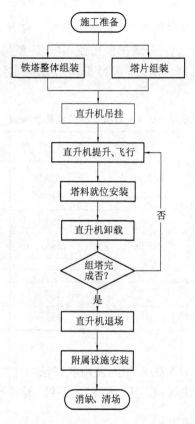

图 2-10-7 直升机组塔工艺流程图

动时,飞行员应设法加以抑制。

（三）就位组装阶段

就位组装是直升机吊装组塔的关键工序,根据铁塔自身质量和直升机的外挂载荷能力,使用直升机组塔可以采用整体立塔法和分段组塔法。

1. 整体或铁塔底部段吊装就位

整体立塔法是指在地面将铁塔平放整体组装完成后,使用直升机将铁塔一次性吊起就位的一种施工方法,该方法一般适用于低电压等级、轻小型铁塔。

直升机吊运铁塔至安装地点上空悬停,稳定后指挥直升机缓慢下降,至铁塔接近基础面时,由地面人员配合塔脚板螺栓,然后迅速安装螺母。一切正常后,即可令飞行员脱去工作钩飞离现场。

整体或铁塔底部段吊装,如图 2-10-8 所示。

2. 分段吊装就位

当铁塔整体较重或现有直升机的承载能力不足时,应采用分段吊装的方法。分段组塔法是指将铁塔分成若干塔段,在地面组装好

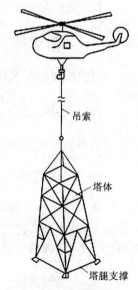

图 2-10-8 整体或
铁塔底部段吊装示意图

各塔段后,使用直升机按由下至上的顺序分段吊起、空中依次对接、按序组立的一种施工方法,可用于大型、重型铁塔的组立。

使用直升机分段组塔对铁塔的分段质量、接头形式、接头位置等都有较高要求,而最大的难点在于如何保证塔段在空中可靠、准确、自动、快捷(避免直升机长时间悬停)对接,尽可能避免人工干预,确保施工安全、高效。对接用辅助系统应具有以下功能:

(1)自动导向功能为使用直升机吊装的塔段与下段塔段能够实现自动就位、对接,对接辅助系统应为被吊塔段准确进入安装位置提供导向。

(2)临时支撑功能为被吊塔段提供临时支撑。被吊塔段就位后,在施工人员登塔使用螺栓和连接角钢将被吊塔段与已就位塔段连接前,对接辅助系统应为被吊塔段提供临时支撑。

(3)准确定位功能应保证被吊塔段、已就位塔段和连接角钢上螺栓孔位的准确对齐,为施工人员进行塔段连接提供便利。因此,对接辅助系统应具有水平和垂直限位功能。

(4)辅助控制功能为防止被吊塔段在就位时出现过大幅度的扭晃,对接辅助系统应留有控制绳快速连接位置,方便地面人员使用控制绳协助被吊塔段就位。

直升机组塔对接辅助系统如图 2-10-9 所示,由导向装置、水平限位装置、垂直限位装置三大部分组成,设计要点如下:导向装置安装在已就位塔段主材内侧,其包括一根倾斜的导杆,可以为被吊塔段就位提供导向作用;垂直限位装置位于已就位塔段主材外侧,通过螺栓与导向装置连接,紧密夹持住已就位塔段主材,其上表面为一平台,可保证被吊塔段进入正确安装位置,同时为被吊塔段就位后提供临时支撑,平台下方外侧焊有腰环,控制绳可穿过其中;水平限位装置使用螺栓安装于连接角钢和被吊塔段主材外侧,其下端两侧各有一展开翼,上面焊有连接环,可连接水平限位绳,以扩大导向范围,为被吊塔段就位提供水平限位,同时其上部外伸有连接板,可连接控制绳。

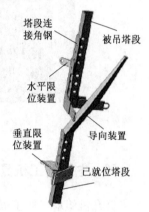

图 2-10-9 直升机组塔对接辅助系统

直升机将被吊塔段调整好方位,缓慢落下至距地面一定高度,地面辅助人员迅速将已穿过垂直限位装置腰环的控制绳连接在水平限位装置的连接板上。由于铁塔四角处均有一根控制绳,因此应安排 4 名地面辅助人员同时连接。另外,为缩短连接时间,在连接板上开有连接孔,控制绳端头系有 S 形挂钩,地面辅助人员只需将挂钩钩入连接孔内即可。

直升机吊起被吊塔段至已就位塔段上方,在对接辅助系统中水平限位装置的辅助作用下找准就位中心并悬停。上升过程应缓慢,防止控制绳与铁塔发生缠绕。

地面辅助人员收紧 4 根控制绳,使被吊塔段与已就位塔段在俯视平面内四边平行对齐,防止因被吊塔段出现绕吊挂垂直中心的扭转而无法准确就位。

直升机驾驶员逐渐降低悬停高度,使被吊塔段借助对接辅助系统中导向装置的导向作用顺畅滑入安装位置,实现被吊塔段与已就位塔段准确对接就位,最终被吊塔段落至垂直限位装置的平台上。

直升机松开与被吊塔段的连接后飞离,施工人员登塔,使用螺栓将已就位塔段和连接角钢连接,从而实现被吊塔段和已就位塔段的连接。拆除对接辅助系统各装置,从而完成被吊塔段的直升机组立。

后续塔段的组立参照上述步骤实施,从而完成整个铁塔的直升机组立施工。

(四)实际吊装应用图片

直升机组塔实际吊装应用如图 2-10-10 所示。

图 2-10-10　直升机组塔实际吊装应用

四、主要施工机具配置

直升机组塔主要工器具配置如表 2-10-2 所示。

表 2-10-2　直升机组塔主要工器具配置表

序号	名称	规格	单位	数量	备 注
1	直升机	适用机型	架	1	
2	吊具	各种规格	副	2	
3	就位导轨	各种规格	套	1	
4	钢丝绳	各种规格	根	30	起吊、控制等用
5	卸扣	各种规格	只	50	各种连接等用

第四节　施工安全控制要点

直升机组塔施工的安全控制要点见表 2-10-3。

表 2-10-3 直升机组塔施工安全危险点与预控措施

序号	作业内容	危险点	防范类型	预防控制措施
1	现场布置	料场及停机坪地基未平整或夯实,面积范围小,地势高差大,不满足直升机停机及塔材摆放组装作业要求	起重伤害	直升机停机坪面积一般为 50 m²,地质坚硬,起降场地应地势平坦,并能存放施工所需器材,满足摆放塔材和组装铁塔的需要
		料场及停机坪周围有影响直升机安全飞行的障碍物	起重伤害、物体打击	料场及停机坪周围 300 m 内无 20 m 以上建筑物,至少一个方向开阔,作为直升机作业进出场的通道,料场和停机坪应能通电、通交通、通信息
2	飞行审批	直升机飞行作业未经审批	起重伤害	直升机作业应按国家航空飞行相关法规条例,提前办好相关手续,经批准后在指定地域内进行飞行作业
3	吊装调试	吊挂索具系统未经调试及试运转直接用于吊装	起重伤害	直升机吊挂索具系统安装完成,必须经调试及试运转合格后方可用于吊装
		飞行员对铁塔组立工作的认知度不足,起吊、就位过程中,对直升机的飞行控制平稳性不能满足施工要求	起重伤害、物体打击	组织飞行员学习组塔基本过程,熟悉相关施工要求及特点,在塔件的起吊及就位过程中,尽量控制直升机飞行缓慢、平稳
		飞行员与地面作业人员、塔上就位人员配合不默契	起重伤害、物体打击	飞行员与地面作业人员、塔上就位人员必须充分沟通、交流,统一相关的指挥配合信号及语言,保证信号传递及时、沟通顺畅、配合默契
4	铁塔吊装	恶劣天气进行直升机飞行吊装作业	起重伤害、物体打击	直升机作业时,要充分考虑作业季节(温度)、海拔、风向等因素对直升机吊运能力的影响,在现场设气象观测装置,随时监测,保证飞行安全
		超重起吊	起重伤害	严格按施工方案或作业指导书要求,仔细核对施工图纸的吊段参数,控制单吊质量
		偏位起吊	起重伤害	严格按施工方案或作业指导书要求,在允许的范围内进行起吊作业

结合直升机组塔施工各项作业内容的危险点,从"人、机、料、法、环"五因素分析其施工安全危险点。直升机的机械化程度极高,配有完备的安全控制装置及视频监视装置。从危险点因素分析,直升机是主要因素,风速、能见度等气象影响是次要因素,各因素占比见施工安全危险点因素分析饼图,如图 2-10-11 所示。

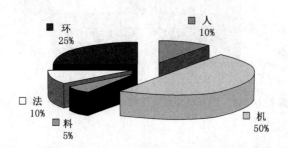

图 2-10-11 直升机组塔施工安全危险点因素分析饼图

第五节 分析评价

结合直升机组塔施工技术的特点,对其进行分析评价。

1. 技术先进性

直升机组塔利用直升机良好的飞行及起重性能,结合铁塔的分段及结构质量特点,采用分段或整体组装方式。直升机组塔紧密结合目前社会工业化的快速发展,深入应用电子、机械、控制等各相关专业的先进技术,装备总体技术水平先进,符合输电线路施工技术的发展方向。

2. 安全可靠性

直升机本身配有完备的安全控制系统;配用视频监视装置,对组塔施工主要关键点进行重点监视;直升机飞行员需对组塔流程及相关操作有清晰的认识;遇大风、气流、超重起吊、控制系统故障时,直升机会出现失稳。安全可靠性较高。

3. 操作便捷性

直升机由专业飞行员操作;铁塔组装就位由相应施工人员配合;双方人员需相互熟悉、配合密切,并熟练掌握作业流程及操作要求,相互的配合默契度要求较高。组塔吊装施工操作便捷,但对飞行员与组塔施工人员的配合默契度要求较高。

4. 经济性

采用固定料场组装、远距离飞行运输吊装就位方式,起吊质量大,施工作业效率极高。对运输条件差、难以采用常规方式组立的铁塔,经济效益较为明显。

5. 适用性

直升机组塔适用于非高海拔、低气温等恶劣气象条件下的各种地形条件、各种塔型的整体或分解组立,特别适用于运输条件差或组立周期要求紧、难以采用常规方式组立的铁塔。

结合直升机组塔施工技术在技术先进性、安全可靠性、操作便捷性、经济性、适用性五方面的分析评价结果进行评分,其分析评价柱形图如图 2-10-12 所示。

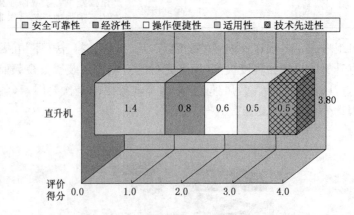

图 2-10-12 直升机组塔施工技术各项目分析评价柱形图

第十一章
流动式起重机组塔施工技术

第一节 技术原理及适用范围

一、技术原理

流动式起重机主要指汽车式起重机和履带式起重机。流动式起重机到达塔基旁,利用吊臂直接进行铁塔的整体组立或分解组塔。其具有如下优点:

(1) 无抱杆及拉线等工具,可以减少大量受力工器具的使用,在一定程度上降低了由于物的不安全状态造成的安全风险。

(2) 机械化程度高,吊装速度快,转场快,施工效率高。

(3) 大大减少高空作业量,安全性较好。

(4) 起重机均带有吊重计量仪、超载限制器等安全装置,有效地降低施工安全风险。

二、适用范围

当塔基地形条件较平坦且塔位能通达汽车时,适宜采用流动式起重机组塔。

由于流动式起重机受起重量及吊臂长度的限制,往往无法完成大跨越高塔及较重较高铁塔的全部吊装作业,因此常用流动式起重机吊装部分塔段和辅助抱杆起立。

第二节 施工计算及技术参数

一、施工计算

流动式起重机分解组塔施工应进行施工计算,主要施工计算应包括下列内容:

(1) 施工过程中构件和塔体的强度验算。

(2) 主要起吊工器具的受力计算。

(3) 流动式起重机作业工况的选择计算。

(4) 流动式起重机的通过性验算及行走、转弯、吊装等各种工况下的场地地耐力验算。

二、技术参数

1. 汽车式起重机

(1) 汽车式起重机由起吊、回转、变幅和支撑腿等机构组成,装在载重汽车的底盘上。

(2) 150 t 汽车式起重机参数

① 基本尺寸

150 t 汽车式起重机基本尺寸如图 2-11-1 所示。

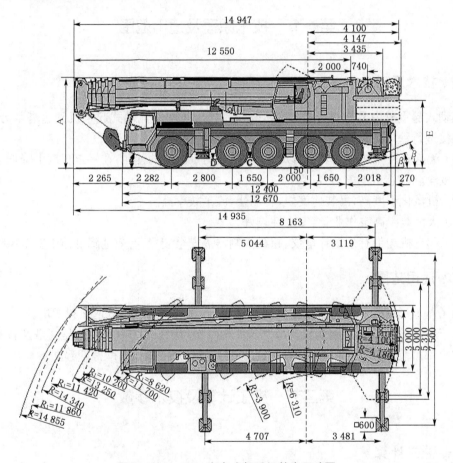

图 2-11-1 150 t 汽车式起重机基本尺寸图

② 主臂工况额定起重量

150 t 汽车式起重机主臂工况额定起重量,如图 2-11-2 所示。

③ 副臂工况额定起重量

150 t 汽车式起重机副臂工况额定起重量,如图 2-11-3 所示。

④ 主、副臂工况载荷曲线图

150 t 汽车式起重机主、副臂工况载荷曲线图,如图 2-11-4 所示。

2. 履带式起重机

(1) 履带式起重机由底盘、回转台、发动机、卷扬机、滑车组、起重臂、平衡重及履带等部件组成，外形如图 2-11-5 所示。

图标：12,6 - 66 m ｜ 360° ｜ 50 t ｜ DIN ISO

m	12,6m *	12,6m	16,5m	20,5m	24,5m	28,5m	32,5m	36,5m	40,5m	44,5m	48,5m	52,5m	56m	m
3	150/119	111												3
3,5	111	103	94											3,5
4	99	96	94	90	74									4
4,5	90	89	86	84	71	57								4,5
5	84	82	80	78	68	56	44,5							5
6	71	70	70	69	64	53	45	35						6
7	61	61	61	61	59	50	43	35	27,2					7
8	53	53	53	53	53	47,5	41	34	27,4	21,1				8
9	45,5	45,5	47	47	46,5	44,5	39	32	27,4	21,2	17			9
10	37	37	42	41,5	41	41,5	37	30	26,3	21,5	17,1	16,5	13,5	10
11			37,5	37	36,5	38,5	35,5	28	24,7	21,5	17,4	16	13,5	11
12			34	33,5	34	34,5	26	23,3	20,5	17,4	15,5	13,5		12
14			24,9	27,9	26,8	28,6	28,1	22,8	20,7	18,5	16,5	14,5	12,8	14
16				24,3	24,4	24,1	23,6	20,6	18,7	16,6	15	13,5	12	16
18				18,1	20,9	20,7	20,2	18,6	16,9	15,2	13,7	12,6	11,3	18
20					18,2	17,9	17,5	17	15,1	13,9	12,6	11,8	10,6	20
22					13,6	15,7	15,7	13,6	13,6	11,9	11,6	11	9,9	22
24						13	13,8	13,8	12,2	11,6	10,7	10,2	9,3	24
26						10,3	12,7	12,2	11,3	10,4	9,9	9,4	8,6	26
28							11,3	10,8	10,3	9,6	9,1	8,7	8	28
30							8,6	9,7	9,5	8,9	8,4	8,1	7,4	30
32								8,5	8,8	8,3	7,8	7,5	6,8	32
34								7,1	8	7,5	7,1	6,9	6,4	34
36									7	6,9	6,7	6,5	5,9	36
38									5,8	6,5	6,3	5,9	5,5	38
40										5,9	5,7	5,3	5,1	40
42										4,4	5,2	4,7	4,8	42
44											4,7	4,2	4,2	44
46											3,5	3,8	3,9	46
48												3,5	3,5	48
50												2,6	3,2	50
52													2,9	52
54													1,6	54

* nach hinten / over rear / en arrière　　　　　　　　　TAB 138031 / 138034

图 2-11-2　150 t 汽车式起重机主臂工况额定起重量

图标：12,6 - 66 m ｜ 21 m * ｜ 360° ｜ 50 t ｜ DIN ISO

m	12,6m 21m 0°	12,6m 21m 20°	12,6m 21m 40°	40,5m 21m 0°	40,5m 21m 20°	40,5m 21m 40°	44,5m 21m 0°	44,5m 21m 20°	44,5m 21m 40°	48,5m 21m 0°	48,5m 21m 20°	48,5m 21m 40°	52,5m 21m 0°	52,5m 21m 20°	52,5m 21m 40°	56m 21m 0°	56m 21m 20°	56m 21m 40°	m
4,5	7																		4,5
5	6,9																		5
6	6,8																		6
7	6,6																		7
8	6,5																		8
9	6,4																		9
10	6,3	5,7		7			6,5												10
11	6,2	5,7		6,9			6,5												11
12	6	5,7		6,8			6,5			5,9			5,1						12
14	5,7	5,3		6,7			6,4			5,9			5,1			4,4			14
16	5,4	5,1	4,4	6,6			6,3			5,8			5,1			4,4			16
18	5	4,8	4,2	6,5	5,7		6,1	5,6		5,7			5			4,4			18
20	4,5	4,5	3,9	6,3	5,6		6	5,4		5,6	5,1		5			4,4			20
22	4,1	4,3	3,7	6,2	5,4		6	5,3		5,5	5		4,7	4,4		4,3	4		22
24	3,7	4	3,6	6	5,2	4,2	5,8	5,1	4,1	5,4	4,9		4,5	4,3		4,1	3,9		24
26	3,4	3,7	3,5	5,8	5,1	4,1	5,7	5	4,1	5,3	4,8	3,9	4,3	4,1		4	3,8		26
28	3,1	3,4	3,4	5,7	4,9	4	5,5	4,8	4	5,1	4,6	3,9	4,2	4	3,7	3,8	3,6	3,5	28
30	2,7	3	3	5,5	4,8	3,9	5,4	4,7	3,9	4,9	4,5	3,8	4	3,8	3,6	3,7	3,5	3,4	30
32				5,4	4,6	3,8	5,3	4,6	3,8	4,6	4,3	3,7	3,8	3,7	3,5	3,5	3,4	3,3	32
34				5,1	4,5	3,7	5,1	4,5	3,7	4,4	4,2	3,6	3,7	3,5	3,4	3,4	3,3	3,2	34
36				4,9	4,4	3,7	4,9	4,4	3,7	4,2	4	3,6	3,5	3,4	3,3	3,3	3,1	3,1	36
38				4,6	4,3	3,6	4,6	4,3	3,6	4	3,9	3,5	3,4	3,3	3,2	3,1	3	3	38
40				4,4	4,1	3,5	4,3	4,2	3,5	3,8	3,7	3,5	3,3	3,2	3,1	3	2,9	2,9	40
42				4,1	4	3,5	4	4,1	3,5	3,6	3,6	3,4	3,1	3	3	2,8	2,8	2,8	42
44				3,9	3,9	3,5	3,8	4	3,5	3,5	3,4	3,4	3	2,9	2,9	2,7	2,7	2,7	44
46				3,7	3,7	3,5	3,4	3,6	3,4	3,3	3,3	3,3	2,8	2,8	2,9	2,6	2,6	2,6	46
48				3,5	3,6	3,5	3,4	3,6	3,4	3,2	3,2	3,2	2,8	2,8	2,8	2,5	2,5	2,6	48
50				3,3	3,4	3,4	3	3,3	3,4	3	3,1	3,1	2,7	2,7	2,7	2,4	2,4	2,5	50
52				3,1	3,2	3,3	2,9	3		2,8	3	3	2,6	2,6	2,6	2,3	2,3	2,4	52
54				2,9	3	3,1	2,7	2,8	2,9	2,5	2,8	2,9	2,5	2,5	2,6	2,2	2,3	2,3	54
56				2,6	2,8		2,5	2,6	2,7	2,3	2,5	2,6	2,3	2,4	2,5	2,1	2,2	2,2	56
58				2,4	2,5		2,4	2,5	2,5	2,2	2,3	2,4	2,1	2,3	2,4	2	2,1	2,1	58
60							2,2	2,3		2,1	2,2	2,2	1,8	2,1	2,2	1,8	2	2	60
62							2	2		2,1	2,1		1,6	1,9	2	1,5	1,8	1,9	62
64										1,8	1,9		1,4	1,6	1,6	1,3	1,5	1,7	64
66											1,3		1,2	1,3	1,3	1,1	1,3	1,6	66
68													1			1	1,1		68
70													0,9			0,8	0,8		70

* zweiteilige Klappspitze / bi-parted folding jib / flèchette pliante à 2 éléments　　　TAB 138057 / 138063 / 138066

图 2-11-3　150 t 汽车式起重机副臂工况额定起重量

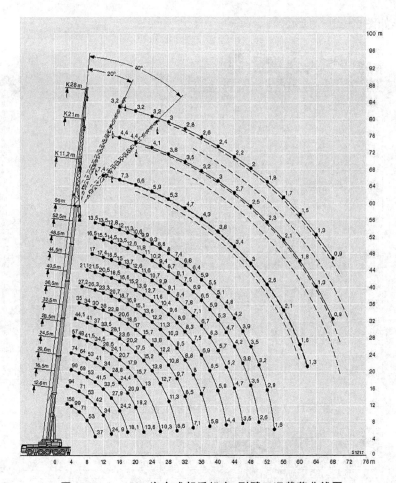

图 2-11-4　150 t 汽车式起重机主、副臂工况载荷曲线图

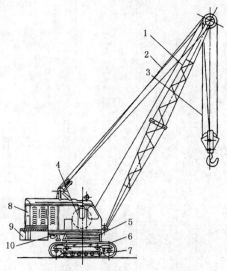

1—伸臂；2—变幅绳滑车组；3—起重滑车组；4—起重卷扬机；5—底盘；
6—履带；7—支重轮；8—机身；9—平衡重；10—变幅卷扬机

图 2-11-5　履带式起重机外形示意图

（2）50 t 履带式起重机参数

① 徐工 QUY50 履带式起重机基本参数如表 2-11-1 所示。

表 2-11-1　徐工 QUY50 履带式起重机基本参数表

项　目		单位	数值
最大起重量	主臂	t	50
	副臂	t	4
最大起重力矩		kN·m	1 815
主臂长度		m	13～52
主臂变幅角度		(°)	0～80
固定副臂长度		m	9.15～15.25
固定副臂安装角		(°)	10,30
最大单绳起升速度(空载、第四层)		m/min	65
最大单绳变幅速度(空载、第四层)		m/min	52
最大回转速度		r/min	1.5
最大行走速度		km/h	1.1
爬坡度			40%
平均接地比压		MPa	0.069
发动机功率		kW	115
整机质量(主吊钩,13 m臂)		t	48.5
整机总重		t	52
运输状态单件最大质量		t	31
运输状态单件(主机)最大尺寸(长×宽×高)		m	11.5×3.4×3.4

② 徐工 QUY50 履带式起重机主臂起重性能如表 2-11-2 所示。

表 2-11-2　徐工 QUY50 履带式起重机主臂起重性能表

幅度 (m)	臂长(m)													
	13	16	19	22	25	28	31	34	37	40	43	46	49	52
3.7	50.00													
4.0	43.00	45.00												
4.5	36.00	37.00	37.50											
5.0	31.00	31.00	30.50	29.50										
5.5	26.50	27.30	27.00	27.00	26.00									
6.0	22.00	23.40	24.00	24.00	24.00	22.50								
7.0	19.00	19.00	19.00	19.00	19.50	18.80	18.50							

续表 2-11-2

幅度(m)	臂长(m)													
	13	16	19	22	25	28	31	34	37	40	43	46	49	52
8.0	15.50	15.50	16.00	16.00	15.80	15.20	15.00	15.00	14.90					
10.0	11.00	12.00	11.50	11.50	11.40	11.50	11.30	11.20	11.00	10.80	10.70	10.40	10.30	
12.0	9.00	9.50	9.50	9.00	8.90	8.80	8.60	8.60	8.60	8.50	8.40	8.20	8.10	8.00
14.0		7.50	7.50	7.50	7.30	7.40	7.10	7.00	6.80	6.50	6.60	6.50	6.30	6.20
16.0			6.50	6.50	6.40	6.40	6.00	5.80	5.80	5.70	5.50	5.30	5.00	5.00
18.0			5.40	5.40	5.30	5.00	4.70	4.60	4.50	4.40	4.30	4.20	4.10	
20.0				4.60	4.50	4.30	4.20	4.10	4.00	3.80	3.80	3.70	3.50	3.30
22.0					3.80	3.70	3.50	3.50	3.40	3.30	3.20	3.00	2.80	2.70
24.0						3.50	3.00	2.90	3.00	2.80	2.60	2.50	2.30	2.10
26.0							2.80	2.60	2.50	2.30	2.10	2.00	1.80	1.60
28.0									2.10	1.90	1.80	1.60	1.40	1.20
30.0									1.80	1.60	1.50	1.30	1.20	1.10
32.0									1.50	1.50	1.30	1.10	1.00	0.90
34.0										1.40	1.20	1.00	0.90	0.80

第三节　施工工艺

一、现场布置

流动式起重机组塔现场布置如图 2-11-6 所示。根据流动式起重机的性能,合理选择起重机停放位置。

二、工艺流程

流动式起重机组塔工艺流程如图 2-11-7 所示。

三、主要工艺

(一)起重机就位

1. 进场道路
选择设计流动式起重机的进场路线,对不符合要求的进场道路应进行修补、加固。

2. 场地平整
(1)根据起重机组塔的平面布置设计,将构件组装场地及起重机就位场地进行平整,将影响铁塔吊装的障碍物逐一清除或移位。

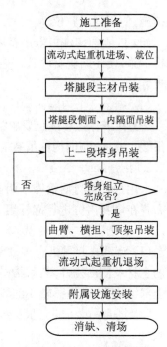

流程图：
施工准备 → 流动式起重机进场、就位 → 塔腿段主材吊装 → 塔腿段侧面、内隔面吊装 → 上一段塔身吊装 → 塔身组立完成否？（否：返回上一段塔身吊装）→（是）曲臂、横担、顶架吊装 → 流动式起重机退场 → 附属设施安装 → 消缺、清场

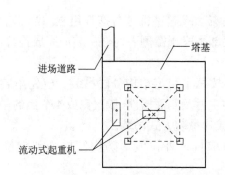

图 2-11-6 流动式起重机组塔现场布置示意图

图 2-11-7 流动式起重机组塔工艺流程

（2）场地应满足起重机移位作业的需要。

（3）对于坚土地面应平整；对于泥沼或砂质土等松软地面，应采取铺垫碎石或铺设钢板等措施，以防起重机或塔料下陷。

3. 站位选择

（1）尽量减少起重机的移动，对于根开较小的铁塔，以站位不变即可吊装完成全部构件；根开较大时，应预先确定多个站位，并明确站位顺序。

（2）站位尽量靠近塔位，以减少吊臂工作幅度，发挥起重机能力。

（3）站位应由现场指挥人和起重机操作人共同选择确定。

（二）铁塔吊装

1. 起重机工况

流动式起重机工况应根据吊装高度、吊件质量、吊装位置等因素配置，并应保证各工况下吊件与起重臂、起重臂与塔身的安全距离。

2. 塔腿吊装

（1）先吊装塔腿的塔脚板，再吊装主材。主材吊装时，应采取打设外拉线等防内倾措施，如图 2-11-8 所示。

（2）3个侧面构件可采用整体或分解吊装方式吊装。分解吊装时，应先吊装水平材，后吊装斜材。水平材吊装过程中，应采用打设外拉线等方式调整就位尺寸。水平材就位后，应采取预

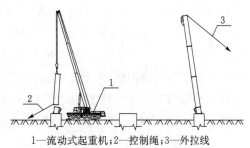

1—流动式起重机；2—控制绳；3—外拉线

图 2-11-8 主材吊装示意图

拱措施,便于斜材就位。

(3)内隔面构件可采用整体或分解吊装方式吊装。分解吊装时,内隔面水平材应采取预拱措施,便于斜腹材就位。内隔面水平材就位过程中,应采用打设外拉线等方式调整就位尺寸。

(4)剩余2个内隔面构件吊装时,对汽车式起重机,宜布置于塔身内侧。

(5)在塔体强度满足要求的情况下,可将塔腿段和与之相连的上段合并成一段进行分解吊装。其中,侧面构件吊装应自下而上进行。

3.抱杆组立

采用抱杆进行后续铁塔组立的,宜利用流动式起重机进行抱杆组立。当流动式起重机需布置在塔身内侧进行抱杆组立时,应在底部塔段预留侧面构件吊装前完成抱杆组立。

4.塔身吊装

(1)流动式起重机应布置于塔身外侧,按每个稳定结构分段吊装。应先吊装其中一个面的主材及侧面构件,然后再吊装相邻面的主材及侧面构件,依次完成4个面的吊装。对塔身上部结构尺寸、质量较小的段别,可采用成片吊装方式吊装。

(2)塔身吊装时,应根据实际情况,采取打设外拉线等防内倾措施和就位尺寸调整措施。

5.酒杯形直线塔头吊装

(1)曲臂可采用分段、分片或相互结合的方式吊装。上曲臂吊装后应打设落地拉线及两上曲臂间的水平拉线,其中一侧上曲臂吊装后应先打设过渡落地拉线,待水平拉线安装后拆除。如图2-11-9所示。

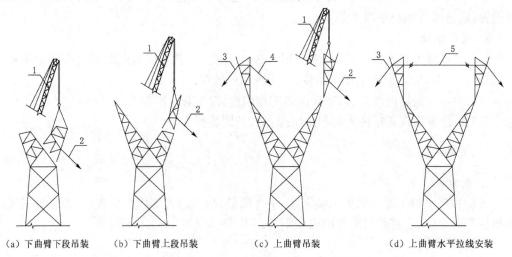

(a)下曲臂下段吊装　　(b)下曲臂上段吊装　　(c)上曲臂吊装　　(d)上曲臂水平拉线安装

1—流动式起重机起重臂;2—控制绳;3—落地拉线;4—过渡落地拉线;5—水平拉线

图2-11-9 曲臂吊装示意图

(2)应先吊装中横担,后吊装边横担,最后吊装顶架。中横担中间部分可采用整体或前后分片吊装方式吊装。中横担就位时,应通过落地拉线及两上曲臂间的水平拉线调整就位尺寸,满足就位要求。如图2-11-10所示。

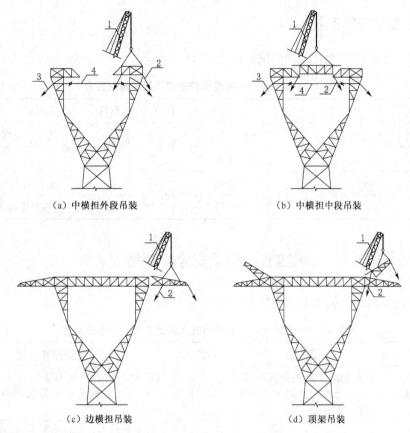

（a）中横担外段吊装　　　　　　　（b）中横担中段吊装

（c）边横担吊装　　　　　　　（d）顶架吊装

1—流动式起重机起重臂；2—控制绳；3—落地拉线；4—水平拉线

图 2-11-10　酒杯形塔横担及顶架吊装示意图

6. 实际吊装应用图片

流动式起重机组塔实际吊装应用如图 2-11-11 所示。

图 2-11-11　流动式起重机组塔实际吊装应用

四、主要工器具配置

流动式起重机组塔主要工器具配置如表 2-11-3 所示。

表 2-11-3　流动式起重机组塔主要工器具配置表

序号	名　称	规　格	单位	数量	备　注
1	起重机	各种吨位	架	1	汽车式或履带式
2	吊具	各种规格	副	2	
3	钢丝绳	各种规格	根	30	起吊、控制等用
4	卸扣	各种规格	只	50	各种连接等用

第四节　施工安全控制要点

流动式起重机组塔施工的安全控制要点见表 2-11-4。

表 2-11-4　流动式起重机组塔施工安全危险点与预控措施

序号	作业内容	危险点	防范类型	预防控制措施
1	现场布置	场地地基未平整或夯实,不满足流动式起重机的承载力要求	起重伤害	场地清理完成,地基平整并夯实,满足抱杆、流动式起重机等施工机械的承载力要求
2	铁塔吊装	起重机的安全装置失效	起重伤害	起重机经专业单位检测合格,相应的吊重计量仪、超载限制器、吊钩限位器安全控制装置齐全有效
		吊装信号不明确,指挥不统一	起重伤害	由专人指挥起重机作业,信号统一、清楚、正确、及时
		提升速度不均匀,吊件在空中摇晃	起重伤害、物体打击	起吊构件提升的速度要均匀平稳,不许忽快忽慢、忽上忽下,预防吊件在空中摇晃
		超重起吊	起重伤害	严格按施工方案或作业指导书要求,仔细核对施工图纸的吊段参数,控制单吊质量
		偏位起吊	起重伤害	严格按施工方案或作业指导书要求,在允许的范围内进行起吊作业

结合流动式起重机组塔施工各项作业内容的危险点,从"人、机、料、法、环"五因素分析其施工安全危险点。流动式起重机的机械化程度极高,配有完备的安全控制装置,但起重机自重较大,且吊装工况时,支腿位置对场地地耐力要求较高。从危险点因素分析,流动式起重机是主要因素,外部环境条件是次要因素,各因素占比见施工安全危险点因素分析饼图,如图 2-11-12。

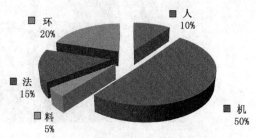

图 2-11-12　流动式起重机组塔施工安全危险点因素分析饼图

第五节 分析评价

结合流动式起重机组塔施工技术的特点,对其进行分析评价。

1. 技术先进性

流动式起重机组塔利用流动式起重机良好的起重及移位性能,结合铁塔的分段及结构质量特点,采用分段或整体组装方式。流动式起重机自身配有电子、机械、控制等各相关专业的先进技术,装备总体技术水平先进,符合输电线路施工技术的发展方向。

2. 安全可靠性

流动式起重机自身配有完备的安全控制系统;配用视频监视装置,对组塔施工主要关键点进行重点监视;起重机操作人员需对组塔流程及相关操作有清晰的认识;遇大风、超重起吊、地面或支腿沉陷、控制或液压系统故障时,起重机会出现失稳。安全可靠性较高。

3. 操作便捷性

流动式起重机由专业人员操作;铁塔组装就位由相应施工人员配合;双方人员需相互熟悉、配合密切,并熟练掌握作业流程及操作要求,相互的配合默契度要求较高。组塔吊装施工操作便捷性较高。

4. 经济性

采用地面组装、流动式起重机吊装就位方式,起吊质量大,施工作业效率极高。对运输及场地作业条件好、能适应流动式起重机作业要求的铁塔组立,经济效益极为明显。

5. 适用性

流动式起重机组塔适用于能适应流动式起重机作业要求、吊装高度不超过 100 m 的各种塔型整体或分解组立。

结合流动式起重机组塔施工技术在技术先进性、安全可靠性、操作便捷性、经济性、适用性五方面的分析评价结果进行评分,其分析评价柱形图如图 2-11-13 所示。

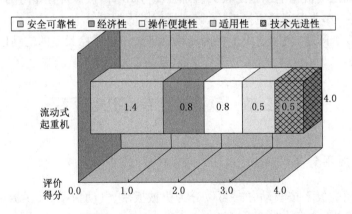

图 2-11-13 流动式起重机组塔施工技术各项目分析评价柱形图

第十二章
钢管塔大扭矩螺栓紧固扳手

第一节 引言

特高压钢管塔法兰连接螺栓规格有 6.8 级和 8.8 级,螺栓型号有 M16~M56 共计 13 种,螺栓扭矩范围为 100~2 500 N·m,平均单基钢管塔有螺栓 10 000 多个,螺栓规格之多、扭矩之大、数量之多在输变电工程建设中较为罕见。

钢管塔法兰螺栓紧固施工需解决 3 个问题。首先,解决大扭矩螺栓紧固问题并保证紧固精度。传统输变电建设中铁塔螺栓的紧固多使用机械扭矩扳手,铁塔螺栓主要承受剪应力,对螺栓的紧固扭矩精度要求一般不是很高,最大扭矩值一般在 300 N·m 以下,人力机械扭矩扳手均能实现紧固。钢管塔法兰螺栓的紧固扭矩值和紧固精度均有较高的要求,紧固扭矩值过大容易造成螺栓拉伸或脆断,紧固扭矩值过小,螺栓容易松动,在风扰动的条件下,铁塔振动幅度增大,会造成部分螺栓疲劳脆断,安全风险较为突出,需将螺栓紧固扭矩精度控制在紧固扭矩值±10%的范围之内,需研制能够实现高精度和大扭矩螺栓紧固的专用机具。其次,需解决螺栓紧固效率问题。每个法兰螺栓数量在十几个至几十个,整基塔平均螺栓上万个,最多时在 20 000 个以上,传统的人力紧固施工效率较低,紧固工作量大,需要开发施工效率高的螺栓紧固机具。再者,需合理设置紧固机具的规格型号。皖电东送淮南至上海特高压交流输电示范工程共含螺栓型号 13 种,按照螺栓型号对应划分紧固机具规格,会导致高空作业中频繁更换扳手,影响螺栓紧固效率。

针对以上 3 个问题,研制适用于特高压钢管塔大扭矩螺栓紧固的电动扭矩扳手,解决工程应用的难题。

第二节 铁塔螺栓专用扭矩扳手

一、扭矩扳手分类

螺栓紧固用的扳手按驱动方式可以分为机械扳手、气动扳手、液压扳手、电动扳手,各类扳手特点如下:

(1) 机械扳手:操作和携带方便,适宜小扭矩螺栓紧固。缺点是扳手的行星齿轮易损坏,耐用性不高;扳手效率低,螺栓型号越大紧固效率越低;紧固精度不高,不能实现定扭矩紧固。

(2) 气动扳手:扭矩大,易控制,易维修,使用安全;但笨重,不宜用于高空作业。

(3) 液压扳手:具有高精度、高效率、低劳动强度的特点,但对螺栓紧固空间要求较高。

电动扳手:易于控制,精度高,劳动强度低,效率高;但供电安全可靠性要求高,且容易发热而烧坏电机。

二、扭矩扳手选型

在综合分析各类扳手优缺点的基础上,本着开发高效率、高精度且适宜特高压输变电现场施工环境的扭矩扳手的基本原则,选择电动扭矩扳手作为本书研究的重点。

1.8.8级螺栓紧固扭矩值要求

2011年12月29日,电力规划设计总院组织专家研究,确定了皖电东送淮南至上海特高压交流输电示范工程钢管塔法兰螺栓紧固扭矩值,对于8.8级螺栓,除M16按照常规螺栓紧固扭矩要求定为100 N·m外,其余12种螺栓扭矩值如表2-12-1所示。

表2-12-1 8.8级螺栓紧固扭矩值　　　　　　单位:N·m

型号	扭矩	型号	扭矩	型号	扭矩
M20	220	M33	700	M45	1 900
M24	380	M36	880	M48	2 100
M27	450	M39	1 100	M52	2 300
M30	600	M42	1 400	M56	2 500

2.铁塔螺栓分布

为科学合理地划分电动扭矩扳手型号,对皖电东送淮南至上海特高压交流输电示范工程具有代表性的部分钢管塔螺栓分布进行了分析(见表2-12-2)。从表2-12-2中可以看出,M20、M24、M27、M30四种螺栓占有91%以上,M33以上螺栓占9%左右。法兰盘中螺栓与螺栓之间的距离以及螺栓与钢管外径之间的距离是紧固螺栓的可用操作空间,套筒的大小和壁厚必须满足该操作空间要求。皖电东送淮南至上海特高压交流输电示范工程共有法兰规格90种,表2-12-3给出了部分法兰的基本参数,图2-12-1给出了法兰各参数含义示意图,需在全面分析各类法兰参数的基础上,确定电动扭矩扳手的操作空间。

表2-12-2 皖电东送淮南至上海特高压交流输电示范工程钢管塔螺栓分布

项目	M30 及以下		M33 以上	
	数量(个)	百分比(%)	数量(全)	百分比(%)
SZ301-48	9 131	92.07	786	7.93
SZ301-54	9 424	91.60	864	8.40
SZ301-60	9 492	91.66	864	8.34
SZ301-66	9 896	91.16	960	8.84
SJ302-36	19 850	94.44	1 168	5.56
SJ302-39	20 025	94.49	1 168	5.51
SJ302-42	20 118	94.51	1 168	5.49
SJ302-45	20 101	94.05	1 272	5.95
SJ302-48	20 409	93.68	1 376	6.32
SJ302-51	21 272	93.50	1 480	6.50

表 2-12-3 部分法兰基本参数

法兰编号	管径 (mm)	焊端外径 A (mm)	法兰内径 B (mm)	法兰外径 D (mm)	定位圆直径 K (mm)	孔径 L (mm)	螺栓数量 N (个)	规格	孔心至边距 (mm)	螺帽外径 (mm)	法兰厚 C (mm)	法兰高 H (mm)
FD1515	159	161	147	268	222	22	10	M20×85	20.5	16.8	18	60
FD1615	159	161	147	276	230	22	10	M20×85	20	16.8	18	60
FD1915	159	161	147	310	260	22	14	M20×90	35	16.8	20	64
FD2115	159	161	147	335	288	22	16	M20×100	44	16.8	24	73
FD1616	168	170	156	276	230	22	10	M20×85	20	16.8	18	60
FD1916	168	170	156	310	260	22	14	M20×90	30	16.8	20	64
FD2116	168	170	156	335	288	22	16	M20×100	39	16.8	24	73
FD2716	168	170	156	392	346	22	22	M20×110	63	16.8	30	86
FD1919	194	196	180	310	260	22	14	M20×90	21	16.8	20	64
FD2119	194	196	180	335	288	22	16	M20×100	24	16.8	24	73
FD2719	194	196	180	392	346	22	22	M20×110	43	16.8	30	86
FD3219	194	196	180	466	414	26	22	M24×125	77	20.16	34	95
FD2121	219	221	205	335	288	22	16	M20×100	20	16.8	24	73
FD2721	219	221	205	392	346	22	22	M20×110	38	16.8	30	86
FD3221	219	221	205	466	414	26	22	M24×125	72	20.16	34	95
FD3521	219	221	205	500	442	26	24	M24×130	81	20.16	36	99
FD2727	273	275	257	392	346	22	22	M20×110	18.5	16.8	30	86
FD3227	273	275	257	466	414	26	22	M24×125	42	20.16	34	95
FD3527	273	275	257	500	442	26	24	M24×130	46	20.16	36	99
FD3727	273	275	257	544	474	29	22	M27×140	72	22.68	38	104

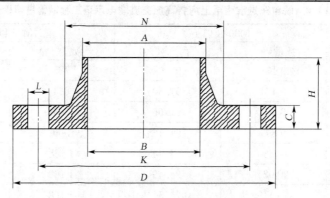

图 2-12-1 法兰各参数含义示意图

3. 电动扭矩扳手研究内容

电动扭矩扳手的主要研究方向和解决的问题有：①根据螺栓的操作空间，研究专用套筒,既满足操作空间要求,又满足承受力矩要求;②按照螺栓的型号和螺栓在铁塔中的分布特点,对电动扭矩扳手做合理的分类,每一把扳手应带多个套筒,全部扳手覆盖所有螺栓;③所研究的扳手需要高精度,使螺栓均匀受力,防止单个螺栓受力过大而造成脆断;④提高螺栓的紧固效率,降低劳动强度;⑤尽量减轻重量,适合高空作业;⑥采取措施防高空脱落零部件;⑦根据实际需要,开发一种直流电源扭矩扳手,使用于无交流电源情况下的施工需求及验收检验。

4. 电动扭矩扳手型号划分

根据不同的螺栓分类方法,研制了 2 个系列共 6 种型号的电动扭矩扳手,扭矩覆盖范围为 100~2 500 N·m;2 套扳手的基本参数如表 2-12-4 所示。

表 2-12-4　电动扭矩扳手基本参数

系列	扳手型号	电源	额定扭矩范围(N·m)	质量(kg)	可带套筒型号
1	SJDB-A400	交流	170~500	4.5	M20、M24、M27
	SJDB-A800	交流	400~1 200	9.2	M30、M33、M36、M39
	SJDB-A2000	交流	1 100~2 500	9.6	M39、M42、M45、M48、M52、M56
2	JL-500	直流	100~700	7.0	M16、M20、M24、M27、M30、M33
	JL-1100	交流	700~1 900	8.3	M33、M36、M39、M42、M45
	JL-1800	交流	1 500~2 500	8.3	M45、M48、M52、M56

三、交流电源电动扭矩扳手的研制

1. 扳手组成

交流电源电动扭矩扳手基本构件包括显示板、电源开关、扶手、电机及外壳、减速箱、反力臂、输出方头、标准套筒等,如图 2-12-2 所示。

2. 电机选型

交流电源电动扭矩扳手电机由机壳、端盖、转子、定子、电刷组件组成,散热采用风扇冷却方式;转子为绕线式,应用银铜合金换向器,端盖采用高强度航空钛合金材料;选用高速低噪声轴承,定、转子选用低损耗优质硅钢片,绕组用 E 级绝缘高强度漆包线,碳刷架与电机座采用一体式设计,碳刷定位牢靠,火花小且稳定。配套电机为单相高速串激电机,改进电机绕组,软化电机特性曲线,扩大电机扭矩覆盖范围,提高电机扭矩输出线性度,以实现小尺寸大功率的要求。

3. 扭矩控制单元

常规交流电源电动扭矩扳手一般是通过控制电流来实现输出扭矩控制,受磁场等外部环境影响,输出误差一般较

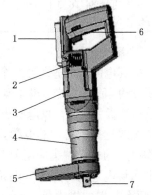

1—显示板;2—扶手;3—电机及外壳;
4—减速箱;5—反力臂;6—电源开关;
7—输出方头
图 2-12-2　交流电源电动扭矩扳手结构示意图

大,可能无法满足工程螺栓紧固精度要求。本电动扭矩扳手是将电机电压、转速等影响扭矩的指标参数同时输入单片机,通过控制单元的综合运算控制输出扭矩值,大幅度提高了扭矩输出精度,确保输出精度控制在±10%以内,采用液晶显示扭矩值,并能通过简单操作实现紧固范围内任意扭矩值的设定。

4. 减速机

减速机采用多级行星齿轮,且均采用渗碳或高频表面热处理,具有精度高、噪声低、寿命长的特点;减速机与电机连接件采用铝钛合金材料,降低整机质量,相同扭矩值质量比较,本电动扭矩扳手均比德国及日本电动扭矩扳手轻;减速机在未启动前可以灵活转动,便于方隼、套筒与螺母的迅速配合,便于施工操作,提高施工效率。

5. 交流电源电动扭矩扳手的反力臂

选用航空铝钛合金作为反力臂材料,降低反力臂质量;反力臂与扳手采用齿轮连接,可360°旋转,便于寻找支撑点;反力臂采用橡胶圈固定定位,使用方便,安全可靠。

6. 交流电源电动扭矩扳手的套筒

按照高颈法兰螺栓双螺母紧固的要求,设计了专用套筒,该套筒每次只能紧固1个螺母,紧固第2个螺母不受第1个螺母影响。套筒材质选用高强度合金钢锻件毛坯锤件,提高套筒强度,降低套筒质量,本书研究套筒质量仅为国家标准质量的80%;套筒具有自锁功能,防止高空坠落;套筒外表面抛光发黑处理,可有效抗金属表面氧化,产品美观,适应现场施工环境要求。

表 2-12-5　研制套筒与国标套筒质量对照表

国标套筒质量(kg)	M20	M24	M27	M30	M33	M36	M39	M42	M45	M48	M52	M56
	1.3	2	2.6	3.3	3.9	5	6	9	10.5	12.8	14	18
专用套筒质量(kg)	M20	M24	M27	M30	M33	M36	M39	M42	M45	M48	M52	M56
	1	1.5	2	2.6	3	4	4.6	7.1	8	10	10.6	14
专用套筒质量与国标套筒质量的百分比(%)	76.9	75	76.9	78.8	76.9	80	76.7	78.9	76.2	78.1	75.7	77.8

7. 配套电源

配套电源选用适宜野外作业环境的轻型 AC220 V 发电机,单台发电机功率约 5.0 kW,单台质量约 75 kg,考虑 4 套电动扭矩扳手同时使用情况,可配备 2 台发电机,每台发电机为 2 套电动扭矩扳手供电。发电机出线应先进入施工电源配电箱,加强用电安全管控。电动扭矩扳手电源线选用三芯铜芯电缆,其中 2 根铜芯线作供电电源线,剩余 1 根作保护接地线。在施工作业点的电缆端头采用 RS 系列工业用防水防尘连接器与电动扭矩扳手连接,防止意外掉电和触电危险。施工配电箱内需设置过载保护、漏电保护、欠压保护等装置,对无输出电压、频率装置的发电机,应在配电箱内安装电源、频率指示装置。配电箱、发电机外壳须做接地处理,接地电阻不得大于 4 Ω。现场电源线布线如图 2-12-3 所示。

四、直流电源电动扭矩扳手的研制

所研发的直流电源电动扭矩扳手采用单片机控制技术,通过智能操作面板来设定控制

电机输入电流,实现扭矩值的精确输出。直流电源电动扭矩扳手的结构分解图如图 2-12-4
所示。

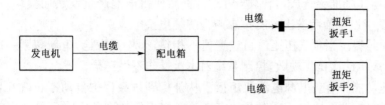

图 2-12-3 现场电源线布线示意图

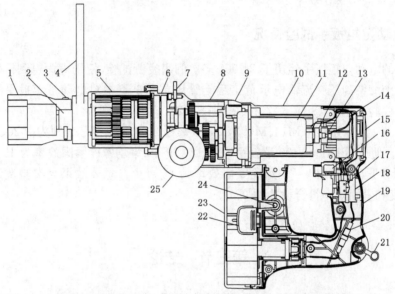

1—套筒;2—输出方头;3—套筒防坠落安全销;4—反力臂;5—减速系统;
6—回转装置;7—背带吊环;8—变速系统;9—中间盖;10—电机壳;11—直流电机;
12—磁环;13—霍尔元件;14—集成控制盒;15—智能操作面板;16—正反开关拨钮;
17—信号开关;18—开关;19—人性化手柄;20—保险丝;21—背带吊环;
22—电池包锁扣;23—电池包;24—电池包防坠落装置;25—侧手柄

图 2-12-4 直流电源电动扭矩扳手结构分解图

1. 电池包

电池包采用了高容量、体积小压缩型动力镍氢电池,包内装有自主研发的温保装置及
热敏电阻,使电池工作及充电温度控制在 55 ℃以内。实践证明,电池寿命较原来增长 2～3
倍,是市场同类产品的 5～6 倍,单个电池包的螺栓紧固数量为 100～150 个。为确保高空作
业的施工安全,电池安装包设计有锁扣和防坠落装置,通过多头螺纹设计的防坠落装置,不
仅保证了作业安全,而且具有操作简单、使用方便的优点。

2. 智能集控系统

(1) 控制面板。为便于施工现场操作,在直流电源电动扭矩扳手上设置扭矩微调按键
可轻松实现扭矩值设定。

(2) 查看预紧螺栓个数功能。直流电源电动扭矩扳手在预紧每一个螺栓时,扳手将自

动累计所紧固螺栓的数量,并记忆上次输出扭矩值,具有防过载功能。

（3）低压报警。蓄电池电量在使用一段时间后电压会有所降低。在输出设定扭矩值不变的情况下,电压降低会造成电流输出较大,进而使得电池严重发热而损坏。低压报警系统会在电压低于设定值后发出蜂鸣报警声提醒须更换电池。

（4）错误报警。当预紧扭矩值与设置值不相符,须松开螺栓,重新扭紧一次,此时将出现错误报警,表示此次操作失败,控制系统对本次操作不做记录。

（5）恒速功能。直流电源电动扭矩扳手从开机到过载保护自动停止,输出转速始终是 5 r/min,确保螺栓受力均匀及操作者的安全。在扭矩值达到预定时可自动回转,解决了在预紧螺栓过程中螺母与套筒之间咬死问题,减少了一些烦琐的操作程序,进而加快了螺栓的紧固速度,提高了工作效率。

五、电动扭矩扳手试验情况

所研制的电动扭矩扳手经历了 20 000 多次的耐疲劳试验,使用寿命得到保障。在皖电东送淮南至上海特高压交流输电示范工程钢管塔首基试点中对电动扭矩扳手的工作效率进行了实践检验。施工 18 标 K47 塔(塔型:SZ322-60)共有螺栓 13 471 个,分别为 6.8 级螺栓 10 984 个(型号分别为 M16、M20),8.8 级螺栓 2 487 个(型号分别为 M20、M24、M33、M36、M39)。使用 SJDB－A400 型扳手紧固 12 499 个,平均螺栓紧固效率为 15 s/个;SJDB－A800 型扳手紧固 972 个,平均螺栓紧固效率为 45 s/个。总体效果与实验室试验结果一致,紧固精度和紧固效率符合设计预期。

第三节　结论

研制出 2 个系列的电动扭矩扳手,紧固扭矩值范围为 100～2 500 N·m,解决了大扭矩高强螺栓紧固的难题。扳手整体质量较国外同类产品减轻 10%,方便了高空作业。研制的配套专用套筒满足特高压钢管塔各种规格螺栓的紧固作业空间要求;研制的中空头解决了斜材处螺栓紧固空间小的难题;采用无级变速或可调节挡位,提高了紧固效率,扭矩值实现数码显示,操作便捷。研制的直流电源电动扭矩扳手可在无交流电源发电机施工环境下工作,可以实现恒速紧固,能够保证螺栓均匀受力。

新研制的电动扭矩扳手能够提高螺栓紧固精度,有利于法兰螺栓的抗风动、扰动性能的发挥,能够降低工人的劳动强度,提高生产效率,可以在工程中推广应用。

第三篇 组塔技术安全评价

第一章

概 述

第一节 抱杆研究概述

在经济建设蓬勃发展的今天,电力工业已经发展成为国家的一个支柱产业,同时也是国民经济的命脉,与国计民生紧密相关。电力输送是电力工业中非常重要的一个环节。随着我国工业的发展、西部大开发进程的加快以及"西电东送"战略的实施,我国的电力需求不断增大,电厂装机容量不断增加,然而发电厂的位置一般与耗电量较大的地区相距较远,因此要考虑电能输送的问题,这些电不能直接通过普通的电线传输出去,而是要用超高压输电线路来传送。采用超高压输电,可有效地减少线路电能损耗,降低线路单位造价,少占耕地,使线路走廊得到充分利用。

高压输电线路根据导线放置位置的不同,可以分为电缆输电线路和架空输电线路两类。电缆输电线路是将电缆埋设在地底下,不占空间,不影响地面环境,但是不方便进行电路的施工和维护,因此,电缆输电线路多被用在城市和跨江河线路中。架空输电线路采用输电杆塔将导线和地线悬挂在空中,使导线与导线间、导线与地线间、导线与杆塔间、导线与地面障碍物间保持一定的安全距离,完成输电任务,这种输电线路造价低,方便施工和维护,因而被广泛采用。

杆塔作为架空输电线路中最重要的组成部分之一,其结构能否设计合理和正确使用,直接影响着输电线路的建设速度、经济性、可靠性及施工、维护等各个方面。机械吊装是输电杆塔施工通常采用的一种方法,抱杆作为起重机械的一种,其操作简单、效率高、机具设备少、占地面积小,是最常用的吊装设备;然而,抱杆作为高耸结构的一种,保证其安全稳定至关重要。

抱杆是在架空输电线路施工中通过绞磨、卷扬机等驱动机构牵引连接在承力机构上的绳索而达到提升、移动物品的一种轻小型起重设备,其设计和制造应具备很高的安全性能和使用性能。抱杆的结构形式主要有内悬浮外拉线抱杆、内悬浮内拉线抱杆、落地双摇臂抱杆、落地四摇臂抱杆、悬浮双摇臂抱杆、悬浮四摇臂抱杆、双平臂抱杆、四平臂抱杆、人字形抱杆、组合式抱杆等。近年来特高压施工中将塔式起重机改造用于铁塔组立,电力行业习惯上称该塔机为单动臂抱杆。

国内对各种结构形式抱杆的设计、施工等方面做了大量的研究,取得了一定的成果。

一、内悬浮外拉线抱杆的研究现状

李庆林介绍了内悬浮抱杆分解组立铁塔的方法,通过对主要索具受力的理论和实际计算分析,提出当起吊构件重力在 10 kN 及以下宜选用的吊绳布置方式和在 10 kN 以上时宜选择的起吊绳布置方式;抱杆选择应按偏心受压整体稳定验算;以及 40 m 格构型金属抱杆的断面尺寸、材质及质量等,提出了抱杆设计的推荐意见。陆鹏格介绍了利用 600 mm×600 mm×34 000 mm 格构式方形钢抱杆组立 500 kV 罗百Ⅱ回紧凑型铁塔的施工方法,重点介绍相对特殊的头部吊装方案以及工器具的选择和操作要点。刘万夫利用计算机语言实现内悬浮外拉线抱杆分解组塔的工器具静力计算及软件开发,对传统计算方法进行了改进,使其操作简单,数据准确,提高了组塔安全性。衣立东、刘增胜研究了送电线路施工中的湿陷性黄土处理、全方位不等高斜柱式基础施工、铁塔组立、钢铝混合新型抱杆的研制等技术措施,为后续西北 750 kV 骨干网架和国家百万伏特高压输电工程的施工建设提供了技术基础和施工经验。朱庆林、尹东东、尹锡俊介绍了 500 kV 荆门—孝感Ⅰ回送电线路工程汉江大跨越段组立跨江塔的吊装方案,以及对铁塔各部位受力进行分析,并阐述了塔顶部运用双抱杆系统吊装的施工工艺。李海结合 500 kV 高姜及迁绥段线路改造工程,以 ZB3 型直线塔和 GJ1 型转角塔为例,计算了悬浮抱杆在组塔中的受力情况和抱杆参数选择。郑怀清、熊织明、王曦辰等详细阐述了 1 000 kV 交流特高压线路铁塔组立中用内悬浮外拉线抱杆组塔、落地摇臂抱杆组塔、塔式起重机组塔的现场布置、工艺流程。陈志辉研究了内悬浮外(内)拉线抱杆在溪洛渡右岸电站送电广东±500 kV 同塔双回直流输电线路工程铁塔组立工程中的应用,重点阐述了铁塔横担的吊装施工工艺。刘超、陈平等对 40 m 全钢内悬浮式抱杆结构进行了全面仿真负荷试验,并通过分析 3 种试验工况下的结果,发现在 3 种工况下抱杆杆件均处于弹性工作状态,未见材料屈服或杆件失稳等承载能力极限状态出现,抱杆各项指标均满足我国电力行业标准。张弓、沈海军研究了新型内悬浮外拉线钢质抱杆在 1 000 kV 晋东南—南阳—荆门特高压交流试验示范工程输电线路工程组塔施工中的应用,详细介绍了抱杆头部的设计以及抱杆承托绳的固定方法和提升腰环的改进方法。徐国庆、吕超英、肖贵成等详细介绍了悬浮抱杆组塔全过程监控系统的系统简介、系统各部分的功能以及系统的现场应用情况,有助于消除施工安全隐患。戚柏林、戚竞波介绍了利用悬浮抱杆分段吊装输电线路钢管杆的施工工艺和施工实践,解决了杆塔位于河网区域下车辆无法进入施工场地的施工难题。杨怀伟、付善喜、孙雪松详细介绍了晋东南—南阳—荆门 1 000 kV 特高压输电线路组塔方案中内悬浮外拉线抱杆的施工方案设计、施工工艺和主要工器具的选择。李玉、任强、李家建总结了大截面抱杆在 1 000 kV 特高压输电线路施工中的应用,并强调了施工过程中要合理选择工器具,有助于工程安全有序地顺利进行。詹文镇研究了用吊车及悬浮抱杆混合组立钢管塔的施工方案,提高了工作效率,并降低了施工成本。陈晓明从外拉线角度出发,着重阐述了电力铁塔组立工程中遇到的问题及解决办法。赵大转研究了外拉线抱杆的施工工艺。陈润华详细介绍了内悬浮外拉线抱杆在 500 kV 同塔四回路线路中的施工工艺,该施工工艺在 500 kV 狮洋至五邑输电线路工程的施工中取得了较好的效果。雷长文、王柄楠研究了内悬浮外拉线抱杆在哈密南—郑州±800 kV 特高压直流输电线路宁Ⅰ标段横担吊装中的应用,确保了横担吊装的安全,并提高了吊装效率。徐建凯、蔡金明、赵宏等对外拉线抱杆分段组立钢管塔进行了工程力学分析、工器具的材质强度计算及安全校验,并介绍了在工程实际中的应用步骤和安全注意事项。

二、内悬浮内拉线抱杆的研究现状

张剑锋研究了悬浮内拉线抱杆在广东沙角—江门 500 kV 线路珠江跨越段分解组塔施工中的应用,详细介绍了组塔时的施工设计和施工程序。李杰、刘展根据西南地区特定的施工条件,研究了用内抱式抱杆的基本原理与特点和内拉线抱杆分解组塔的施工方法。刘正庆研究了 500 kV 自蓉线双回路铁塔组立中上横担吊装的方案及受力分析。沈志、王健介绍了针对高海拔 500 kV 紧凑型直线铁塔的施工方法,提出了采用内悬浮铝合金抱杆组立铁塔的施工方案。彭澍棠全面分析了悬浮式内拉线抱杆的应力和稳定性,对抱杆轴向受压、单向和双向偏心受压的情况均做了计算分析。王运祥研究了"PC-1500"微型机在内拉线抱杆组塔施工设计中的应用,提高了现场施工的安全性。王运祥根据 500 kV 平武和葛武等线路施工实践,研究了计算 500 kV 线路工程内拉线抱杆组塔时设备受力的解析法;还研究了内拉线抱杆应用在 500 kV 线路工程铁塔组立中的施工设计,并探讨了吊装横担时的补强方法。范宇研究了内拉线悬浮抱杆在山区组立铁塔时的施工工艺。杨惠平研究了利用内拉线抱杆组立铁塔的施工工艺。陈志辉研究了内悬浮外(内)拉线抱杆在溪洛渡右岸电站送电广东±500 kV 同塔双回直流输电线路工程铁塔组立工程中的应用,重点阐述了铁塔横担的吊装施工工艺。胡晓光、杨靖波针对施工荷载对杆塔结构的受力影响,用数值仿真的方法对塔片起吊瞬间的受力以及大质量中横担、边横担吊装等施工工艺进行了有限元分析,提出了局部补强的建议。杨占卫介绍了内拉线抱杆分解组塔的施工工艺流程,阐述了其工作方法和要求。

三、落地双摇臂抱杆的研究现状

熊织明、邵丽东等介绍了 500 kV 江阴长江大跨越工程中 346.5 m 跨越塔的施工技术,并阐述了针对本工程的施工安全措施。熊织明、钮永华、邵丽东研究了落地双摇臂抱杆在 500 kV 江阴长江大跨越工程中的施工关键技术,克服了组塔和架线施工的两个难题,保证了工程施工的顺利进行。南禾根研究了落地双摇臂抱杆在 220 kV 湖口大跨越工程中的应用,并分析了此摇臂抱杆的优缺点。夏绍凯、杨韶明、牛忠荣用电测法分析了大跨越输电线塔中双摇臂旋转抱杆的应力状态,通过分析最不利的工况,提出了对该抱杆结构改进的建议。黄成云、朱冠旻、殷传仪介绍了特高压线路黄河大跨越铁塔的塔头吊装施工方案,拓展了抱杆的摇臂吊装范围。黄成云、朱立明应用有限元结构分析软件对 1 000 kV 特高压黄河大跨越吊装过程进行了结构分析,掌握了施工关键点。黄成云、丁宗保、冯海青研究了在 500 kV 双回华电芜湖电厂送出工程输电线路中采用落地抱杆进行两柱式钢管塔组塔施工的施工工艺。黄超胜、丁仕洪等通过对舟山 370 m 高塔抱杆的 12 组内拉线进行有限元静力分析,得出了这 12 组内拉线在抱杆体系中所起的作用,较 4 组内拉线大大降低了施工难度,提高了施工安全性。丁仕洪、周焕林等通过对舟山大跨越高塔组立所用抱杆进行有限元静力分析,发现了结构中的薄弱部位,并针对性地对抱杆进行补强处理。徐奋、李轶群介绍了落地旋转双摇臂抱杆的系统组成及其工作原理,并详细阐述其具有受力结构合理、施工作业半径大、解决无外拉线工况吊装等优点。邱强华、徐敏建、叶建云等详细阐述了落地旋转式双摇臂抱杆在370 m舟山特高塔组立中的施工方法,采用抱杆变幅式拉线创新技术很好地解决了受限地形铁塔组立调整的难题,保证了在海岛受限地形条件下特高跨越塔组立的顺利进行。

四、落地四摇臂抱杆的研究现状

陈杭君介绍了500 kV淮沪输电线路工程中所使用的6 m摇臂冲天抱杆结构形式、特点、抱杆系统及吊装施工工艺。楼孝方、许雄森介绍了落地旋转四摇臂抱杆在长江高塔施工中的意义、工器具使用上的经验以及改进的措施和建议。周勇利、杜存忠、谭雪松研究了摇臂抱杆在双回路500 kV跨江塔组塔施工中的应用,缩短了工程工期,降低了施工成本。戴荣桃、范龙飞介绍了应用落地四摇臂抱杆进行跨江高塔组塔的施工工艺,并总结了组立高塔的工作实践。毛伟敏介绍了落地式四摇臂抱杆分解组塔的施工工艺以及安全注意事项。汪瑞、周焕林、秦大燕等运用有限元软件对组立四川合江一桥扣塔所用抱杆进行多种典型工况下的静力特性分析,研究了抱杆的承载规律。吴馥、章金洲介绍了四川西沐线500 kV线路工程铁塔施工中如何控制在起吊过程中所有物件始终保持对带电线路的安全距离,以完成高塔组立。赵晔、葛永庆研究了落地式摇臂抱杆铁塔组立的施工工艺,解决了山区塔位地形陡峭、施工场地狭窄的环境下无法打外拉线的技术难题。

五、悬浮双摇臂抱杆的研究现状

周家栓针对大跨越钢管高塔塔材单根质量超高超重的特点,介绍了双摇臂悬浮式抱杆组立钢管高塔的施工技术和该方案较当前国内外同类技术优点;并通过工程的实施,验证了方案的安全高效。张建勇、赵银生介绍了内悬浮内拉线双摇臂钢抱杆分解组塔施工方案在1 000 kV晋东南—南阳—荆门特高压输电线路工程第3标段中的应用,解决了部分杆塔由于地形或周边电力线路障碍等原因常规抱杆组塔方案无法满足施工需求的问题。

六、悬浮四摇臂抱杆的研究现状

竹志扬介绍了500 kV镇江大跨越工程中用到的60 m旋转式悬浮四摇臂抱杆吊装铁塔的施工方案和设计原则。王中从挠度入手,导出了一系列抗弯悬浮抱杆主材强度的计算公式,并对计算结果进行了举例说明,以证明结果的正确性。江全才、叶翔、黄成等研究了利用悬浮式内摇臂抱杆进行分解组塔的设计方法、稳定措施和施工工艺,在工程实战中取得了较好的效果,但也有很多问题需要克服。

七、双平臂抱杆的研究现状

利小兵、张耀、宋洋等介绍了在500 kV台山电厂二期接入系统输电线路大跨越工程组立钢管高塔时所采用的落地双平臂抱杆的特点、安装流程、软附着计算、吊装施工及拆卸步骤,验证了此技术可用于特高压架空输电线路大跨越工程中角钢塔和钢管塔的组立。李庆江、林光龙、刘海祥阐述了 GT100 型双平臂自旋自升落地抱杆组塔施工技术,对其性能参数及特点进行了分析;并介绍了该施工方法中抱杆的安装、顶升、腰环配置等环节的步骤、要求和注意事项。曾生伟、赵世兴、路党生等介绍了 1 000 kV 皖电东送淮南至上海特高压交流输电工程中组塔用 QST 100 型落地双平臂抱杆的施工工艺,解决了因工程钢管塔"大、长、重"等原因导致的组塔施工难度大的问题。白俊锋、赵根保、郭天兴等介绍了黄河大跨越标段跨越塔组塔施工用的 T2T80 型双平臂旋转抱杆的技术参数,并详细分析了横担吊装的操作要点以指导组立施工,大大提高了工作效率并保证了施工质量。徐城城、叶建云、周焕林介绍了浙江送变电工程公司施工用双平臂抱杆的计算工况和作用载荷,并利用有限元软件对抱杆结构进行了分析,找出了不满足控制条件的工况,并给出了相应的解决措施。钮永华、丁俊峰、张仁强介绍了 T2T120 型双平臂抱杆在皖电东送淮南至上海特高压输电工程中的应用,有效地解决了地形条件较差的塔位铁塔组立的难题;该抱杆的应用降低了人力和物力的投入,提高了工作效率。孙烨、张松华介绍了在 LB-1、LB-3 抱杆基础上研制出的小型化 LB-4 抱杆的主要技术性能、主要创新及特点、样机试验及工程应用,突出其较 LB-1、LB-3 抱杆的优点。张志争、唐淑华介绍了落地双平臂抱杆在 1 000 kV 特高压输电工程中的组塔施工方案。

八、四平臂抱杆的研究现状

蒋世华介绍了淮潘 220 kV 输电工程的淮河高跨工程中用四平臂抱杆组塔施工的施工工艺。四平臂抱杆使用情况极少,在工程中未得到普遍推广。

九、人字形抱杆的研究现状

阎秀棠、符德华介绍了采用铝合金人字抱杆整立内拉门塔的施工方案,并分析了此方案的优缺点。申屠柏分析了固定式人字抱杆立杆时的几个关键问题,包括场地布置与要求、抱杆高度的确定、立杆方法与设备受力、发生倒杆事故的原因等。李光辉以吊点设计为研究基础,定性分析抱杆的失效角,找出抱杆失效的判据,求解抱杆失效角数学模型,并通过编程实现可视化操作。范柳宜对抱杆立杆进行了理论上的静力分析,研究立杆过程中人字抱杆的受力。卓高智介绍了利用 2 套人字抱杆整体提升 500 kV 拉 V 形直线铁塔的施工方法,达到改造铁塔基础的目的,并用相关的计算对之进行了论证。严兵、方杰介绍了 500 kV 输电线路拉 V 塔整体移位的施工方案以及施工过程中的注意事项。韩子龙介绍了机动牵引式吊立 10～12 m 水泥杆用自由脱落式人字抱杆的制作方法。李庆林运用正交试验法优选抱杆的通用参数,为整立杆塔施工设计的简化提供了科学依据;还介绍了用于倒落式人字抱杆整立杆塔施工计算的通用图表法,列出了该方法的原理、计算公式、数表和使用方法。陈泽樟介绍了全国首条百万级同塔双回输电工程皖电东送淮南至上海特高压交流输电工程采用的人字辅助抱杆配合组塔抱杆组立钢管塔的施工方法,解决了传统横担吊装施工方法施工难度大、安全风险高的问题,并提高了施工效率。杨春介绍了 220 kV 嘉山变—110 kV 三界变京沪铁路牵引线路工程中 400 mm 断面人字抱杆组立高强度水泥杆的组立方法,保证了施工安全和施工质量,提高了施工效率,取得了良好的经济效益和社会效益。崔志国、张志晓、吴自强、李秉翼介绍了淮南至上海特高压交流输电示范工程13标段中采用的内悬浮外拉线抱杆分解组塔的施工方案及其应用效果。韩启云、王超、单长孝进行了淮上线特高压工程用人字荷载试验,为淮上线杆塔以及长江大跨越锚塔施工提供了试验依据,根据试验结果分析优化了人字抱杆连接结构。马一民、缪谦、夏拥军用电阻应变电测法对冲天人字组合铰接抱杆的应力应变进行了分析,结果表明其实际受力满足本身材质的许可应力,并结合各地实际试验工况分析了组合抱杆的施工安全,确保其在电力建设生产中的安全性。

十、组合式抱杆的研究现状

郎福堂、郭昕阳研究了内悬浮外拉线抱杆与人字辅助抱杆有机结合的组合式抱杆在分解组立三峡右荆 500 kV 输电线路长江大跨越工程中的 SZKT 型大跨越铁塔中的应用,解决了大跨越铁塔因头部横向尺寸宽、单吊质量大而造成的组塔施工困难。叶建云、段福平、张江宏研究了可旋转落地双摇臂与外拉线悬浮混合抱杆在 500 kV 秦山核电站送出至海宁变电站输电线路工程中的应用,提高了工作效率,降低了施工成本。马廷军、张醒、马俊介绍了人字抱杆与内悬浮外拉线抱杆吊装相结合的方法在 ±800 kV 山地铁塔组立中的应用,并对组合吊装系统进行了受力验算。

以上综述了各类抱杆的研究现状,虽然未见单动臂抱杆研究方面的论文,但是该抱杆与塔式起重机很类似,塔式起重机研究很深入,可参考其他相关文献。综上可以看出,内悬浮外拉线抱杆、落地双摇臂抱杆、内悬浮双摇臂抱杆、单动臂抱杆、落地双平臂抱杆等是工程中广泛使用的抱杆,其设计、制造、施工等技术相对成熟,但是各类抱杆的安全评估是一个亟须解决的实际工程问题。

第二节　抱杆安全评价概述

杆塔组立施工是输电线路施工中工作量大、施工难度高、危险因素多的环节,目前国内的主要施工设备依然是各种形式的抱杆,随着电压等级的不断提升,大型铁塔和较重的钢管塔在特高压线路上广泛使用,这些铁塔结构尺寸大、横担及塔片质量大、安装精度要求高、施工难度大,抱杆组塔安全问题已引起国家电网公司的高度重视,相关的研究工作已经为组塔施工提供了有力的依据。

《架空输电线路施工抱杆通用技术条件及试验方法》规定了架空输电线路施工用抱杆的分类、技术要求、包装、标志、运输与储存、试验方法、检验规则等,作为设计、制造以及验收的依据;《起重机械安全规程》规定了起重机械的设计、制造、安装、使用、改造、维修、报废、检查等方面的基本安全要求;《1 000 kV 架空输电线路铁塔组立施工工艺导则》对内悬浮外(内)拉线抱杆分解组塔、内悬浮外(内)拉线回转摇臂抱杆分解组塔、落地式外(内)拉线回转摇臂抱杆分解组塔、塔式起重机分解组塔等组塔方式及工艺、质量要求、安全措施等做出了相关规定;《建筑起重机械安全评估技术规程》规定了建筑起重机械安全评估的基本要求,适用于建设工程中使用的塔式起重机、施工升降机等建筑起重机械的安全评估;《建筑施工塔式起重机安装、使用、拆卸安全技术规程》对房屋建筑工程、市政工程所用塔式起重机的安装、使用和拆卸做出了相关的规定;《塔式起重机安全规程》规定了塔式起重机在设计、制造、安装、使用、维修、检验等方面应遵守的安全技术要求。

从以上所述可以看出,虽然已经对组塔施工进行了相关的研究工作,但是关于抱杆安全评价的内容却缺少针对性的研究。国家电网公司提出"特高压交流主要施工技术导向研究"课题,本课题为其子课题——"特高压交流线路组塔施工工艺安全评价",主要依托皖电东送工程,结合浙北—福州 1 000 kV 特高压交流工程,研究抱杆组塔施工中的风险源,从定性安全评价和定量安全评价两个方面,对内悬浮外拉线抱杆、落地双摇臂抱杆、内悬浮双摇臂抱杆、单动臂抱杆、落地双平臂抱杆 5 种抱杆组塔施工工艺进行安全评价,旨在为以后的抱杆组塔施工提供参考。

第二章
落地双平臂抱杆安全评价

第一节　工程背景

浙北—福州特高压交流输变电工程是华东电网主网架的重要组成部分,是浙北、福建承接区外交直流特高压来电的受电平台,对浙西、宁东特高压直流接入后的电网安全稳定运行具有重要的支撑作用,也是福建与浙江、浙江钱塘江南北电力交换的主干连通通道。工程对提高浙江电网供电安全性、福建电网运行安全性和可靠性具有重要意义,尤其对填补浙江电网的电力缺口、送出福建电网盈余电力有至关重要的作用。浙北—福州特高压交流输变电工程线路工程始于浙江省湖州市浙北变电站,止于福建省福州市新建福州变电站,中间分别在浙江省金华市、浙江省丽水市、福建省福州市新建浙中变电站、浙南变电站、福州变电站。线路全长约 2×597.9 km,其中,浙北—浙中段线路长度为 2×197.4 km,浙中—浙南段线路长度为 2×121.5 km,浙南—福州段线路长度为 2×279 km。本地段沿线地形以平丘、山地为主。地形比例为山地 54%,丘陵 27%,平地 19%。主要地貌由低山丘陵、剥蚀残丘、金衢盆地三部分组成。地基土主要为泥质粉砂岩、页岩、砾岩、砂岩、花岗岩等基岩地层,表层不均匀分布有厚度与性能差异较大的含碎石黏性土覆盖层。本标段地势复杂多变,这决定了工程中同塔双回路钢管塔单基铁塔高度高,质量大。平均塔高超过 100 m,单基塔重平均超过 200 t。

在建造输电线路跨越塔的过程中,抱杆是必不可少的。目前国内通常采用的抱杆形式有内悬浮外拉线抱杆、内悬浮内拉线抱杆、落地双摇臂抱杆、落地四摇臂抱杆、悬浮双摇臂抱杆、悬浮四摇臂抱杆、落地双平臂抱杆、落地四平臂抱杆、人字形抱杆、组合式抱杆等。经比较分析,在上述抱杆中,落地双平臂抱杆更适合特高型跨越塔组立。采用落地双平臂抱杆组立钢管塔,由于其设备本身安全性得到提高,施工过程中的安全更加有保障。在浙北—福州特高压交流工程线路工程 2 标段中使用了落地双平臂抱杆组立,此标段由吉林省送变电工程公司负责施工,工程地址位于浙江杭州余杭区及临安区境内,标段中用到的落地双平臂抱杆总质量达到 42.2 t,起升高度 150 m,最大起重量 8 t。在工程 7 标段中也用到落地双平臂抱杆组立,此标段起于浙中 1 000 kV 变电站架构,止于 N93 号分支塔,线路途经浙江省金华市金东区、兰溪市,线路长度为 45.003 km,标段中用到的落地双平臂抱杆起身高度达到 162 m,最大起重量 8 t,抱杆塔身部分含 7 节标准节,使用 18 m 吊重时,整机重22.3 t;附着式抱杆的最大起升高度可达 162 m,整机重 56.3 t,塔身部分含 51 节标准节,安装有 9 道腰环,此时的整机重约为 49.5 t(不包括腰环)。

在落地双平臂抱杆(图 3-2-1)的设计研究中,抱杆的安全性是十分重要的。目前国内对于双平臂抱杆指标参数还没有一个系统的评价。

图 3-2-1　落地双平臂抱杆

第二节　抱杆参数和计算模型

研究所用的落地双平臂抱杆的技术参数如下：

(1) 额定起重量(钩下重量)：160 kg。

(2) 考虑吊钩总重为：25 kN。

(3) 起吊钢丝绳规格为 φ20 mm×2 700 m,钢丝绳自重为 2.56 kg/m,钢丝绳破断拉力 229 kN,走 4 道钢丝绳。

(4) 抱杆最大使用高度为 200 m(起重臂下平面至地面距离)。

(5) 主杆截面为 2 400 mm×2 400 mm,主材为 203 mm×16 mm。

(6) 工作状态下起吊绳允许偏摆横向 3°(垂直于起重臂方向),纵向 3°(沿起重臂方向)。

落地双平臂抱杆整体有限元模型如图 3-2-2 所示,平臂根部模型如图 3-2-3 所示。

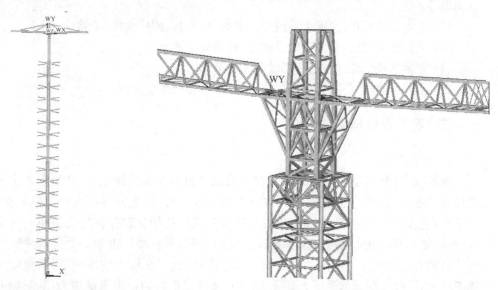

图 3-2-2　落地双平臂抱杆整体有限元模型　　　　图 3-2-3　平臂根部模型

抱杆主体及井架构件采用 BEAM188 梁单元模拟,腰环绳采用 LINK10 模拟。杆件结点处按刚接处理。摇臂根部连接处采用自由度耦合处理,释放了转动轴方向转动的约束。

第三节　落地双平臂抱杆安全评价指标

一、定性评价指标

1. 施工现场、立塔现场布置、产品出厂的要求

施工现场必须有施工方案和作业指导书、安全质量保证措施等施工指导文件,立塔现场布置要严格遵守作业指导书的规定,不得任意改动。如现场情况特殊,需做修改时,要取得技术部门的同意并得到批准后方可实施。产品出厂所具备的必要文件包括:

(1) 保证产品说明书应与所委托评估设备相符。

(2) 设计文件(图纸、计算书、试验报告)应与所委托评估的设备相符。

(3) 基本信息资料表中信息应齐全,签章确认手续应完整。

(4) 主要技术参数表中信息应供应齐全。

(5) 组塔施工管理制度和措施应完善合理。

2. 钢丝绳的使用评价应注意的事项

要按施工计算要求的钢丝绳规格、长度、数量进行准备,走线方式要满足要求,麻绳、钢丝绳不得打结后使用。对钢丝绳进行外观检查,检查其断股、断丝、锈蚀、磨损、外伤等情况。检查发现断股时,此钢丝绳不可用。绳芯损坏或绳股挤出,笼状畸形、严重扭结或弯折的钢丝绳不可使用。

3. 整机外观检查的内容

(1) 抱杆的标牌标志,应在产品的明显位置固定产品标牌,设置操纵指示标志、主要参数图表等。

(2) 主要焊缝外观,要求无目测可见的裂纹、孔穴、固体夹焊、未熔合。

(3) 主要连接螺栓,要求不低于螺母,符合规定要求。

(4) 主要连接销轴,要求完整,轴向固定可靠。

(5) 主要钢结构,要求无可见裂纹、明显变形和严重腐蚀。

二、定量评价指标

1. 垂直度

在实际工程中,由于人为的安装偏差或抱杆材料本身的缺陷,抱杆组立通常不能按照设计的标准完成。为了避免抱杆在自重作用下变形过大,充分保证抱杆工作的安全性,提出了垂直度的指标。抱杆经过提升组立安装完成后初始状态存在过大的横向变形是十分危险的,如果抱杆整体结构初始状态存在横向变形,抱杆结构由轴心受力构件转变为有初弯曲的轴心受力构件。有初弯曲的轴心受力构件,由于在压力的作用下,其侧向的挠度会逐渐增大,导致抱杆既承受压力又承受弯曲,降低了抱杆的稳定承载能力,其承载能力总是小于无初变形的临界力,并且随着初始横向变形的逐渐加大,其承载能力下降得也越明显。

为了保证抱杆工作的安全性,规定抱杆组装完成后在自重作用下,抱杆横向变形不超

过抱杆长度(包含桅杆)的 1/1 000,抱杆主杆单个标准节的横向变形也不能超过标准节长度的 1/1 000。

2. 吊重(包括偏载量和偏移角度)

施工方案中吊件应位于吊钩垂直下方,不得用吊钩水平拖曳构件,两吊件应对称于塔中心,防止平臂受扭;吊重不得超过抱杆设计资料规定的各工况最大吊重;偏载量不得超过抱杆设计最大弯矩值;吊件横向和纵向(面内和面外)偏移分别不得超过 5°和 3°,且有设计计算分析报告。

本抱杆最不利不平衡起吊工作工况包括:

(1)抱杆处在杆身 90°方位(起吊时),在最大幅度处,一侧起吊 16 t,另一侧起吊 8 t。两侧考虑风向与起吊钢丝绳偏摆按最严重组合,且起吊钢丝绳的横向和纵向侧偏同时存在,按最严重组合。

(2)抱杆处在杆身 45°方位(就位时),在最大幅度处,一侧起吊 16 t,另一侧起吊 8 t。两侧考虑风向与起吊钢丝绳偏摆按最严重组合,且起吊钢丝绳的横向和纵向侧偏同时存在,按最严重组合。

(3)抱杆处在杆身 45°方位(就位时),在最大幅度处,一侧起吊 16 t,另一侧起吊 16 t。两侧考虑风向与起吊钢丝绳偏摆按最严重组合,且起吊钢丝绳的横向和纵向侧偏同时存在,按最严重组合。

由此所研究平臂抱杆最大吊重不得大于 16 t,最大偏载量不得大于 8 t。

3. 自由段高度

首先通过改变第一道腰环距主杆底端的距离大小,来定量评价主杆自由段高度对抱杆安全性能的影响大小。

表 3-2-1 列出了抱杆平臂旋转 45°,腰环间距为 20 m,等距打设腰环时不同自由段高度计算结果。抱杆最大位移随自由段高度变化如图 3-2-4 所示。

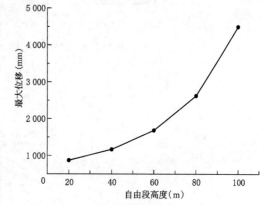

图 3-2-4　抱杆最大位移随自由段高度
变化示意图

表 3-2-1　不同自由段高度计算结果

自由段高度(m)	20	40	60	80	100
最大位移(mm)	871.0	1 168.0	1 682.0	2 623.0	4 496.0
最大拉应力(MPa)	239.3	239.7	240.2	241.0	242.4
最大压应力(MPa)	−219.7	−222.1	−225.2	−230.0	−246.2
腰环拉线拉力(N)	119 520	136 570	162 910	205 420	281 660
屈曲因子	2.722	2.659	2.597	2.512	2.164

考虑到工程中增加主杆自由段高度时可适当降低吊重大小来平衡抱杆安全性,现就此情况做如下对比分析。

表 3-2-2 列出了抱杆平臂旋转 45°,腰环间距为 20 m,等距打设腰环时不同自由段高度

不同吊重大小计算结果。自由段为 20 m 时抱杆主杆轴力如图 3-2-5 所示，自由段为 20 m 时抱杆主杆弯矩如图 3-2-6 所示。

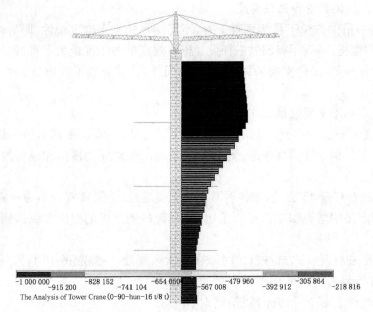

图 3-2-5　自由段为 20 m 时抱杆主杆轴力（单位：N）

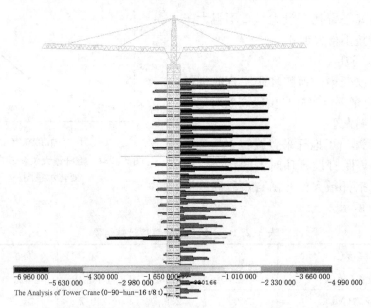

图 3-2-6　自由段为 20 m 时抱杆主杆弯矩（单位：N·mm）

表 3-2-2　不同自由段高度不同吊重大小计算结果

自由段高度（m）	20	40	60	80
吊重（t）	16/8	12/6	8/4	4/2
最大位移（mm）	871.0	892.0	894.0	844.0

续表 3-2-2

自由段高度(m)	20	40	60	80
最大拉应力(MPa)	239.3	192.5	145.8	99.4
最大压应力(MPa)	−219.7	−169.5	−118.9	−74.8
腰环拉线拉力(N)	119 520	105 430	91 252	75 785
屈曲因子	2.722	3.419	4.509	4.995

从表 3-2-2 中的数据结果可以看出,当自由段高度每增加 20 m 时,为保证抱杆施工的安全性,此时吊重较额定吊重(16 t)应每次减少 25%。

4. 腰环间距

建模时,抱杆自由段高度取为 20 m,在其他条件相同的情况下,通过改变腰环间距,对比计算结果,研究腰环打设的间距对抱杆的影响。

表 3-2-3 列出了抱杆左边吊重 8 t,右边吊重 16 t,风荷载为 45°风向,风速 10 m/s,平臂旋转 0°时的计算结果。主杆 x 方向、z 方向位移随主杆高度变化分别如图 3-2-7、图 3-2-8 所示。

表 3-2-3　平臂旋转 0°时的计算结果

腰环间距(m)	20	30	90	180
最大位移(mm)	825.0	833.0	971.0	1 182.0
第一道腰环拉线拉力(N)	93 415	81 885	46 465	39 856
	77 274	65 621	29 410	18 883
屈曲因子	2.807	2.732	2.535	2.464

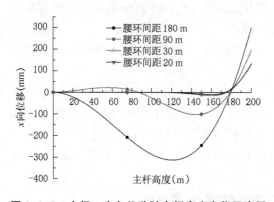

图 3-2-7　主杆 x 方向位移随主杆高度变化示意图

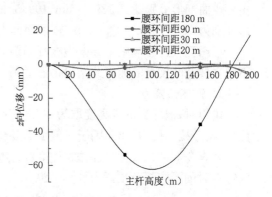

图 3-2-8　主杆 z 方向位移随主杆高度变化示意图

表 3-2-4 列出了抱杆左边吊重 8 t,右边吊重 16 t,风荷载为 0°风向,风速 10 m/s,平臂旋转 45°时打设不同腰环间距时的计算结果。两种抱杆计算模型屈曲因子随腰环间距变化如图 3-2-9 所示,抱杆最大位移随腰环间距变化如图 3-2-10 所示。

表 3-2-4　平臂旋转 45°时的计算结果

腰环间距(m)	20	30	90	180
最大位移(mm)	870.0	878.0	1 017.0	1 238.0
腰环拉线最大拉力(N)	119 520	103 270	52 491	39 802
屈曲因子	2.722	2.662	2.513	2.454

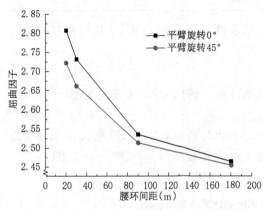

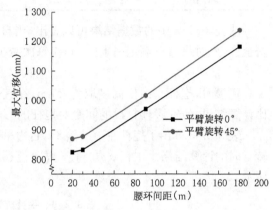

图 3-2-9　抱杆屈曲因子随腰环间距变化示意图　　图 3-2-10　抱杆最大位移随腰环间距变化示意图

从表 3-2-3、表 3-2-4 的计算结果可以看出,腰环打设越密,抱杆发生的位移越小,屈曲因子越来越大,即抱杆的稳定性越好,但腰环对位移、稳定性的影响也变得越来越小。在平臂旋转 0°时,主杆弯曲变形的程度较为明显,腰环间距为 180 m 和 90 m 的抱杆主杆弯曲变形较腰环间距为 30 m 和 20 m 的主杆弯曲变形明显大得多。经计算,平臂旋转 45°时,抱杆主杆发生的弯曲变形较平臂旋转 0°时大,平臂旋转 45°时腰环间距为 180 m 和 90 m 的抱杆主杆弯曲变形分别达到 329.7 mm、199.5 mm;腰环间距为 30 m 和 20 m 的抱杆主杆弯曲变形分别为 135.8 mm、133.4 mm,较前面两者大大减小。

考虑到上述影响施工方案中腰环间距 30 m 是可行的,腰环间距 20 m 更偏安全。对于不同主杆截面尺寸的抱杆此结论仍然适用。

5. 腰环预紧力

建模时,抱杆自由段高度取为 20 m 打设 9 道腰环,仅改变腰环预紧力大小,从抱杆最大位移、腰环拉线拉力、屈曲因子等数据的变化规律看腰环预紧力对抱杆的影响效果。

表 3-2-5 列出了抱杆左边吊重 8 t,右边吊重 16 t,风荷载为 45°风向、风速 10 m/s,平臂旋转 0°时的不同腰环预紧力计算结果。

表 3-2-5　平臂旋转 0°时不同腰环预紧力计算结果

腰环预紧力(kN)	0	5	10	15	20
最大位移(mm)	828.0	825.0	822.0	819.0	816.0
腰环拉线拉力(N)	92 176	93 415	94 672	95 970	97 418
	76 097	77 274	78 532	79 820	81 270
屈曲因子	2.832	2.807	2.913	2.968	3.037

从上述计算结果可了解到仅改变腰环预紧力大小,其对抱杆位移大小、抱杆稳定性的影响有限。但预紧力过大时,腰环拉线拉力会增大,也会引起抱杆部件的损坏。预紧力也不应过小,预紧力应使腰环拉线处于初始拉力状态。在实际施工中由于腰环预紧力不均匀,抱杆会发生扭曲,导致其垂直度超过标准 1/1 000。按照工程经验,应当尽量均匀施加预紧力,且不超过 10 kN。

6. 长细比

抱杆在使用时,整体应有足够的刚度。如果抱杆过于细长,在使用过程中受风荷载作用下会引起较大的振动或晃动,在自重作用下会产生过大的挠度,对抱杆的安全性构成较大影响。对于抱杆刚度的问题,只需控制它的长细比。

表 3-2-6 列出了抱杆左边吊重 8 t,右边吊重 16 t,风荷载为 45°风向,风速 10 m/s,平臂旋转 45°时的不同长细比计算结果。

表 3-2-6　平臂旋转 45°时的不同长细比计算结果

长细比	66.6	99.8	133.1	166.4
主杆长度(m)	80	120	160	200
最大位移(mm)	846.0	853.2	860.8	871.0
最大拉应力(MPa)	239.3	239.3	239.3	239.3
最大压应力(MPa)	−215.5	−219.7	−219.7	−219.7
腰环拉线最大拉力(N)	119 040	119 450	119 480	119 520
屈曲因子	5.209	4.026	3.248	2.722

由上述结果得出抱杆长细比对抱杆稳定性有较大影响,抱杆长细比越小,抱杆稳定性越好,抱杆越安全。考虑到打设腰环能降低抱杆的长细比,腰环打设越多,腰环对抱杆长细比的影响也越大,所以上述工况中虽然计算长细比达到 166.4,但由于打设有腰环,抱杆仍然是安全的。

腰环的约束以及落地双平臂抱杆底部的固结约束,会增强落地双平臂抱杆的稳定性能,因此平臂抱杆的长细比不设硬性要求。

7. 平衡吊时吊件与就位点的高差

平衡吊件在安装时由于人为因素,某一平臂上吊件已逐渐就位,另一平臂上的吊件还没开始安装,这时抱杆两平臂上会存在偏载,平臂上吊件与就位点会产生一段距离,为了安装方便,降低人为安装不确定性的影响,平臂吊件离吊件就位点会给定某一高差。对这一指标建模分析时,选取满载平衡吊和偏载吊装。

表 3-2-7 列出了抱杆左边吊重 8 t,右边吊重 16 t,风荷载为 45°风向,风速 10 m/s,平臂旋转 0°时的垂直位移计算结果。

表 3-2-7　平臂旋转 0°时的垂直位移计算结果

施加荷载	16 t 满载平衡吊	16 t/8 t 偏载
吊件垂直位移(mm)	293.0	822.0

由上述计算结果看得出平衡吊时吊件与就位点的高差为:822−293＝529(mm)。即平

衡吊安装时,较后面安装的吊件与就位点的高差不得小于 529 mm。一般要求吊件离就位点的高差小于计算高差,取为 200 mm。

第四节　落地双平臂抱杆安全评价总结

对于落地双平臂抱杆组塔安全评价可以得到如下结论:

(1) 抱杆安装好后,经过提升组立,在自重作用后,抱杆横向变形不超过抱杆长度的 1/1 000;抱杆主杆单个标准节的横向变形也不能超过标准节长度的 1/1 000。

(2) 在吊装构件时,要尽量保持平衡吊重,不平衡吊重不能超过设计值;应控制起吊绳的偏移角度。

(3) 主杆自由段高度对抱杆位移及抱杆稳定性有较大影响,主杆自由段高度应按要求控制到最小,一般取为 20 m。

(4) 某些施工方案中腰环间距 30 m 是可行的,腰环间距 20 m 更偏安全。

(5) 均匀施加预紧力,且不超过 10 kN。

(6) 工程中平臂抱杆的长细比不设硬性要求,抱杆长细比可大于 120。

(7) 一般要求吊件离就位点的高差小于计算高差,取为 200 mm。

第三章
单动臂抱杆安全评价

第一节 工程背景

浙北—福州特高压交流输变电线路工程(8标)全线位于浙江省境内,沿线经过金华市金东区、武义县,沿线地形主要为山地及高山大岭,另有少量平丘及河网泥沼。线路起于山南头村附近单双回路分界点(N93号塔,7标与8标分界点),止于高山头标包分界点(4069号塔,8标与9标分界点)。全线线路路径长度40.44 km,新建铁塔79基,其中单回路长2×5.37 km,新建铁塔19基,沿线海拔为255~800 km,位于金华市金东区境内;双回路长29.7 km,新建铁塔60基,沿线海拔为50~500 km,位于金华市武义县。

本标段大部分塔位处于丘陵、山地和高山大岭地势(占89.2%),地形起伏大。本工程1 000 kV双回路钢管塔按照高跨山区树木设计,铁塔单基塔重在103~387 t,平均塔重209.3 t,塔高在95.7~144 m,因此相对于普通地形线路,本工程钢管塔设计上具有根开大、外形高、横担长、塔材重等主要特点,钢管塔单体构件重,主材钢管最大单件质量达4 t,管状结构复杂,连接板工艺细,横担和地线支架结构尺寸长、质量大,安装更加复杂,单侧地线支架及横担长度达26 m,直线塔单侧地线支架及横担质量超过10 t,耐张塔最大单侧横担重达12 t,横担与塔身连接的节点为插接型结构,就位吊装与常规线路铁塔不同,需要采取平端就位方式,且就位点高度超过120 m,尚属高风险等级,其中作业,尤其在山区道路不便、地势条件差的情况下,运输和组立就成为主要困难,给施工带来许多新的课题和挑战。

为有效解决山区地形条件下普通悬浮抱杆组立时落地拉线无法设置、塔位现场的构件运输和组装场的构件移位等难题,降低山区地形组立钢管塔施工安全风险,部分塔位考虑采用单动臂塔机进行组立。由于塔位位于高山山顶或山坡,地形条件较差,考虑先采用900 mm×900 mm×34 m(42 m)格构式钢管抱杆安装单动臂塔基,再用单动臂塔基吊装塔身和横担顶架。单动臂塔机组立钢管塔时起吊半径大,便于构件就位,可解决大根开塔型底部及导地线横担吊装难题,通过单动臂塔机的回转,施工范围大,便于构件移位和正侧面构件就位。

作为一种重要的组塔方式,单动臂抱杆(图3-3-1)的安全性至关重要。而抱杆作为一种特种起重机械,国内还未形成一个施工过程中的安全评估标

图3-3-1 单动臂抱杆

准,为了严格规范单动臂抱杆的使用,降低单动臂抱杆使用时的安全隐患,本部分依托皖电东送工程,结合浙北—福州特高压交流输变电工程对单动臂抱杆进行安全性评价研究。

第二节 抱杆参数和计算模型

在此选用 SXD160 抱杆作为单动臂抱杆安全评价分析对象,SXD160 抱杆技术性能如表 3-3-1 所示。SXD160 抱杆动臂起升高度曲线如图 3-3-2 所示。

SXD160 抱杆整体有限元模型如图 3-3-3 所示。模型总高度 161.5 m(主杆高 150 m,回转体部分高 1.5 m,上部结构高 10 m),动臂长 25 m。主材、斜材、腹杆均使用 BEAM188 单元建立,拉线采用 LINK10 单元建立,回转体部分为防止出现应力集中现象,采用 SOLID185 单元来模拟。根据 SXD160 技术参数,配重取 5.8 t,动臂扬起 15°时其额定吊重为 6.5 t×1.1(1.1 为动荷载系数),风荷载方向为 0°(即 x 轴方向),风速 10 m/s,抱杆最下端 4 个关键点以及每道腰环的最外端点采用完全约束。

表 3-3-1 SXD160 抱杆技术性能

机构工作级别		起升机构	M5
		回转机构	M4
		变幅机构	M4
起升高度(m)	带腰环	152.4	
	独立式	26.4	
最大起重量(t)		8	
最大起重力矩(kN·m)		1 560	
工作幅度(m)		最小幅度	最大幅度
		2.5	24
起升机构	倍率	4	
	起重量(t)	8	
	速度(m/min)	1.5~25	
	功率(kW)	30	
回转机构		速度(r/min)	0.3
		功率(kW)	2×4
变幅机构		速度(m/min)	31.4
		功率(kW)	30
顶升机构		速度(m/min)	0.45
		功率(kW)	2×7.5
		工作压力(MPa)	25

续表 3-3-1

总功率(kW)	68(不含顶升机构)		
工作温度(℃)	−20∼50		
设计风速(风压)	安装状态(m/s)(离地 10 m 处)	工作状态(Pa)(全高范围内)	非工作状态(Pa)(全高范围内)
	8	250	800
双臂收拢后头部外廓尺寸(mm)	≤3 400		

其局部模型分别如图 3-3-4、图 3-3-5 所示。

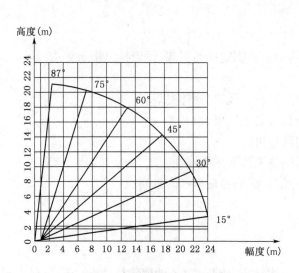

图 3-3-2　SXD160 抱杆动臂起升高度曲线示意图

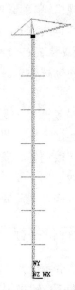

图 3-3-3　SXD160 抱杆整体有限元模型

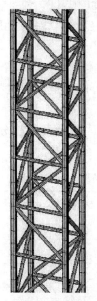

图 3-3-4　SXD160 抱杆主杆部分有限元局部模型

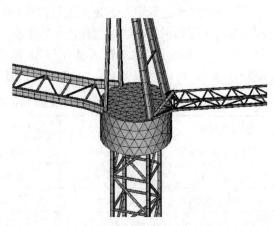

图 3-3-5　SXD160 抱杆回转体部分有限元局部模型

第三节　单动臂抱杆安全评价指标

一、定性评价指标

1. 产品出厂所具备的必要文件的内容

产品出厂所具备的必要文件内容为落地双平臂抱杆。

2. 绳索等构件尺寸型号包括的内容

(1) 绳索规格，单动臂抱杆涉及的绳索有腰环拉线、起重绳。

(2) 绳索的走线方式。

3. 整机外观检查包括的内容

(1) 抱杆的标牌标志。应在产品的明显位置固定产品标牌，设置操纵指示标志、主要参数图表等。

(2) 主要焊缝外观。要求无目测可见的裂纹、孔穴、固体夹焊。

(3) 主要连接螺栓。要求不低于螺母，符合规定要求。

(4) 主要连接销轴。要求完整，轴向固定可靠。

(5) 主要钢结构。要求无可见裂纹、明显变形和严重腐蚀。

(6) 主要机构外观。要求完整、无可见裂纹、明显变形和严重腐蚀。

二、定量评价指标

1. 主杆、动臂垂直度

抱杆安装好后，经过提升组立，在自重作用后，抱杆主杆、动臂整体横向变形分别不超过主杆、动臂长度的 1/1 000，工作状态下不超过主杆、动臂长度的 1/200。

依据中华人民共和国电力行业标准 DL/T 319—2010:《架空输电线路施工抱杆通用技术条件及试验方法》。

2. 配重和吊重

抱杆在工作过程中由于施工人员的失误（如读表错误），可能会造成配重和吊重出错，在此分析配重和吊重出错对抱杆造成的影响。

表 3-3-2 列出了在动臂幅度为 24 m、风荷载不变的情况下，配重和吊重分别为 5.8 t、6.5 t、5.8 t、8 t、4.5 t、6.5 t、3.8 t、6.5 t 时的计算结果。

表 3-3-2　配重、吊重不符规定时的计算结果

配重和吊重	最大应力(MPa)	最大位移(mm)	主杆最大横向位移(mm)	屈曲因子
5.8 t、6.5 t(额定)	120.0	634.6	194.7	4.779
5.8 t、8 t	157.3	848.9	266.9	3.966
4.5 t、6.5 t	133.6	711.3	223.5	4.783
3.8 t、6.5 t	140.9	753.1	238.9	4.507

注：自由段高度为 18 m，腰环间距为 21 m，共 6 道。

表 3-3-2 表明,当配重和吊重不符规定时,抱杆最大应力、最大位移、主杆最大横向位移均会增大,对抱杆产生不利影响。综上所述,配重和吊重应符合抱杆设计资料的规定。

3. 自由段高度

固定最下面 1 道腰环位置在距离抱杆底部 21 m 处,计算抱杆在每隔 21 m 打设 1 道腰环的情况下,打 1 道、2 道、3 道、4 道、5 道以及 6 道腰环时的情况,其结果汇总于表 3-3-3。2 号、3 号腰环拉线受力为 0,未在表中列出。最大应力随腰环数量变化如图 3-3-6 所示,主杆最大横向位移随腰环数量变化如图 3-3-7 所示,打设 5 道腰环和 6 道腰环时抱杆整体位移对比图如图 3-3-8 所示。

表 3-3-3 等间距打设不同数量腰环时计算结果

腰环数量	1	2	3	4	5	6
最大位移(mm)	不收敛	38 281.2	8 226.9	3 393.9	1 622.9	799.2
主杆最大横向位移(mm)	不收敛	32 799.0	6 673.0	2 468.0	966.6	303.8
最大应力(MPa)	不收敛	1 204.5	349.8	207.5	152.1	124.9
1 号腰环拉力(N)	不收敛	448 000	131 150	76 206	55 125	45 046
4 号腰环拉力(N)	不收敛	455 000	131 110	76 086	55 007	44 933
屈曲因子	不收敛	1.064	1.590	2.460	3.641	4.587

注:第一道腰环的位置在距离抱杆底部 21 m 处。

通过表 3-3-3 以及图 3-3-6、图 3-3-7 可以看出,腰环的存在对抱杆整体应力、位移以及稳定性有着显著的影响,只打设 1 道腰环时,软件计算不收敛,无法得到具体结果,说明此种工况极不安全。当腰环数量逐渐增加时,抱杆最大应力、最大位移均有显著减少,抱杆稳定性也逐渐提高。

取自由段高度为 18 m、24 m、30 m,分别计算这 3 种自由段高度下腰环间距为 21 m 时的情况,其结果汇总于表 3-3-4。2 号、3 号腰环拉线受力为 0,未在表中列出。最大位移随自由段高度变化如图 3-3-9 所示,屈曲因子随自由段高度变化如图 3-3-10 所示。

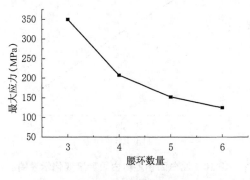

图 3-3-6 最大应力随腰环数量变化示意图

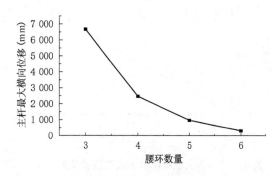

图 3-3-7 主杆最大横向位移随腰环数量变化示意图

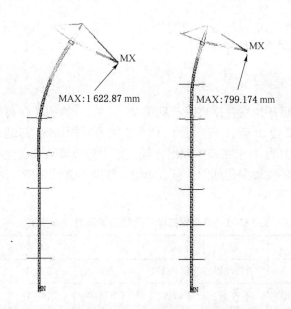

图 3-3-8 打设 5 道腰环和 6 道腰环时抱杆整体位移对比图

表 3-3-4 自由段高度不同时计算结果

自由段高度(m)	最大应力(MPa)	最大位移(mm)	主杆最大横向位移(mm)	1 号腰环拉力(N)	4 号腰环拉力(N)	屈曲因子
18	119.9	634.6	194.7	43 244	43 138	4.779
24	124.9	789.1	303.8	45 046	44 933	4.587
30	131.0	974.1	443.2	47 268	47 155	4.364

表 3-3-4 以及图 3-3-9、图 3-3-10 反映出自由段高度对抱杆正常工作起关键作用,随着自由段高度的增加,抱杆最大位移、最大应力等数据均会增加,抱杆稳定性也降低。综上所述,自由段高度取 18～24 m 较为合适。

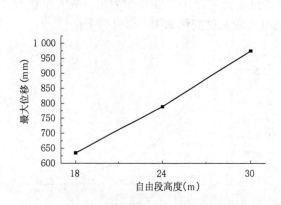

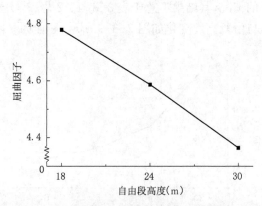

图 3-3-9 最大位移随自由段高度变化示意图 **图 3-3-10 屈曲因子随自由段高度变化示意图**

取自由段高度为 18 m、24 m,腰环间距为 21 m,分别计算在这两种腰环布置方式下,最上面一道腰环拉线失效一根的情况,其结果汇总于表 3-3-5。自由段高度为 18 m,腰环拉线失效时,抱杆位移如图 3-3-11、图 3-3-12 所示。

表 3-3-5　腰环拉线失效和不失效时的计算结果

自由段高度(m)	拉线是否失效	最大应力 （MPa）	最大位移 （mm）	屈曲因子
18	否	112.0	634.6	4.779
	是	138.9	1 078.0	4.298
24	否	124.9	789.1	4.587
	是	148.0	1 321.0	3.989

表 3-3-5 中数据表明,一根腰环拉线的失效会对抱杆产生很不利的影响,尤其是位移及稳定性方面的影响,所以一定要保证腰环拉线的坚固。

由于该抱杆标准节是 3 m 一段,故推荐的最大自由段高度是 24 m。类似单动臂抱杆,一般取自由段高度为 20 m。

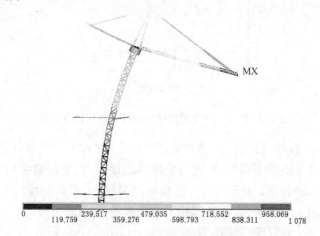

图 3-3-11　腰环拉线失效时抱杆位移（单位:mm）

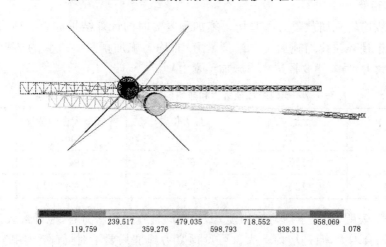

图 3-3-12　腰环拉线失效时抱杆位移（俯视）（单位:mm）

4. 腰环间距

自由段高度取 18 m,分别计算腰环间距为 21 m、42 m 两种情况,其结果汇总于表 3-3-6,2

号、3 号腰环拉线受力为 0,未在表中列出。主杆横向位移随主杆高度变化如图 3-3-13
所示。

表 3-3-6   腰环间距不同时的计算结果

腰环间距(m)	最大应力(MPa)	最大位移(mm)	主杆最大横向位移(mm)	1 号腰环拉力(N)	4 号腰环拉力(N)	屈曲因子
21 m	120.0	634.6	194.7	43 244	43 138	4.779
42 m	120.9	710.1	228.8	27 730	27 712	4.657

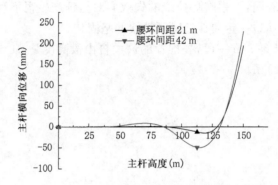

图 3-3-13   主杆横向位移随主杆高度变化示意图

通过表 3-3-6 中数据可以看出,当自由段高度固定时,下方腰环打设间距变大会对抱
杆应力、位移、稳定性等造成不利影响,同时腰环间距增大时,主杆最大横向位移会增加,不
利于主杆垂直度指标的要求。从图 3-3-13 也可明显看出,腰环间距增大时主杆上各位置
横向位移也均会增大。综上所述,腰环间距不应该超过 21 m。

类似单动臂抱杆一般取腰环间距为 20 m。

5. 腰环预紧力

腰环拉线均匀施加预紧力和非均匀施加预紧力时的计算结果如表 3-3-7 所示。(均
匀施加指 4 根腰环拉线均施加 10 kN 预紧力,非均匀施加指只有一侧的 2 根腰环拉线施
加 10 kN 预紧力,另一侧 2 根拉线不施加预紧力)

表 3-3-7   均匀施加预紧力和非均匀施加预紧力时的计算结果

预紧力施加方式	最大应力(MPa)	最大位移(mm)	主杆最大横向位移(mm)	屈曲因子
均匀	120.0	634.6	194.7	4.779
非均匀	120.0	639.1	199.3	4.779

表 3-3-7 表明,相比于均匀施加预紧力,非均匀施加预紧力时,抱杆最大位移、主杆最
大横向位移均会增大,但是增幅不大。可见预紧力施加只要不对局部产生破坏,在拉直拉
线的情况下对抱杆正常工作影响并不明显。在实际施工中还是应当均匀施加预紧力,且小
于 10 kN。

6. 长细比

在此主要分析主杆长细比,主杆长细比通过控制主杆截面尺寸来改变。主杆截面为 $2\,000\ \text{mm} \times 2\,000\ \text{mm}$ 时长细比 $\lambda = 150$;主杆截面为 $1\,600\ \text{mm} \times 1\,600\ \text{mm}$ 时长细比 $\lambda = 187.5$;主杆截面为 $1\,200\ \text{mm} \times 1\,200\ \text{mm}$ 时长细比 $\lambda = 250$。表 3-3-8 列出了长细比不同时的计算结果。抱杆最大位移随长细比的变化如图 3-3-14 所示。

表 3-3-8 长细比不同时的计算结果

长细比 λ	最大应力(MPa)	最大位移(mm)	屈曲因子
150	120.0	451.5	4.774
187.5	120.0	634.6	4.779
250	171.0	1 055.0	4.311

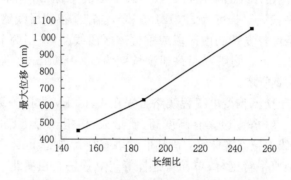

图 3-3-14 抱杆最大位移随长细比变化示意图

表 3-3-8 及图 3-3-14 表明,随着长细比的增加,最大位移增大,工程中规定长细比不能超过 120,但考虑到单动臂抱杆存在腰环,实际情况超过 120 还是安全的,但是长细比还是不宜过大。

第四节 单动臂抱杆安全评价总结

综上所述,可以得出单动臂抱杆的定量安全评估指标:

(1) 抱杆垂直度小于 1/1 000。

(2) 配重和吊重应符合抱杆设计资料的规定。

(3) 自由段高度 20 m。

(4) 腰环间距小于 20 m。

(5) 腰环预紧力应均匀施加,且小于 10 kN。

(6) 抱杆受腰环作用,稳定性加强,主杆长细比可略大于标准控制的 120。

第四章
落地双摇臂抱杆安全评价

第一节　工程背景

浙北—福州特高压交流输变电工程线路工程起于浙江省湖州市浙北变电站，止于福建省福州市新建福州变电站。线路全长约 2×597.9 km，其中，浙北—浙中段线路长度为 2×197.4 km，浙中—浙南段线路长度为 2×121.5 km，浙南—福州段线路长度为 2×279 km。对于交通困难、地质条件较复杂的山区段或重覆冰区段线路，采用两个单回路架设。单回路架设长度为 2×437.9 km，同塔双回路架设长度为 2×160 km，单回路段全部采用角钢塔，双回路段全部采用钢管塔。

浙北—福州特高压交流输变电工程线路工程在 1 000 kV 电压等级架空线路中使用不砍伐通道的跨越铁塔。铁塔普遍具有高度高、质量大、横担长等特点，对组塔安全要求较高。依靠传统的外拉线内悬浮抱杆组立酒杯形铁塔有很大难度，因此在部分标段考虑使用落地双摇臂抱杆、落地双平臂抱杆、单动臂抱杆等组立铁塔。在浙北—福州特高压交流输变电工程线路工程中的 12 标段、13 标段都使用了落地双摇臂抱杆组立铁塔。

1. 12 标段工程概述

本标段全线为单回路角钢塔设计，共计铁塔 147 基。其中直线塔全部采用酒杯形铁塔，共计 92 基，分 11 种，分别为：ZBC2720M21（9 基）、ZBC2720M22（21 基）、ZBC2720M23（7 基）、ZBC2720M24（22 基）、ZBC2720M24A（1 基）、ZBC2720M25（7 基）、ZBC273031（4 基）、ZBC273032（8 基）、ZBC273033（9 基）、ZBC273033A（1 基）、ZBKC2720M2（3 基）。酒杯形铁塔平均质量约为 165 t。耐张塔采用干字形铁塔，共计 55 基，分 8 种，分别为：JC2720M21（16 基）、JC2720M21A（4 基）、JC2720M22（3 基）、JC2720M22A（3 基）、JC2720M24A（1 基）、JC2720M25A（10 基）、JC273031（13 基）、JC273032（5 基）。干字形铁塔平均质量约为 198 t。本标段所有塔型均为高低腿设计，采用地脚螺栓与基础连接。

本标段线路起于景宁县大均乡 5R105、5L108 至浙闽省界景南乡南侧200 m 处 5R176、5L183（标段分界点耐张塔的基础施工、铁塔组立、跳线安装归属大号侧施工标段），线路长度为 2×31.5 km。

本标段全部位于丽水市景宁县境内，线路经过大均乡、澄照乡、梧桐乡、标溪乡、雁溪乡、景南乡。

2. 13 标段工程概况

本标段全部位于福建省宁德市寿宁县境内，线路起于 6L001、6R001 号耐张塔，止于6L219、6R218 号耐张塔，线路长度约为 2×35.3 km，按 2 个单回路架设。

本标段 15 mm 中冰区导线采用 JL/G1A-500/45 钢芯铝绞线，一般地线采用 LBGJ-

170-20AC 铝包钢绞线,OPGW 采用 OPGW-170;20 mm 中、重冰区导线采用 JL/G1A-500/65 钢芯铝绞线,一般地线采用LBGJ-240-20AC,OPGW 采用 OPGW-240。

　　本标段共有铁塔 142 基,其中直线塔106 基,耐张塔 36 基,全线均为单回路角钢塔。其中直线塔均为酒杯形塔,共计 14 种;耐张塔为干字形塔,共计 10 种。全线共计塔型 24 种。本标段塔型根开大、塔较高、塔头部分重、横担长。本工程所有直线塔均采用落地双摇臂抱杆(图 3-4-1)及 350 mm×350 mm×10 m 人字辅助抱杆组立,对于耐张塔无法设置外拉线的也将采取此方法。

图 3-4-1　落地双摇臂抱杆

第二节　抱杆参数和计算模型

　　取抱杆杆体总长 117 m,主杆段均为 1 000 mm×1 000 mm×2 m。上、下锥段大端截面 1 000 mm×1 000 mm,小端截面 400 mm×400 mm,总长 2 m。抱杆主材规格为∠110×8,斜材规格为∠63×6;抱杆桅杆总长 17 m,采用 2 m 标准节,主材规格为∠90×8,斜材规格为∠63×6;抱杆摇臂总长 16 m,大端截面 500 mm×500 mm,小端截面 300 mm×300 mm,摇臂主材规格为∠63×6,斜材规格为∠50×5。

　　抱杆主体及井架构件采用 BEAM188 梁元模拟,杆件结点处按刚接处理。腰环绳及锚固绳采用 LINK 10 只受拉的杆单元模拟。平臂根部连接处采用自由度耦合处理,释放了转动轴方向转动的约束。抱杆回转部分有限元模型如图 3-4-2 所示。

图 3-4-2　抱杆回转部分有限元模型

根据抱杆《起重机设计规范》(GB/T 3811—2008),吊重乘 1.2 的动力系数;计算风速为 10 m/s,算得风荷载大小。

第三节　落地双摇臂抱杆安全评价指标

一、定性评价指标

1. 产品出厂所具备的必要文件内容

产品出厂所具备的必要文件内容同落地双平臂抱杆。

2. 绳索等构件尺寸型号包括的内容

(1) 绳索规格,落地双摇臂抱杆涉及的绳索有内拉线、腰环、起重绳、调幅绳。

(2) 绳索的走线方式。

(3) 地锚强度。

3. 整机外观检查内容

整机外观检查包括的内容同单动臂抱杆。

二、定量评价指标

1. 主杆、桅杆、摇臂垂直度

抱杆安装好后,经过提升组立,在自重作用后,抱杆主杆、桅杆、摇臂整体横向变形分别不超过抱杆主杆、桅杆、摇臂长度的 1/1 000。

参考中华人民共和国电力行业标准 DL/T 319—2010:《架空输电线路施工抱杆通用技术条件及试验方法》。

2. 吊重(包括偏载量、偏移角度)

针对吊重问题,考虑了以下吊重的情况:① 额定平衡吊重 6.0 t/6.0 t;② 1.25 倍额定平衡吊重 7.5 t/7.5 t;③ 额定不平衡吊重 6.0 t/3.5 t。计算结果如表 3-4-1 所示。

表 3-4-1　不同吊重情况抱杆最大应力、屈曲因子、主杆最大横向位移、抱杆整体最大位移的计算结果

不同吊重情况	抱杆最大应力 (MPa)	屈曲因子	主杆最大横向位移 (mm)	抱杆整体最大位移 (mm)
6.0 t/6.0 t	111.5	2.610	69.7	159.9
7.5 t/7.5 t	126.1	2.276	78.4	181.0
6.0 t/3.5 t	266.5	2.288	112.0	523.6

表 3-4-1 表明,额定不平衡吊重同额定平衡吊重相比,整体稳定性下降,抱杆最大应力增大,主杆最大横向位移增大,整体最大位移增大;1.25 倍额定平衡吊重同额定平衡吊重相比,整体稳定性下降,抱杆最大应力增大,主杆最大横向位移增大,整体最大位移增大。

同时,为了保证内拉线、腰环的强度,计算了内拉线、腰环的最大拉力,如表 3-4-2 所示。

从表 3-4-2 可以看出,在平衡吊重下,即使吊重质量增加,内拉线、腰环的最大拉力增

加量相对于不平衡吊重情况下的增加量要小得多,进一步说明了同等条件下,不平衡吊重相对于平衡吊重要更不利,在工程中要尽量避免不平衡吊重的工况出现,即使难以避免,也要尽量减小不平衡吊重的质量。

表 3-4-2　不同吊重情况内拉线、腰环最大拉力计算结果

不同吊重情况	内拉线最大拉力(N)	腰环最大拉力(N)
6.0 t/6.0 t	5 797	14 352
7.5 t/7.5 t	5 894	14 636
6.0 t/3.5 t	74 267	21 267

由于在吊装构件时,起吊绳很难一直保持在竖直位置,因此,考虑了起吊绳偏离竖直方向时的工况,主要从面外偏离和面内偏离两个角度考虑。计算结果分别如表 3-4-3、表 3-4-4 所示。

表 3-4-3　不同起吊绳面外偏离角度计算结果

偏离角度(°)	最大应力(MPa)	屈曲因子
1	274.4	2.247
2	282.2	2.208
3	290.0	2.170
4	297.6	2.132
5	305.1	2.097

表 3-4-3、表 3-4-4、图 3-4-3 表明,随着起吊绳偏离角度的增大,抱杆屈曲因子下降,尤其是起吊绳的面外偏离角度对整体稳定性影响明显。因此,在施工中应该控制起吊绳的偏离角度,尤其是起吊绳的面外偏离应该尽量避免。

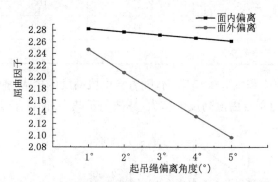

图 3-4-3　屈曲因子随起吊绳偏离角度变化示意图

表 3-4-4　不同起吊绳面内偏离角度计算结果

偏离角度(°)	最大应力(MPa)	屈曲因子
1	267.0	2.282
2	267.5	2.277
3	268.0	2.272

续表 3-4-4

偏离角度(°)	最大应力(MPa)	屈曲因子
4	268.5	2.267
5	269.0	2.262

表 3-4-5 起吊绳面内偏 5°面外偏 3°计算结果

偏离角度	最大应力(MPa)	屈曲因子
面内 5°面外 3°	295.5	2.146

表 3-4-5 表明,当起吊绳面内偏 5°面外偏 30°时,其计算结果与起吊绳面外偏 3°时的接近,与起吊绳面内偏 5°时的计算结果相差较大,进一步说明了起吊绳的面外偏离相较于面内偏离影响更大。

抱杆起吊绳面内面外偏离的角度是抱杆设计计算的一个指标。按照抱杆设计要求控制起吊绳偏离角度。一般面内偏离角度小于等于 5°,面外偏离角度小于等于 3°。

3. 自由段高度

根据施工方案,塔身(含下曲臂)吊装时,抱杆摇臂以下至第一道腰环的高度≤21 m;上曲臂及横担吊装时抱杆摇臂以下至第一道腰环的高度≤35 m。因此实际施工中,抱杆自由段高度(第一道腰环与摇臂的距离)不同。因此,首先研究自由段高度。选取的研究工况为:抱杆旋转 45°,腰环间距 20 m,吊重 6.0 t/3.5 t,垂直吊重,风垂直于摇臂作用,内拉线与地面夹角 70°,选择自由段高度分别为 20 m、30 m、40 m。计算结果如表 3-4-6 所示。

表 3-4-6 不同自由段高度的计算结果

自由段高度 (m)	最大应力 (MPa)	屈曲因子	主杆最大横向位移 (mm)	抱杆整体最大位移 (mm)
20	266.5	2.288	106.5	523.3
30	280.1	2.189	109.1	538.2
40	292.2	2.118	112.0	577.0

表 3-4-6、图 3-4-4 和图 3-4-5 表明,随着自由段高度的增大,抱杆最大应力也随着增大;从屈曲因子来看,随着自由段高度的增大,屈曲因子减小,即稳定性降低。

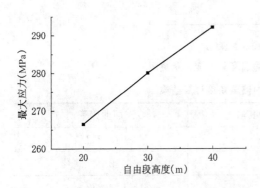

图 3-4-4 最大应力随自由段高度变化示意图

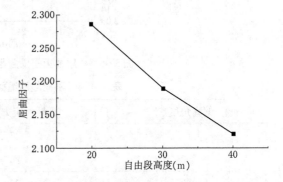

图 3-4-5 屈曲因子随自由段高度变化示意图

另外,研究了不同自由段高度对主杆横向位移的影响,得到了在 20 m、30 m 和 40 m 自由段高度时主杆的横向位移随高度变化的曲线图,如图 3-4-6 所示。

图 3-4-6 表明,不论自由段高度是多少,在第一道腰环以下的位置,主杆横向位移变化都很小,最大横向位移在 10 mm 左右。在第一道腰环以上的部分,即自由段部分,当自由段高度为 40 m 时,横向位移随主杆高度波动很明显,在主杆高度 60~80 m 段,横向位移逐渐增大,在主杆高度 80 m 时已经达到波峰,约 110 mm,在主杆高度 80~100 m 段,横向位移降低之后又略有增长;当自由段高度在 30 m 时,横向位移随主杆高度逐渐增大,但在主杆高度 80~90 m 段略有波动;当自由段高度在 20 m 时,横向位移随着主杆高度逐步增加。综上分析,自由段高度增

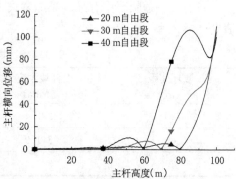

图 3-4-6 主杆横向位移随自由段高度变化示意图

大会导致抱杆整体最大应力增大,抱杆稳定性降低。在工程中,建议第一道腰环的位置应尽量接近摇臂,尽量减小自由段的高度。一般自由段高度取 20 m。

4. 腰环间距

根据第一道腰环与摇臂距离(自由段高度)的研究,确定自由段高度为 20 m,即第一道腰环与地面的距离为 80 m,从第一道腰环向下依次间隔 80 m、40 m、20 m 打设腰环,结果如表 3-4-7 所示。

表 3-4-7 不同腰环间距

腰环间距(m)	最大应力(MPa)	屈曲因子
20	266.5	2.288
40	266.7	2.288
80	266.4	2.290

表 3-4-7 表明,当自由段高度为 20 m 时,不同的腰环间距对抱杆的最大应力和稳定性影响很小。由此,可以得到第一道腰环位置的重要性。

另外研究了腰环间距对主杆横向位移的影响,得到了在 20 m、40 m 和 80 m 的腰环间距时主杆的横向位移随高度变化的曲线图。图 3-4-7 表明,在打设腰环的位置处,主杆横向位移变化都很小。在第一道腰环(高度 80 m)以上,由于没有腰环的限制,无论腰环间距是多少,主杆的横向位移变化几乎相同;在第一道腰环以下:当腰环间距为 20 m 时,主杆横向位移随高度的变化很平缓,而且最大横向位移也仅仅在 10 mm 左右;当腰环间距为 40 m 时,主杆高度在 0~40 m 段和 40~80 m 段,分别出现的波峰,主杆最大横向位移在 20 mm 左右;当仅

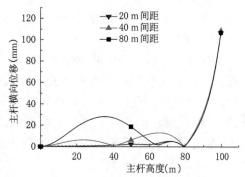

图 3-4-7 主杆横向位移随腰环间距变化示意图

仅在 80 m 高度处打设一道腰环时,主杆最大横向位移达到 35 mm 左右。由图3-4-7可以很直观地看到腰环间距对主杆横向位移的限制作用。

考虑第一道腰环中有某一条绳索失去作用后,此时不同腰环间距作用下的计算结果如表 3-4-8 所示。

表 3-4-8　某一腰环失效后计算结果

腰环间距 (m)	抱杆最大应力 (MPa)	屈曲因子	主杆最大横向位移 (mm)
20	291.4	2.274	125.1
40	311.9	2.272	322.0
80	317.4	1.868	774.0

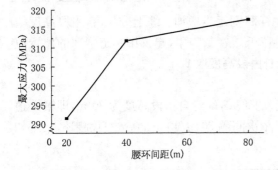

图 3-4-8　最大应力随腰环间距变化示意图 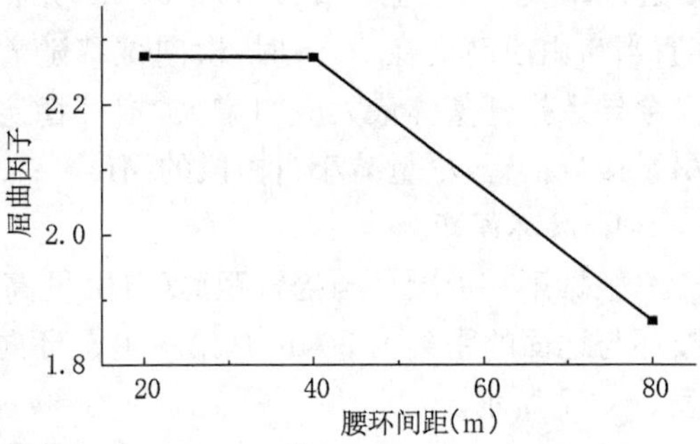　　图 3-4-9　屈曲因子随腰环间距变化示意图

表 3-4-8、图 3-4-8～图 3-4-10 表明,此时随着腰环间距的增大,抱杆的最大应力增大,当腰环间距为 40 m、80 m 时,最大应力超过 Q345B 的强度设计值 310 MPa;随着腰环间距的增大,主杆的最大横向位移显著增大;随着腰环间距的增大,屈曲因子减小,即稳定性能降低,尤其当腰环间距为 80 m 时,屈曲因子小于 2.0。

综上所述,腰环间距取 20 m 以下。

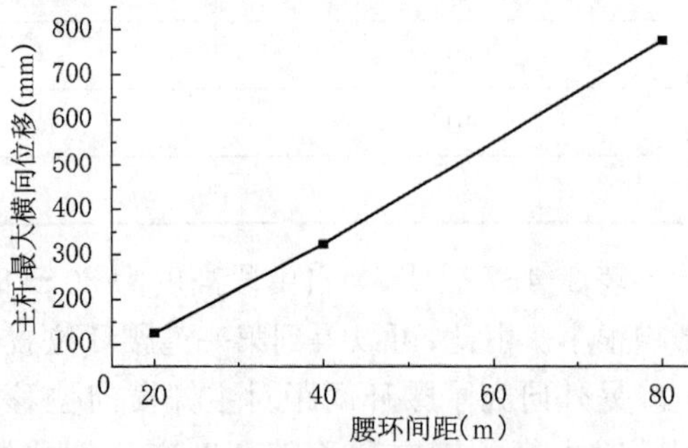

图 3-4-10　主杆最大横向位移随
腰环间距变化示意图

5. 腰环预紧力

在施工人员施加腰环预紧力时,由于缺少工具去测量所施加的预紧力的大小,因此施工人员仅仅只能通过个人经验去感觉所施加预紧力的大小,同时在施工中还存在为了加快施工进度,不同的施工人员同时去完成施加腰环预紧力的工作,由于每个人员经验的差异,这就导致了同一抱杆上所施加的预紧力不同的问题。针对此问题,做了以下分析:在模型中对腰环不均匀地施加预紧力与均匀施加预紧力的对比分析。计算结果如表 3-4-9 所示。

表 3-4-9　腰环预紧力均匀与不均匀施加的对比计算结果

腰环预紧力施加情况	抱杆最大应力(MPa)	屈曲因子	主杆横向位移(mm)
均匀施加	266.5	2.288	112.0
不均匀施加	266.7	2.286	112.2

表 3-4-9 表明,腰环预紧力的均匀施加与不均匀施加对抱杆的整体性能影响较小。但腰环的预紧力仍然要按照施工要求均匀施加。

由于腰环预紧力不均匀,抱杆会发生扭曲,导致其垂直度超过标准 1/1 000。按照工程经验,一般取腰环预紧力小于 10 kN,且均匀施加。

6. 腰环角度

在组立酒杯形铁塔时,由于塔身截面不是方形,致使腰环与抱杆主杆截面中心线的夹角不再是 45°的关系,因此,选择了腰环与中心线夹角分别为 67.5°、45°、22.5°时的工况。计算结果如表 3-4-10 所示。

表 3-4-10　不同腰环角度计算结果

腰环角度(°)	抱杆最大应力(MPa)	屈曲因子	主杆横向最大位移(mm)	抱杆整体最大位移(mm)
67.5	266.6	2.288	114.3	523.6
45	266.5	2.288	112.0	523.6
22.5	268.7	2.269	116.2	526.5

表 3-4-10 表明,不同的腰环角度对抱杆的最大应力、最大位移影响较小,对屈曲因子略有影响。

7. 长细比

通过改变主杆的截面尺寸大小改变长细比,其中主杆高度 100 m、截面 1 000 mm×1 000 mm 时,λ=212;主杆高度 100 m、截面 800 mm×800 mm 时,λ=269(长细比指主杆的长细比)。计算结果见表 3-4-11 所示。

表 3-4-11　改变主杆截面尺寸时不同长细比计算结果

长细比	抱杆最大应力(MPa)	屈曲因子	主杆横向最大位移(mm)	抱杆整体最大位移(mm)
212	266.5	2.288	106.5	523.6
269	331.5	1.975	111.6	593.2

表 3-4-11 表明,仅仅改变了主杆的截面尺寸,当 800 mm×800 mm 截面时,其抱杆最大应力为 331.5 MPa,超过 Q345B 的强度设计值 310 MPa,且屈曲因子小于 2.0,整体稳定性明显下降。

通过改变主杆的高度改变长细比,其中主杆高度 100 m、截面 1 000 mm×1 000 mm 时,λ=212;主杆高度 60 m、截面 1 000 mm×1 000 mm 时,λ=127。计算结果见表 3-4-12 所示。

表 3-4-12　改变主杆高度时不同长细比计算结果

长细比	抱杆最大应力 （MPa）	屈曲因子	主杆横向最大位移 （mm）	抱杆整体最大位移 （mm）
212	266.5	2.288	106.5	523.6
127	241.2	2.501	64.1	424.0

表 3-4-12 表明，通过降低主杆高度，当长细比为 127（主杆高度 60 m）时，其抱杆最大应力为 241.2 MPa，小于长细比 212（主杆高度 100 m）时的抱杆最大应力，屈曲因子为 2.501，大于 2.288，即稳定性增强。

腰环的约束以及落地双摇臂抱杆底部的固结约束，会增强落地双摇臂抱杆的稳定性能，因此对于内悬浮外拉线抱杆的长细比不宜超过 120 的要求并不适用于落地双摇臂抱杆。

8. 内拉线角度

针对落地双摇臂抱杆，主要考虑内拉线的打设角度对抱杆性能的影响。打设角度即指内拉线与地面的夹角。计算了当夹角分别为 75°、60°、45°、30°时的情况，计算结果如表 3-4-13 所示。

表 3-4-13　不同内拉线角度的计算结果

内拉线角度（°）	最大应力 （MPa）	屈曲因子	主杆横向最大位移 （mm）	内拉线最大拉力 （N）
75	266.5	2.278	160.8	92 497
60	265.2	2.278	59.1	52 869
45	265.3	2.263	28.7	37 977
30	265.7	2.253	24.3	31 229

表 3-4-13、图 3-4-11～图 3-4-13 表明，随着内拉线角度的减小，屈曲因子变化很小，而内拉线最大拉力和主杆的横向位移不断减小，但当内拉线角度在 45°以下时，主杆横向最大位移变化不明显。因此，可以看出内拉线的角度能有效地控制主杆横向最大位移，当内拉线角度过大时应考虑适当减小吊重。

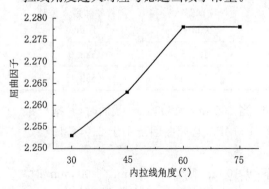

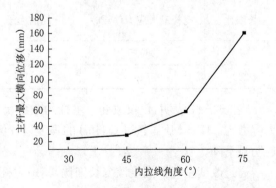

图 3-4-11　屈曲因子随内拉线角度变化示意图　　图 3-4-12　主杆最大横向位移随内拉线角度变化示意图

图 3-4-14 所示为主杆横向位移随内拉线角度的变化。图 3-4-14 表明，虽然内拉线角度

不同,但是对第一道腰环以下的主杆横向位移影响很小;在第一道腰环以上的部分,主杆最大横向位移随内拉线角度的减小而减小。图3-4-15是内拉线角度为45°时,抱杆变形前后的对比图。

综上所述,内拉线夹角一般取45°。

在实际工程中,往往存在自由段高度大于20 m或内拉线角度大于45°的工况,此时,为了保证工程的安全,需要适当地减轻吊重。

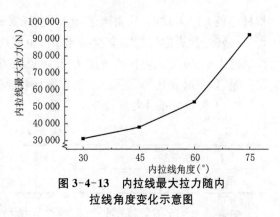

图3-4-13　内拉线最大拉力随内拉线角度变化示意图

选择当自由段高度为40 m、内拉线角度75°时,仅降低偏载量5.5 t/4.0 t、降低起吊质量工况5.0 t/2.5 t以及同时降低起吊质量和偏载量5.0 t/4.0 t,计算结果如表3-4-14所示。

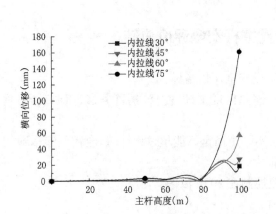

图3-4-14　主杆横向位移随内拉线角度变化示意图

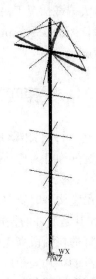

图3-4-15　内拉线45°时抱杆变形前后对比

表3-4-14　减重后的计算结果

起吊质量	抱杆最大应力（MPa）	屈曲因子	主杆横向最大位移（mm）
6.0 t/3.5 t	292.2	2.117	169.0
5.5 t/4.0 t	196.5	3.365	159.6
5.0 t/2.5 t	281.4	2.193	155.8
5.0 t/4.0 t	150.1	4.117	103.0

从表3-4-14的计算结果可以看出,仅仅通过降低偏载量,从6.0 t/3.5 t降低到5.5 t/4.0 t,抱杆的最大应力减小,屈曲因子增大,主杆横向最大位移略微减小;仅仅通过降低起吊质量,从6.0 t/3.5 t降低到5.0 t/2.5 t,抱杆的最大应力略微减小,屈曲因子略微增大,主杆横向最大位移略微减小;同时降低起吊质量和偏载量,从6.0 t/3.5 t降低到5.0 t/4.0 t,

抱杆的最大应力减小,屈曲因子增大,主杆横向最大位移减小。以上所述说明降低偏载量可以很好地提高抱杆的安全性能,同时,也应该考虑适当降低吊重。由此可以看出,在自由段高度大于 20 m 或内拉线角度大于 45°的工况下,要尽量选择平衡吊重方案,同时降低起吊质量,如果必须选择非平衡吊重方案,偏载量应控制在 1.0 t 以内。

9. 平衡吊时吊件与就位点的高差

表 3-4-15　垂直位移

施加荷载	6.0 t/6.0 t平衡吊重(h_1)	6.0 t/3.5 t偏载(h_0)
吊物点竖向位移(mm)	57.1	446.7

由表 3-4-15 的计算结果可得到在平衡吊载下由于安装的不同步性产生的高差为 $h = h_0 - h_1 = 446.7 - 57.1 = 389.6 (\text{mm})$。

由于不同的抱杆具有不同的刚度,所具有的平衡高差也是不同的。因此给出指标为在抱杆设计最大偏载情况下吊件的竖向位移减去平衡吊重时的竖向位移,即 $h = h_0 - h_1$。对本研究的抱杆即为 389.6 mm。而在实际工程操作中,一般要求就位高差小于计算高差,减小为取 200 mm。

第四节　落地双摇臂抱杆安全评价总结

综上所述,可以得出落地双摇臂抱杆的定量安全评估指标:

(1)在装配抱杆时应按照说明严格操作,避免出现主杆、桅杆、摇臂偏移、扭曲现象,垂直度小于 1/1 000。

(2)在吊装构件时要尽量保持平衡吊重,不平衡吊重不能超过设计值;应控制起吊绳的偏离角度,尤其是面外的偏离对稳定性影响很大。

(3)抱杆的自由段高度应尽量减小,一般控制在 20 m 以内。

(4)抱杆的腰环间距应控制在 20 m 以内。

(5)一般取腰环预紧力小于 10 kN,且均匀施加。

(6)抱杆受腰环作用,稳定性加强,主杆长细比可大于标准控制的 120。

(7)抱杆的内拉线打设角度(内拉线与地面水平夹角)宜小于等于 45°。

(8)当自由段高度大于 20 m 或者内拉线角度大于 45°的工况,要适当降低起吊质量,更主要的是要降低偏载起重量,建议偏载起重量不超过 1.0 t。

(9)平衡吊时,吊件与就位点的高差为 200 mm。

第五章

内悬浮外拉线抱杆安全评价

第一节　工程背景

浙北—福州特高压交流输变电工程线路起于浙北 1 000 kV 变电站,经浙中 1 000 kV 变电站、浙南 1 000 kV 变电站,止于福州 1 000 kV 变电站,线路总长度为 2×597.9 km。其中浙北至浙中段线路长度为 2×197.4 km,浙中至浙南段线路长度为 2×121.5 km,浙南至福州段线路长度为 2×279 km。线路途经浙江和福建两省。线路沿线地形比例为平地 2.9%、河网泥沼 0.3%、丘陵 7.9%、山地 43.9%、高山大岭 45%。

浙北—浙中段线路途经浙江省安吉县、德清县、杭州市余杭区、临安区、富阳区、桐庐县、诸暨市、浦江县、兰溪市共 9 个县市区,推荐路径长度约 197.4 km,曲折系数 1.23。其中 76.5 km 按同塔双回路设计,120.9 km 按 2 个单回路设计。海拔高度在 0~800 m 之间。线路沿线地形比例为平地 3.5%、丘陵 9.5%、山地 52.5%、高山大岭 34.5%。

浙中—浙南段线路途经浙江省兰溪市、金华市金东区、武义县和丽水市莲都区共 4 个县市区,推荐路径长度约 121.5 km,曲折系数 1.16。其中 83.5 km 按同塔双回路设计,38 km 按 2 个单回路设计。海拔高度在 0~800 m 之间。线路沿线地形比例为平地 8.48%、河网泥沼 1.23%、丘陵 12.1%、山地 51.93%、高山大岭 26.26%。

浙南—福州段 1 000 kV 线路全长 279 km,曲折系数 1.14。线路途经浙江省丽水市莲都区、松阳县、云和县、景宁畲族自治县、福建省宁德市寿宁县、周宁县、蕉城区、福州市古田县、罗源县、闽侯县,共 10 个县市区,本段线路按 2 个单回路设计。海拔高度在 0~1 500 m 之间。线路沿线地形比例为丘陵 0.7%、山地 35.3%、高山大岭 64%。

一、地形分类

线路地形主要以高山大岭为主,部分为山地。线路沿线植被茂密,交通条件一般,其中金山村—岔路村段约 9 km 线路处于高山峻岭之中,附近没有可以利用的车行道路,交通非常困难。

二、地质、水文情况

线路途经区有低中山—低山地貌斜坡间沟谷地形,局部为山间盆地和河谷地形。

在有干湿交替作用的情况下,对混凝土结构和钢筋混凝土结构中的钢筋具有微腐蚀,对钢结构具有弱腐蚀。针对直接临水层或强透水层,对混凝土结构具有弱腐蚀;针对弱透水层,对混凝土结构具有微腐蚀。局部塔位基坑开挖、基础施工时应考虑地下水的影响。

该工程分为 17 个标段,其中 13 个标段、1 000 多基铁塔使用内悬浮外拉线抱杆(图 3-5-1)施工工艺。

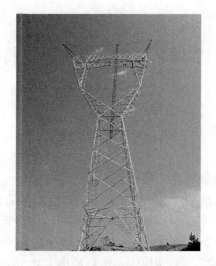

图 3-5-1　内悬浮外拉线抱杆

第二节　抱杆参数和计算模型

该研究使用的抱杆为特高压□800 mm 截面吊重 80 kN 悬浮式抱杆,高度为 44 m,自重 4.5 t。两端 5.7 m 锥段结构,每个锥段分为 2 节,锥段为变截面,最小截面为□470,最大截面为□800 mm,中间为 16 节,每节 2 m 的标准节,截面为□800 mm。标准节主材选用∟100×8,锥段主材选用∟90×7。

模型采用有限元软件建模,抱杆的主材、斜材、腹杆采用 BEAM188 单元[三维线性(2 节点)或者二次梁单元],承托绳、外拉线采用 LINK10 单元(3D 仅拉或仅压单元),抱杆端部加强板采用 SHELL63 单元(弹性壳单元),杆件焊接及板材加强处按刚接处理。有限元模型如图 3-5-2 所示。

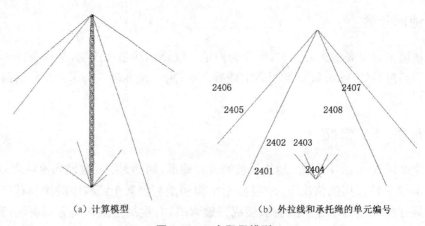

(a)计算模型　　　　　　　　　　(b)外拉线和承托绳的单元编号

图 3-5-2　有限元模型

对各工况施加重力荷载、风荷载、吊重(包括吊钩、吊绳质量)。根据《起重机设计规范》(GB T/3811—2008),吊重乘 1.2 的动力系数;计算风速为 10 m/s,算得风荷载大小。吊重在 z 轴正向一侧,风向按照最不利风向,从 z 轴负向向正向吹。

第三节　内悬浮外拉线抱杆安全评价指标

一、定性评价指标

1. 产品出厂所具备的必要文件内容
产品出厂所具备的必要文件内容同落地双平臂抱杆。
2. 绳索等构件尺寸型号包括的内容
绳索等构件尺寸型号包括的内容同落地双摇臂抱杆。
3. 整机外观检查包括的内容
整机外观检查包括的内容同单动臂抱杆。

二、定量评价指标

1. 垂直度
根据中华人民共和国电力行业标准 DL/T 319—2010:《架空输电线路施工抱杆通用技术条件及试验方法》,抱杆安装好,经过提升、自重作用后,抱杆整体横向变形不超过抱杆长度的 1/1 000,如图 3-5-3 所示,表达式如式(3-5-1)所示。

$$\frac{\delta}{l} \leqslant \frac{1}{1\,000} \tag{3-5-1}$$

式中:δ——伸长量;
　　l——拉杆长度。

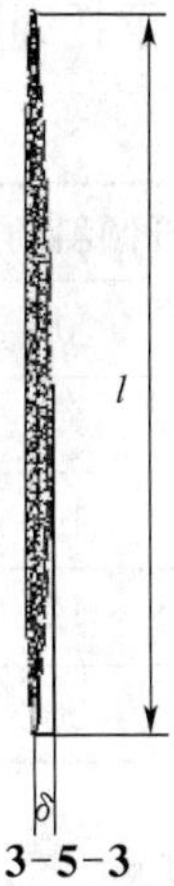

2. 吊重
施工方案吊重不超过抱杆设计资料规定的该抱杆各工况最大吊重。对该抱杆,抱杆实际受力与起吊绳、控制绳角度有关。在额定荷载下,起吊绳和控制绳的角度要有严格限制。当起吊绳和控制绳角度较大时,吊重需要适当减小。

图 3-5-3　抱杆横向变形图

3. 倾斜角度
分析方法:取抱杆最大工作高度为 120 m,风荷载为 10 m/s,吊重为 8 t,起吊绳与竖直方向夹角为 15°,控制绳与水平方向夹角为 45°,外拉线对地夹角、承托绳与竖直方向夹角也均为 45°。计算工况如表 3-5-1 所示。

表 3-5-1　计算工况

工况	抱杆倾斜角度(°)	吊重(t)	起吊绳角度(°)	控制绳角度(°)
1	0	8	15	45
2	5	8	15	45

续表 3-5-1

工况	抱杆倾斜角度(°)	吊重(t)	起吊绳角度(°)	控制绳角度(°)
3	10	8	15	45
4	15	8	15	45
5	20	8	15	45

外拉线轴力计算结果见表 3-5-2,其随抱杆倾角变化曲线见图 3-5-4。

表 3-5-2　外拉线轴力计算结果

抱杆倾斜角度(°)	单元 2405 轴力(N)	单元 2406 轴力(N)	单元 2407 轴力(N)	单元 2408 轴力(N)
0	32 910	33 033	0	0
5	50 465	50 653	0	0
10	67 668	67 921	0	0
15	84 379	84 694	0	0
20	100 460	100 830	0	0

　　内悬浮外拉线抱杆的起吊方式是从一侧吊起重物,从表 3-5-2 可以知道,相反于吊重方向的拉线受到很大的拉力,而相同于吊重方向的拉线不受力的作用,处于松弛状态。表 3-5-2 和图 3-5-4 表明,外拉线所受轴力(拉力)大小随着抱杆倾斜角度的增加而增加。

　　承托绳轴力计算结果见表 3-5-3,其随抱杆倾角变化曲线见图 3-5-5。

表 3-5-3　承托绳轴力计算结果

抱杆倾斜角度(°)	单元 2401 轴力(N)	单元 2402 轴力(N)	单元 2403 轴力(N)	单元 2404 轴力(N)
0	96 060	96 059	95 874	95 880
5	104 390	104 390	102 490	102 490
10	111 900	111 900	108 360	108 360
15	118 550	118 550	113 440	113 450
20	124 280	124 280	117 680	117 680

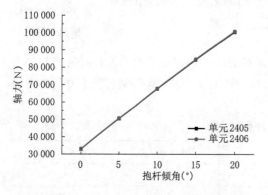

图 3-5-4　外拉线轴力随抱杆倾角变化示意图

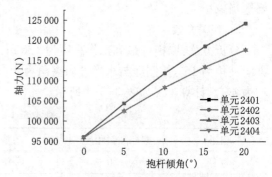

图 3-5-5　承托绳轴力随抱杆倾角变化示意图

表 3-5-3 和图 3-5-5 表明,承托绳所受轴力(拉力)大小也随着抱杆倾斜角度的增加而增加。

主杆轴力计算结果见表 3-5-4,其随抱杆倾角变化曲线见图 3-5-6。

表 3-5-4　主杆轴力计算结果

抱杆倾斜角度(°)	最大轴力单元编号	最大轴力(N)
0	173/557	−666 52/21 753
5	485/557	−925 52/23 446
10	485/557	−121 190/24 963
15	681/557	−150 440/26 293
20	681/557	−179 620/27 425

表 3-5-4 和图 3-5-6 表明,主杆所受最大轴力(拉力或者压力)大小也随着抱杆倾斜角度的增加而增加。其中最大拉力的变化不太明显,最大压力的变化随倾角变化更显著。

抱杆最大应力计算结果见表 3-5-5,其随抱杆倾角变化曲线见图 3-5-7。

表 3-5-5　抱杆最大应力计算结果

抱杆倾斜角度(°)	最大应力(MPa)
0	75.5
5	84.0
10	114.4
15	141.2
20	167.8

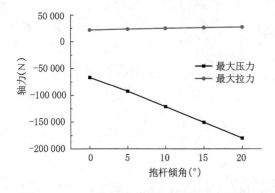

图 3-5-6　主杆轴力随抱杆倾角变化示意图　　图 3-5-7　抱杆最大应力随抱杆倾角变化示意图

表 3-5-5 和图 3-5-7 表明,抱杆主杆所受最大应力的大小也随着抱杆倾斜角度的增加而增加。当倾角为 20°时,最大应力达到 167.8 MPa。

抱杆最大位移计算结果见表 3-5-6,其随抱杆倾角变化曲线见图 3-5-8。图 3-5-9 为抱杆倾角为 10°时位移变形图。

表 3-5-6　抱杆最大位移计算结果

抱杆倾斜角度(°)	最大位移(mm)
0	112.1
5	202.2
10	246.7
15	323.8
20	401.6

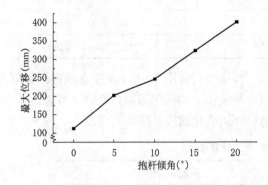

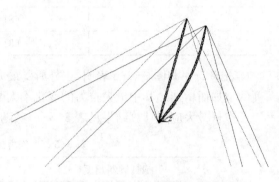

图 3-5-8　抱杆最大位移随抱杆倾角变化示意图　　图 3-5-9　抱杆倾斜 10°时位移变形图

表 3-5-6 和图 3-5-8 表明,抱杆的最大位移随着抱杆倾斜角度的增加而增加,当倾角超过 10°时,抱杆发生较大的弯曲变形。

依据《1 000 kV 架空输电线路铁塔组立施工工艺导则》(DL/T 5289—2013),内悬浮外拉线抱杆主要工器具受力计算公式如下:

(1) 抱杆拉线的拉力

$$P = \frac{1.3}{2\cos\theta} P_{\mathrm{h}} \tag{3-5-2}$$

式中:P——主要受力拉线的拉力;

　　　θ——受力侧拉线与其合力线间的夹角;

　　　P_{h}——主要受力拉线的合力。

(2) 抱杆承托绳的拉力

① 当抱杆处于竖直状态时:

$$S_1 = \frac{(N + G_0)\sin\varphi}{\sin(2\varphi)} \tag{3-5-3}$$

式中:S_1——两条承托绳的合力;

　　　N——抱杆的综合计算轴向压力;

　　　G_0——抱杆及拉线等附件的重力;

　　　φ——两承托绳合力线与抱杆轴线间的夹角。

② 当抱杆倾斜时:

$$S_2 = \frac{(N+G_0)\sin(\varphi+\delta)}{\sin(2\varphi)} \qquad (3-5-4)$$

式中：S_2——受力侧承托绳的合力；

δ——抱杆轴线与铅垂线间的夹角（即抱杆倾斜角）。

根据式(3-5-2)～式(3-5-4)，内悬浮外拉线抱杆主要抱杆及工器具受力分析算得的结果如表3-5-7、表3-5-8所示。

表3-5-7　外拉线的拉力

抱杆倾斜角度(°)	理论结果(N)	有限元结果(N)	相差值(N)	偏差百分比(%)
0	36 361	33 033	3 327	9.15
5	48 050	50 653	−2 603	5.42
10	59 373	67 921	−8 548	14.40
15	70 244	84 694	−14 450	20.58
20	80 581	100 830	−20 249	25.13

表3-5-8　承托绳的拉力

抱杆倾斜角度(°)	理论结果(N)	有限元结果(N)	相差值(N)	偏差百分比(%)
0	127 144	96 060	31 084	24.44
5	135 752	104 390	31 362	23.10
10	147 172	111 900	35 272	24.00
15	162 779	113 450	49 329	30.30
20	185 056	124 280	60 776	32.84

表3-5-7、表3-5-8表明，理论公式与有限元计算结果的差距会随着抱杆倾斜角度的增大而增大，而且公式没有考虑风荷载和动力荷载，公式把抱杆当作是一个刚体，这些原因导致理论计算与有限元计算的差距偏大。但是对承托绳理论计算结果比有限元计算的结果偏大，所以现在很多抱杆施工方案中会用到此公式计算承托绳的拉力，是偏于安全的。

综上所述，内悬浮外拉线抱杆的拉线拉力、抱杆最大应力和最大位移均随抱杆倾角增大而增大，所以为保证抱杆安全，在额定荷载下，抱杆最大倾斜角度取10°。当抱杆倾角增大，必须减小吊重。

4. 长细比

分析方法：取抱杆最大工作高度为120 m，风荷载为10 m/s，吊重为8 t，起吊绳与竖直方向夹角为15°，控制绳与水平方向夹角为45°，外拉线对地夹角、承托绳与竖直夹角也均为45°，抱杆倾斜角度全部选10°。

对于长细比指标的分析，选用□800 mm的抱杆，抱杆两端锥段长度为5.7 m，长度分别选用44 m、46 m、48 m，标准节长度分别为32 m、34 m、36 m，各抱杆主材、直腹杆、斜材等材料相同。标准节主材选用∟100×8，锥段主材选用∟90×7。

根据《高压架空输电线路施工技术手册(起重运输部分)》,变截面抱杆长细比公式:

$$\lambda = \frac{\mu\mu'l}{r} \quad\quad (3-5-5)$$

式中:μ——与压杆两端支承方式有关的压杆折算长度;

μ'——与压杆截面变化情况有关的压杆折算长度修正系数;

l——变截面压杆长度(两端支承间的距离);

r——变截面压杆大头截面的惯性半径。

$$r = \sqrt{\frac{J_大}{F_大}} \quad\quad (3-5-6)$$

式中:$J_大$——变截面压杆大头的截面惯性矩;

$F_大$——变截面压杆大头的截面积。

悬浮抱杆组塔时,其根、顶两端均以拉线固定,在极限状态下均可产生弹性位移,实际均为弹性铰支。对这种抱杆,可近似地按两端铰支处理。当两端铰支时,$\mu = 1.00$。

表 3-5-9 列出了不同长细比下抱杆位移、应力和屈曲因子的计算结果。最大位移、最大应力和屈曲因子随长细比变化分别见图 3-5-10~图 3-5-12。

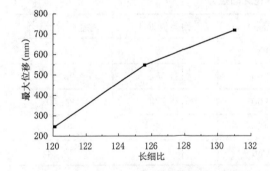

图 3-5-10　最大位移随长细比变化示意图　　　图 3-5-11　最大应力随长细比变化示意图

表 3-5-9　抱杆不同长细比的计算结果

抱杆高度(m)	长细比	最大位移(mm)	最大应力(MPa)	屈曲因子
44	120.1	246.7	114.4	3.814
46	125.6	547.6	167.8	2.266
48	131.0	717.6	231.3	1.939

表 3-5-9 和图 3-5-10~图 3-5-12 表明,抱杆的最大位移、最大应力随长细比的增大而增大,而屈曲因子随长细比的增大而减小。

根据《架空输电线路施工抱杆通用技术条件及试验方法》中 5.1.2 表 2 抱杆安全系数表,查得屈服安全系数≥2.10,取 2.10 计算。容许使用应力 $[\sigma] = \frac{\sigma}{K}$。式中:$K$——抱杆屈服安全系数,$K = 2.10$;$\sigma$——抱杆材料的设计应力,$N/mm^2$。Q345 钢材强度设计值为 310 N/mm^2(按照 GB 50017—2003《钢结构设计规范》)。

根据这个条件,可以判断 46 m、48 m 抱杆最大应力超过了容许应力值。随着长细比的增大,最大位移变化非常大,挠曲度会很大,影响施工安全。又根据《架空输电线路施工抱杆通用技术条件及试验方法》中 5.1.2 表 2 抱杆安全系数表,查得稳定安全系数 ≥ 2.50,取 2.50 计算。可以判断 46 m、48 m 抱杆的最小屈曲因子小于 2.50,偏于危险。

综上表明,长细比太大,对抱杆安全不利,可以设定内悬浮外拉线抱杆的最大长细比为 120。

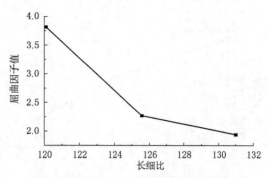

图 3-5-12 屈曲因子随长细比变化示意图

5. 外拉线角度

外拉线角度指外拉线的对地夹角。

分析方法:取抱杆最大工作高度为 120 m,风荷载为 10 m/s,吊重为 8 t,起吊绳与竖直方向夹角为 15°,控制绳与水平方向夹角为 45°,抱杆倾斜角度全部选 0°,外拉线对地夹角分别取 30°、45°、60°,承托绳与竖直线夹角取 45°。研究内悬浮外拉线抱杆施工时合适的外拉线角度。

提取抱杆的最大位移、最大应力及屈曲因子见表 3-5-10。最大位移、最大应力和屈曲因子随外拉线打设角度变化分别见图 3-5-13~图 3-5-15。

表 3-5-10 外拉线不同打设角度的计算结果

外拉线角度(°)	最大位移(mm)	最大应力(MPa)	屈曲因子
30	66.7	71.0	4.097
45	112.1	72.8	3.814
60	246.8	83.1	3.358

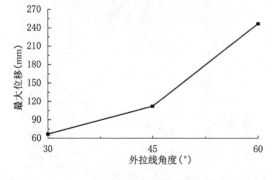 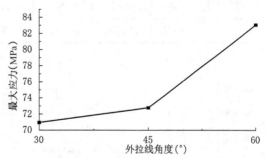

图 3-5-13 最大位移随外拉线打设角度变化示意图　图 3-5-14 最大应力随外拉线打设角度变化示意图

图 3-5-13、图 3-5-14 表明,抱杆最大位移和最大应力随外拉线打设角度的增大而增大。

图 3-5-15 表明,抱杆屈曲因子随外拉线打设角度的增大而减小。

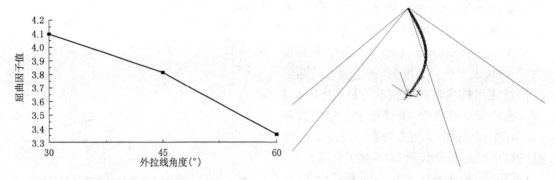

图 3-5-15　屈曲因子随外拉线打设角度变化示意图　　图 3-5-16　外拉线 45°时抱杆一阶屈曲模态

表 3-5-11 列出了外拉线 45°时抱杆的前五阶屈曲因子。图 3-5-16 是外拉线 45°时抱杆的一阶屈曲模态。

表 3-5-11　外拉线 45°时抱杆前五阶屈曲因子

阶数	屈曲因子
1	3.814
2	3.823
3	9.596
4	9.600
5	9.669

外拉线角度变化时,外拉线和承托绳的拉力如表 3-5-12 所示。

表 3-5-12　外拉线不同角度的承托绳和外拉线拉力

外拉线角度(°)	承托绳拉力(N)				外拉线拉力(N)			
	2401	2402	2403	2404	2405	2406	2407	2408
30°	90 657	89 996	88 820	89 473	27 796	27 869	1 151.9	1 160.5
45°	96 060	96 059	95 879	95 880	32 910	33 033	0	0
60°	109 130	108 330	108 190	108 980	47 498	47 776	0	0

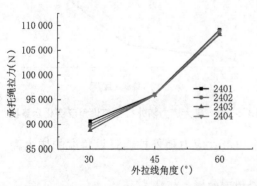

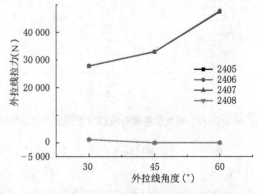

图 3-5-17　承托绳拉力随外拉线打设角度变化示意图　　图 3-5-18　外拉线拉力随外拉线打设角度变化示意图

表 3-5-12 和图 3-5-17、图 3-5-18 表明,承托绳、外拉线拉力随外拉线打设角度的增加而增加。

综上所述,外拉线对地夹角越小,抱杆最大位移和最大应力减小,抱杆屈曲因子增大,外拉线和承托绳的拉力都减小。外拉线角度越小,外拉线长度也越长,其对施工场地的要求也越高,故也有不利之处,所以一般取外拉线对地夹角为 45°。

6. 承托绳角度

承托绳角度指其与竖直线夹角。

承托绳安全性评估的研究方法与外拉线一样。取单一变量分析,当承托绳为安全评价指标时,外拉线对地夹角取 45°。承托绳与竖直夹角分别取 30°、45°、60°。

表 3-5-13 承托绳不同打设角度的计算结果

承托绳角度(°)	最大位移(mm)	最大应力(MPa)	屈曲因子
30	104.4	72.9	3.806
45	112.1	72.7	3.814
60	130.5	72.7	3.833

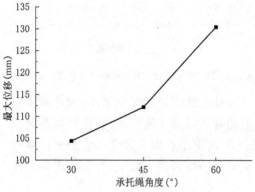

图 3-5-19 最大位移随承托绳打设角度变化示意图

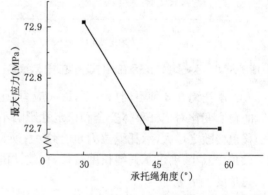

图 3-5-20 最大应力随承托绳打设角度变化示意图

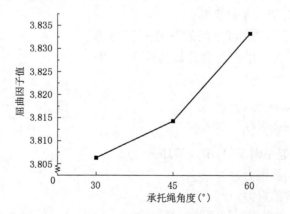

图 3-5-21 屈曲因子随承托绳打设角度变化示意图

承托绳角度变化时,承托绳和外拉线的拉力如表 3-5-14 所示。

表 3-5-14　不同角度的承托绳和外拉线拉力

承托绳角度(°)	承托绳拉力(N)				外拉线拉力(N)			
	2401	2402	2403	2404	2405	2406	2407	2408
30	77 213	77 213	76 909	76 909	32 872	32 995	0	0
45	96 060	96 059	95 879	95 880	32 910	33 033	0	0
60	131 660	131 660	131 580	131 580	32 993	33 116	0	0

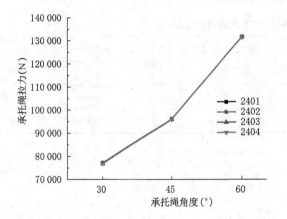

图 3-5-22　承托绳拉力随承托绳打设角度变化示意图

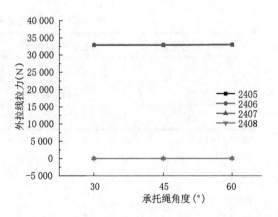

图 3-5-23　外拉线拉力随承托绳打设角度变化示意图

承托绳在 3 种不同角度下,最大应力、屈曲因子和外拉线的拉力变化很小,因此承托绳的角度变化对抱杆整体安全和稳定性影响不大。但随着承托绳角度的增大,抱杆的最大位移也会随之增大,承托绳拉力也会增大,所以承托绳的角度小点偏于安全。但是承托绳打设角度减小,要求承托绳长度较长,在建铁塔需要组立到一定高度。综上所述,一般取承托绳角度小于等于 45°。

7. 起吊绳角度、控制绳角度

分片分段吊装时,绑扎吊件处的控制绳应采用左右各 1 根钢丝绳,2 根钢丝绳对地夹角必须保持稳定,以保证塔片平稳提升。

根据起吊绳、吊重和控制绳之间的平衡关系,可以得出施加在抱杆上的力。吊件受力分析如图 3-5-24 所示。

$$\begin{cases} F\cos\omega = T\sin\beta \\ F\sin\omega + G = T\cos\beta \end{cases} \qquad (3\text{-}5\text{-}7)$$

式中:T——起吊绳(起吊滑车组、吊点绳)的合力;

F——控制绳的静张力合力;

G——被吊构件的重力;

β——起吊滑车组轴线与铅垂线间的夹角(°);

ω——控制绳对地夹角(°)。

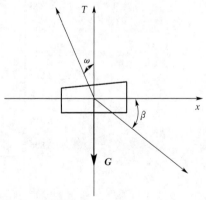

图 3-5-24　吊件受力分析

解得控制绳合力计算式：

$$F = \frac{\sin\beta}{\cos(\beta+\omega)}G \qquad (3-5-8)$$

起吊绳合力计算式：

$$T = \frac{\cos\omega}{\cos(\beta+\omega)}G \qquad (3-5-9)$$

起吊绳拉力随控制绳对地夹角和起吊绳与铅垂线夹角变化见表3-5-15。

表3-5-15　T 随 ω 及 β 的变化（N）

控制绳对地夹角 ω(°)	起吊绳与铅垂线夹角 β(°)						
	5	8	10	15	20	25	30
30	98 945	102 856	105 805	114 623	126 093	141 308	162 102
35	100 078	104 825	108 419	119 268	133 660	153 328	181 403
40	101 390	107 145	111 536	124 994	143 388	169 642	209 619
45	102 954	109 964	115 378	132 356	156 590	193 491	255 692
50	104 883	113 524	12 031	142 347	175 891	232 434	346 438
55	107 362	118 243	127 020	156 952	207 407	309 136	615 920
60	110 726	124 918	136 819	180 802	269 481	536 912	760 000

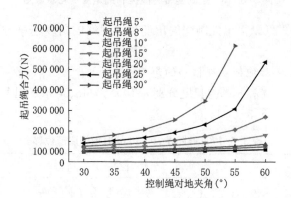

图3-5-25　起吊绳随控制绳角度变化示意图

同理，控制绳的拉力随控制绳对地夹角和起吊绳与铅垂线夹角变化见表3-5-16。

表3-5-16　F 随 ω 及 β 的变化（N）

控制绳对地夹角 ω(°)	起吊绳与铅垂线夹角 β(°)						
	5	8	10	15	20	25	30
30	9 957	16 529	21 215	34 256	49 798	68 958	93 590
35	10 648	17 810	22 983	37 684	55 807	79 105	110 726

续表 3-5-16

控制绳对地夹角 $\omega(°)$	起吊绳与铅垂线夹角 $\beta(°)$						
	5	8	10	15	20	25	30
40	11 535	19 466	25 283	42 231	64 019	93 590	136 819
45	12 689	21 643	28 334	48 445	75 741	115 644	180 801
50	14 221	24 580	32 503	57 316	93 590	152 820	269 481
55	16 313	28 690	38 454	70 822	123 675	227 775	536 912
60	19 300	34 770	47 516	93 590	184 336	453 818	750 000

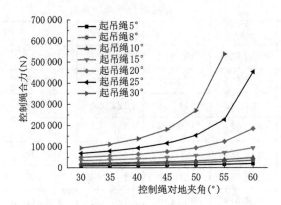

图 3-5-26　控制绳合力随控制绳角度变化示意图

从表中数据和公式可以得出控制绳的角度和起吊绳的角度越小,控制绳和起吊绳的拉力越小。

8. 承托绳长度变化对抱杆底部位移的影响

承托绳打设角度在 30°和 45°时,长度分别为 10 m、20 m、30 m 的计算分析见表 3-5-17~表 3-5-22、图 3-5-27~图 3-5-32。

表 3-5-17　承托绳 30°/10 m 时抱杆底部位移　　　　单位:mm

节点	位移			
	u_x	u_y	u_z	u_{sum}
1	−0.06	−7.17	1.71	7.38
42	−0.04	−7.17	1.61	7.35
83	0.05	−8.43	1.63	8.57
124	0.04	−8.42	1.72	8.59

表 3-5-18　承托绳 30°/20 m 时抱杆底部位移　单位:mm

节点	位　　移			
	u_x	u_y	u_z	u_{sum}
1	−0.06	−15.33	1.83	15.44
42	−0.04	−15.33	1.73	15.43
83	0.05	−16.69	1.75	16.78
124	0.04	−16.69	1.84	16.79

表 3-5-19　承托绳 30°/30 m 时抱杆底部位移　单位:mm

节点	位　　移			
	u_x	u_y	u_z	u_{sum}
1	−0.06	−23.57	1.95	23.65
42	−0.04	−23.56	1.85	23.64
83	0.06	−25.04	1.87	25.11
124	0.04	−25.04	1.97	25.12

表 3-5-20　承托绳 45°/10 m 时抱杆底部位移　单位:mm

节点	位　　移			
	u_x	u_y	u_z	u_{sum}
1	−0.05	−12.02	0.96	12.06
42	−0.02	−12.01	0.90	12.05
83	0.04	−13.33	0.93	13.36
124	0.02	−13.33	0.99	13.37

表 3-5-21　承托绳 45°/20 m 时抱杆底部位移　单位:mm

节点	位　　移			
	u_x	u_y	u_z	u_{sum}
1	−0.05	−25.53	1.08	25.55
42	−0.02	−25.53	1.01	25.55
83	0.04	−27.03	1.04	27.05
124	0.02	−27.04	1.10	27.06

表 3-5-22　承托绳 45°/30 m 时抱杆底部位移　　　　　　单位：mm

节点	位　　移			
	u_x	u_y	u_z	u_{sum}
1	−0.05	−39.17	1.18	39.19
42	−0.02	−39.18	1.12	39.18
83	0.04	−40.87	1.14	40.88
124	0.01	−40.87	1.20	40.89

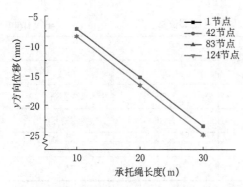

图 3-5-27　承托绳 30°时抱杆底部 y 方向位移随承托绳长度变化示意图

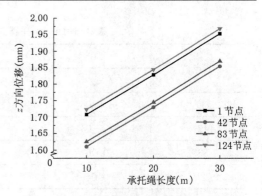

图 3-5-28　承托绳 30°时抱杆底部 z 方向位移随承托绳长度变化示意图

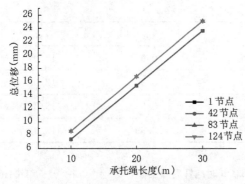

图 3-5-29　承托绳 30°时抱杆底部总位移随承托绳长度变化示意图

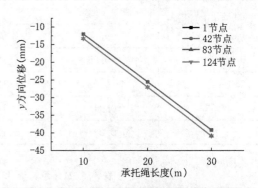

图 3-5-30　承托绳 45°时抱杆底部 y 方向位移随承托绳长度变化示意图

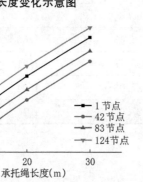

图 3-5-31　承托绳 45°时抱杆底部 z 方向位移随承托绳长度变化示意图

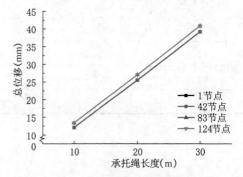

图 3-5-32　承托绳 45°时抱杆底部总位移随承托绳长度变化示意图

综合分析得到,承托绳打设角度增大、长度增加,抱杆底部位移随之增大。分析得到的位移以竖直方向(y方向)为主,横向位移较小。然而横向位移是影响抱杆安全性能的主要指标,由计算看出,横向位移并不明显。工程中承托绳的长度一般随打设角度方便而定,一般不超过 20 m。

三、动力分析

1. 模态分析

模态分析是研究结构动力特性的一种近代方法,是系统辨别方法在工程振动领域中的应用。模态是结构的固有振动特性,每一个模态都具有特定的固有频率和模态振型。振动模态是弹性结构固有的、整体的特性。通过模态分析方法搞清楚了结构物在某一易受影响的频率范围内各阶主要模态的特性,就可以预言结构在此频段内在外部或内部各种振源作用下产生的实际振动响应。因此,模态分析是结构动态设计的重要方法。

运用 ANSYS 的模态分析功能对建立的悬浮抱杆有限元模型进行模态分析,计算得到前五阶主要振型及固有频率。由于抱杆模型关于 xOz 平面对称,所以二、三阶模态的固有频率是相同的,四、五阶也同样如此。悬浮抱杆的各阶模态固有频率及周期如表 3-5-23 所示,前五阶模态阵型如图 3-5-33~图 3-5-37 所示。

因为抱杆两端都是由钢绞线连接,各连接点都可以看作铰接,结构具有不稳定性,所以导致一阶阵型为扭转,这与大多数工程结构一阶阵型为弯曲变形不同。实际工程中,悬浮抱杆可以通过给外拉线和承托绳打设预紧力的方式来提高其整体抗扭刚度,从而降低该阶振型对结构的影响。

表 3-5-23　悬浮抱杆的模态分析结果

模态序号	固有频率(Hz)	周期(s)	振型描述
1	0.001 5	666.7	一阶扭转
2	0.996	1.004	一阶横向弯曲
3	0.996	1.004	一阶纵向弯曲
4	2.798	0.357	二阶横向弯曲
5	2.798	0.357	二阶纵向弯曲

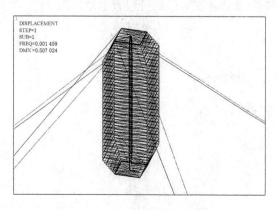

图 3-5-33　一阶阵型(一阶扭转)

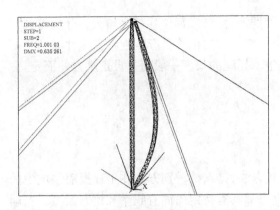

图 3-5-34　二阶振型（一阶横向弯曲）

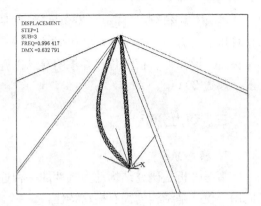

图 3-5-35　三阶振型（一阶纵向弯曲）

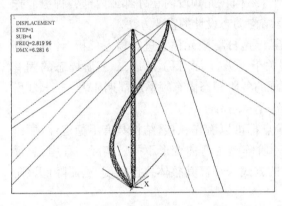

图 3-5-36　四阶振型（二阶横向弯曲）

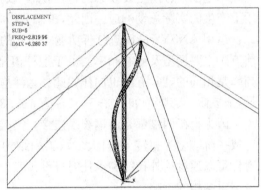

图 3-5-37　五阶振型（二阶纵向弯曲）

2. 风荷载模拟

本文采用线性滤波法模拟风速时程，风速谱采用 Kaimal 谱，以安徽地区为例，地面粗糙类别为 B 类，地面粗糙度取 0.03，10 m 高度处的 10 min 平均风速取 10 m/s（5 级风）。利用 MATLAB 软件编程模拟得到不同高度处的风速时程曲线。根据悬浮抱杆最大工作高度 120 m，将其分为 6 段，上下锥段各 1 段，中间标准节分为 4 段，分别模拟各段中点所在高度处的风速时程。由于篇幅所限，以下仅列举了 94.3 m 高度、110.3 m 高度（抱杆中段标准节 2 处高度）的脉动风速时程，2 处高度对应抱杆位置示意如图 3-5-38 所示，脉动风速时程分

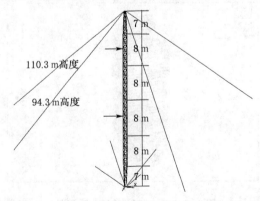

图 3-5-38　94.3 m、110.3 m 高度对应抱杆位置示意图

别如图 3-5-39、图 3-5-40 所示。

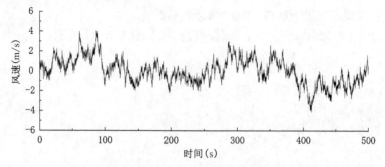

图 3-5-39　94.3 m 高度处风速时程

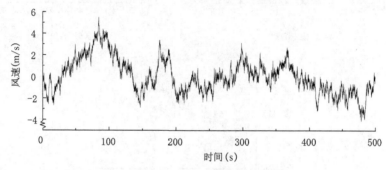

图 3-5-40　110.3 m 高度处风速时程

在 t 时刻，作用于抱杆 i 段的风荷载可以按下式计算：

$$p_i(t) = \frac{1}{2}\rho V_i(t)^2 = \frac{1}{2}\rho[\bar{V}_i + V_i(t)]^2 \approx \frac{1}{2}\rho\bar{V}_i^2 + \rho\bar{V}_iV_i(t) \qquad (3\text{-}5\text{-}10)$$

式中，ρ 为空气密度，取 1.25 kg/m³；$\bar{V}_i$ 和 $V_i(t)$ 分别为 i 段的平均风速和脉动风速。

根据起重机设计规范，作用在抱杆上的工作状态下的风荷载按下式计算：

$$P_i = Cp_i(t)A_i \qquad (3\text{-}5\text{-}11)$$

于是，可以得出：

$$P_i = \bar{P}_i + P_i(t) = \frac{1}{2}\rho C\bar{V}_i^2 A_i + \rho C\bar{V}_iV_i(t)A_i \qquad (3\text{-}5\text{-}12)$$

式中，C 为风力系数，A_i 为实体迎风面积，$\bar{P}_i$ 和 $P_i(t)$ 分别为 i 段的平均风荷载和脉动风荷载。查起重机设计规范，取风力系数 $C = 1.7$，计算得到各段实体迎风面面积 A_i，代入式(3-5-12) 便可得到抱杆各段的风荷载时程曲线。

3. 倾斜角指标动力分析

由风荷载时程，利用 ANSYS 有限元软件中的瞬态动力分析(时间历程分析)功能，将风荷载时程曲线导入 ANSYS 并施加于结构，对悬浮抱杆进行动力时程分析。动力分析的内容包括：5 种工况下节点的位移时程、各节点位移均值和标准差的比较、外拉线和承托绳的拉力时程、动力计算结果与静力比较。

(1) 5 种工况下抱杆底部、中部、顶部位移时程分析抱杆节点分别选择抱杆底部 1 节点、中部 1291 节点和顶部 3599 节点,通过 ANSYS 时间历程后处理,得到各工况下底部、中部、顶部位移时程。

0°倾角工况下,1、1291、3599 节点位移时程曲线如图 3-5-41 所示。

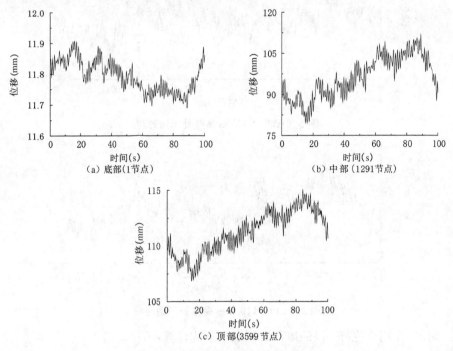

图 3-5-41　0°倾角各部分位移时程曲线

5°倾角工况下,1、1291、3599 节点位移时程曲线如图 3-5-42 所示。

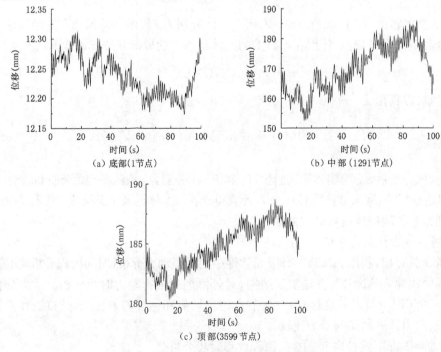

图 3-5-42　5°倾角各部分位移时程曲线

10°倾角工况下，1、1291、3599 节点位移时程曲线如图 3-5-43 所示。

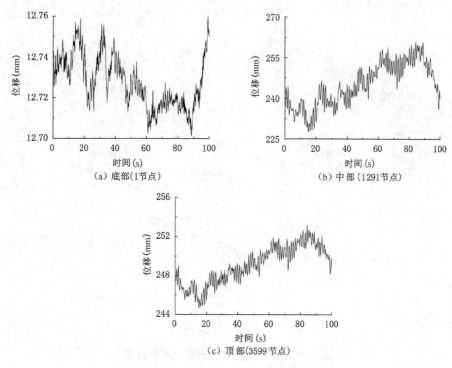

图 3-5-43　10°倾角各部分位移时程曲线

15°倾角工况下，1、1291、3599 节点位移时程曲线如图 3-5-44 所示。

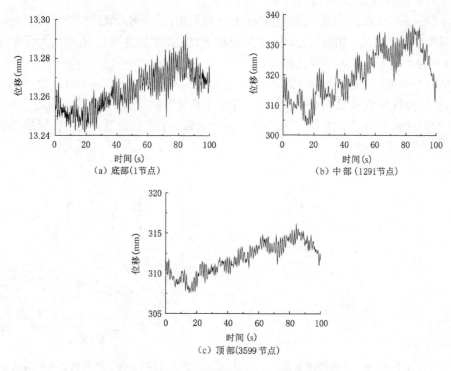

图 3-5-44　15°倾角各部分位移时程曲线

20°倾角工况下,1、1291、3599 节点位移时程曲线如图 3-5-45 所示。

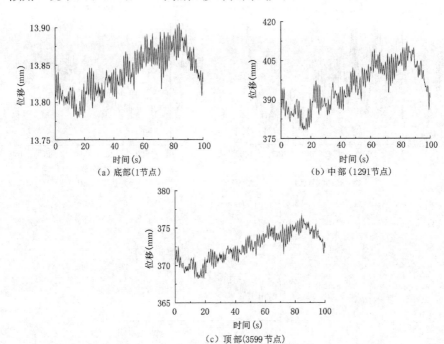

图 3-5-45 20°倾角各部分位移时程曲线

对比同一工况抱杆各部分位移时程可以看出:抱杆中、顶部位移响应较大,底部位移响应较小。由于抱杆顶部外拉线相对底部承托绳较长,所以顶部位移响应比底部大很多,抱杆中部没有其他约束,因此位移响应也很大。

对比以上 5 种工况抱杆同一部分位移时程可以看出:随着抱杆倾角的增大,抱杆各部分位移波动幅度也随之增大。相较而言,中、顶部位移增大的幅度较为明显,底部增大幅度很小。

(2)5 种工况下抱杆各节点位移对比

将抱杆分为底部、顶部锥段各为一段,中部标准节均分为 8 段,共 10 段,由下到上取 11 个节点,抱杆分段示意如图 3-5-46 所示。将 5 种工况下各节点 100 s 内位移的平均值和标准差(标准差反映某节点位移的波动程度)进行比较,各节点位移平均值、标准差分别如图 3-5-47、图 3-5-48 所示。

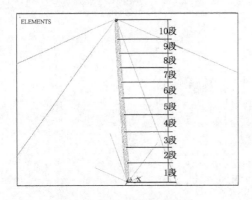

图 3-5-46 抱杆分段示意

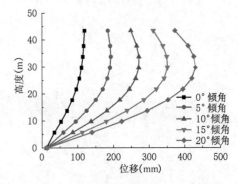

图 3-5-47 各工况节点位移平均值

通过 5 种工况位移平均值的比较可以看出:随着抱杆倾角的增加,抱杆各部分位移随之增加,节点位移最大值随之下移,抱杆的弯曲程度也随之增加。这是由于抱杆的长细比和吊重较大,所以当抱杆倾角增大时,抱杆由受压构件逐渐向压弯构件转变,导致上述现象的发生。因此,抱杆在工作状态下吊重较大时,抱杆的倾角不宜过大,避免引发安全事故。

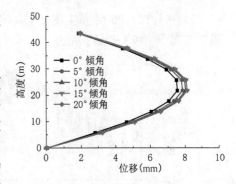

图 3-5-48　各工况节点位移标准差

通过 5 种工况位移标准差的比较可以看出:5 种工况下抱杆中部标准差都最大,越往两端标准差越小,底部基本为零。图 3-5-48 说明在风荷载的作用下,抱杆中部位移的波动幅度最大,顶部和底部位移波动幅度很小,这同样与抱杆底部承托绳相对顶部外拉线长度较短有关。另外,随着抱杆的倾斜角增大,各部分位移标准差均有所增大,说明随着抱杆倾斜角的增大,抱杆的稳定性随之降低。

(3)5 种工况下抱杆承托绳和外拉线拉力时程

0°倾角工况下,承托绳及外拉线拉力时程曲线如图 3-5-49 所示。外拉线 2407、2408 单元拉力为 0,不在此给出时程曲线。

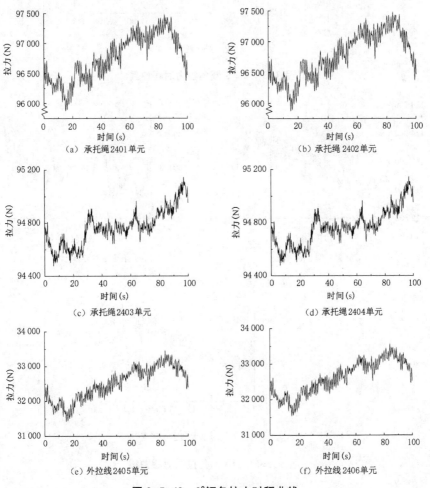

(a)承托绳 2401 单元　　　　　　(b)承托绳 2402 单元

(c)承托绳 2403 单元　　　　　　(d)承托绳 2404 单元

(e)外拉线 2405 单元　　　　　　(f)外拉线 2406 单元

图 3-5-49　0°倾角拉力时程曲线

5°、10°、15°、20°倾角工况下，承托绳 2401、2403 单元和外拉线 2405 单元拉力时程如图 3-5-50～图 3-5-53 所示。

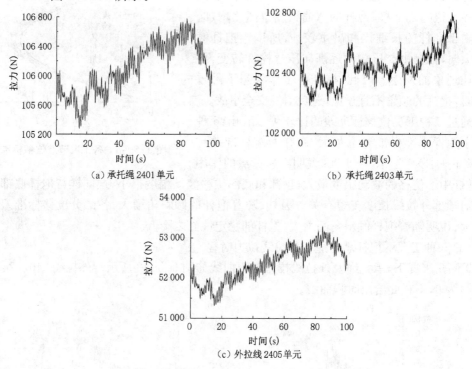

（a）承托绳 2401 单元　　　　　　　　　（b）承托绳 2403 单元

（c）外拉线 2405 单元

图 3-5-50　5°倾角拉力时程曲线

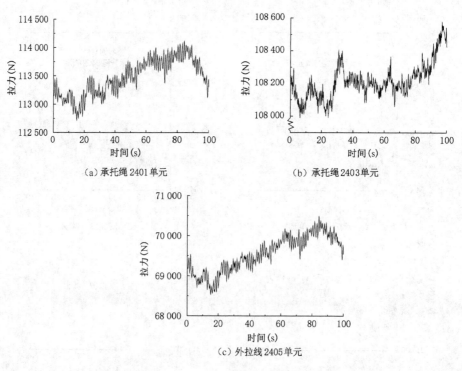

（a）承托绳 2401 单元　　　　　　　　　（b）承托绳 2403 单元

（c）外拉线 2405 单元

图 3-5-51　10°倾角拉力时程曲线

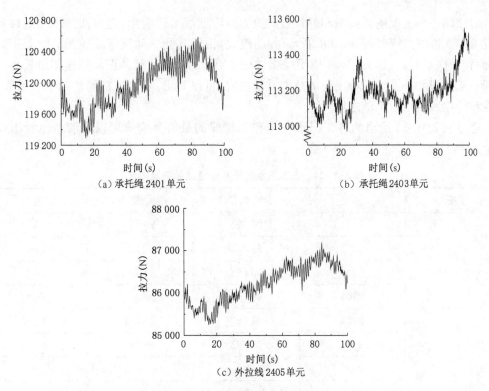

（a）承托绳 2401 单元

（b）承托绳 2403 单元

（c）外拉线 2405 单元

图 3-5-52　15°倾角拉力时程曲线

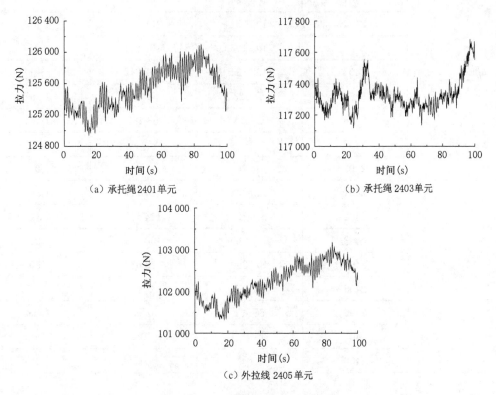

（a）承托绳 2401 单元

（b）承托绳 2403 单元

（c）外拉线 2405 单元

图 3-5-53　20°倾角拉力时程曲线

对比同一种工况的承托绳和外拉线的拉力时程曲线可以看出：迎风面的承托绳（2401、2402 单元）和外拉线（2405、2406 单元）波动较大，说明其受脉动风荷载的振动响应相对较大，而背风面承托绳（2403、2404 单元）波动较小，受到脉动风荷载的振动响应相对较小。对比同一承托绳和外拉线 5 种工况的拉力时程曲线，可以看出：随着抱杆倾斜角度的增大，承托绳和外拉线的拉力也随之增大。

通过表 3-5-24 给出的各工况承托绳和外拉线的最值及幅值可以更清晰地看出以上结论。

表 3-5-24　各工况承托绳和外拉线最值及幅值

工况	单元	最小值(N)	最大值(N)	幅值(N)
0°倾角	2401	97 025	98 587	1 562
	2402	97 025	98 587	1 562
	2403	95 658	96 306	648
	2404	95 658	96 306	648
	2405	33 757	35 714	1 957
	2406	33 883	35 848	1 965
	2407	0	0	0
	2408	0	0	0
5°倾角	2401	105 284	106 767	1 483
	2402	105 284	106 767	1 483
	2403	102 190	102 811	621
	2404	102 191	102 812	621
	2405	51 323	53 290	1 967
	2406	51 515	53 489	1 974
	2407	0	0	0
	2408	0	0	0
10°倾角	2401	112 722	114 117	1 395
	2402	112 722	114 117	1 395
	2403	107 989	108 579	590
	2404	107 990	108 580	590
	2405	68 535	70 492	1 957
	2406	68 791	70 755	1 964
	2407	0	0	0
	2408	0	0	0

续表 3-5-24

工况	单元	最小值(N)	最大值(N)	幅值(N)
15°倾角	2401	119 293	120 581	1 288
	2402	119 293	120 581	1 288
	2403	112 976	113 553	577
	2404	112 978	113 555	577
	2405	85 253	87 175	1 922
	2406	85 571	87 501	1 930
	2407	0	0	0
	2408	0	0	0
20°倾角	2401	124 947	126 095	1 148
	2402	124 947	126 095	1 148
	2403	117 116	117 683	567
	2404	117 118	117 684	566
	2405	101 332	103 182	1 850
	2406	101 710	103 568	1 858
	2407	0	0	0
	2408	0	0	0

（4）动力和静力结果对比

① 动力最大值与静力计算结果的比较

以下分别给出抱杆在动力风荷载作用下计算结果最大值与静力风荷载作用下计算结果的比较，比较结果分别如表 3-5-25～表 3-5-27 所示。

表 3-5-25　承托绳拉力动力最大值与静力比较

抱杆倾角 (°)	单元 2401		单元 2402		单元 2403		单元 2404	
	动(N)	静(N)	动(N)	静(N)	动(N)	静(N)	动(N)	静(N)
0	98 587	96 060	98 587	96 059	96 306	95 874	96 306	95 880
5	106 767	104 390	106 767	104 390	102 811	102 490	102 812	102 490
10	114 117	111 900	114 117	111 900	108 579	108 360	108 580	108 360
15	120 581	118 550	120 581	118 550	113 553	113 440	113 555	113 450
20	126 095	124 280	126 095	124 280	117 684	117 680	117 684	117 680

表 3-5-26　外拉线拉力动力最大值与静力比较

抱杆倾角 (°)	单元 2405		单元 2406		单元 2407		单元 2408	
	动(N)	静(N)	动(N)	静(N)	动(N)	静(N)	动(N)	静(N)
0	35 714	32 910	35 848	33 033	0	0	0	0
5	53 290	50 465	53 489	50 653	0	0	0	0

续表 3-5-26

抱杆倾角 (°)	单元 2405		单元 2406		单元 2407		单元 2408	
	动(N)	静(N)	动(N)	静(N)	动(N)	静(N)	动(N)	静(N)
10	70 492	67 668	70 755	67 921	0	0	0	0
15	87 175	84 379	87 501	84 694	0	0	0	0
20	103 182	100 460	103 568	100 830	0	0	0	0

表 3-5-27　动力与静力抱杆位移最大值比较

抱杆倾角 (°)	最大位移(mm)	
	动	静
0	126.74	112.14
5	205.87	202.38
10	286.27	246.67
15	367.01	323.76
20	446.30	401.55

对比动力计算和静力计算结果,位移及外拉线、承托绳拉力的动力分析结果总体要比静力计算稍大,因为静力计算中的风荷载采用的是 10 m/s(10 min)的平均风速计算得到的,也就是说静力计算的结果是风荷载作用下的平均值,而动力计算的结果取的是 100 s 内的最大值,所以动力计算的结果要比静力计算稍大,这体现了动力放大效应。

② 动力平均值与静力计算结果的比较

以下分别给出抱杆在动力风荷载作用下计算结果平均值与静力风荷载作用下计算结果的比较,比较结果见表 3-5-28、表 3-5-29 所示。

表 3-5-28　承托绳拉力动力平均值与静力的比较

抱杆倾角 (°)	单元 2401		单元 2402		单元 2403		单元 2404	
	动(N)	静(N)	动(N)	静(N)	动(N)	静(N)	动(N)	静(N)
0	97 892	96 060	97 892	96 059	95 939	95 874	95 940	95 880
5	105 743	104 390	106 094	104 390	102 445	102 490	102 446	102 490
10	113 471	111 900	113 471	111 900	108 214	108 360	108 215	108 360
15	119 969	118 550	119 969	118 550	113 190	113 440	113 192	113 450
20	125 541	124 280	125 541	124 280	117 324	117 680	117 326	117 680

表 3-5-29　外拉线拉力动力平均值与静力的比较

抱杆倾角 (°)	单元 2405		单元 2406		单元 2407		单元 2408	
	动(N)	静(N)	动(N)	静(N)	动(N)	静(N)	动(N)	静(N)
0	34 798	32 910	34 928	33 033	0	0	0	0
5	52 354	50 465	52 549	50 653	0	0	0	0

续表 3-5-29

抱杆倾角 (°)	单元 2405		单元 2406		单元 2407		单元 2408	
	动(N)	静(N)	动(N)	静(N)	动(N)	静(N)	动(N)	静(N)
10	69 542	67 668	69 802	67 921	0	0	0	0
15	86 223	84 379	86 545	84 694	0	0	0	0
20	102 256	100 460	102 639	100 830	0	0	0	0

通过动力平均值与静力计算结果的比较可以看出:两者相对接近,说明动力计算的结果与静力计算的结果是比较吻合的。因此,内悬浮外拉线抱杆的结构动力分析可以作为静力分析的验证和补充,抱杆倾斜角的评价指标可以取静力计算的结论,即最大倾斜角度不超过 10°。

4. 外拉线打设角度指标动力分析

外拉线打设角度指标分析方法与静力的方法相似,即抱杆最大工作高度为 120 m,吊重为 8 t,起吊绳与竖直方向夹角为 15°,控制绳与水平方向夹角为 45°,抱杆倾斜角度全部选 0°,外拉线与水平面的夹角分别取 30°、45°、60°,承托绳对竖直方向的夹角取 45°,风荷载仍采用上文中的计算结果。

(1)3 种工况下抱杆各节点位移对比

这里仍将抱杆分为 10 段,取 11 个节点,同倾斜角指标的分析方法。3 种工况下各节点位移平均值、标准差分别如图 3-5-54、图 3-5-55 所示。

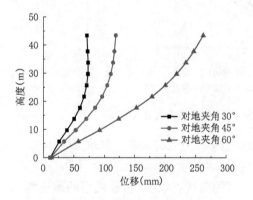
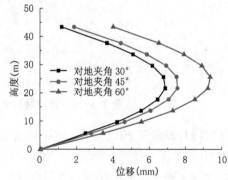

图 3-5-54 各工况节点位移平均值　　　　图 3-5-55 各节点位移标准差

通过以上 3 种工况位移平均值的比较可以看出:随着外拉线对地角度的增加,抱杆各部分位移随之增加。由此说明:通过减小外拉线对地打设角度可以有效地控制抱杆工作状况下发生的位移,但考虑到打设角度变小会增加外拉线长度,对施工造成不便。综合上述因素,当抱杆工作状态下的位移满足设计要求时,可以适当增大外拉线打设角度,从而为施工带来方便;当抱杆工作状态下的位移过大时,可以通过减小外拉线打设角度有效减小抱杆位移。

通过 3 种工况位移标准差的比较得出:各工况下抱杆中部标准差都最大,越往两端标准差越小,底部基本为零。说明在风荷载的作用下,抱杆中部位移的波动幅度最大,底部位移波动幅度很小。从图 3-5-55 还可以看出,抱杆各段位移标准差随着外拉线对地打设角度的增大而增大,说明:随着外拉线打设角度的增大,抱杆的稳定性随之降低。因此,通过减小外拉线打设角度可以减小抱杆在风荷载作用下的振动。

(2) 3种工况下抱杆外拉线和承托绳拉力时程

外拉线打设角度30°工况下,只给出承托绳2401、2403单元和外拉线2405单元拉力时程曲线,如图3-5-56所示。

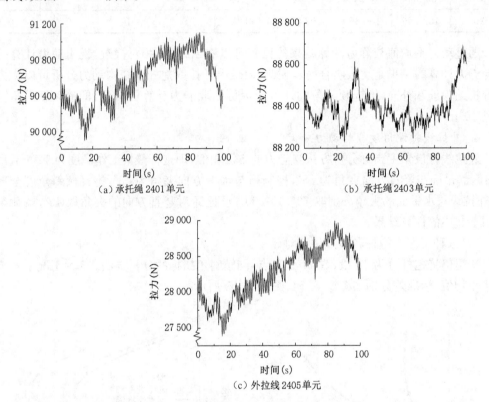

(a) 承托绳2401单元

(b) 承托绳2403单元

(c) 外拉线2405单元

图3-5-56　外拉线打设角度30°工况拉力时程曲线

外拉线打设角度60°工况下,同样只给出承托绳2401、2403单元和外拉线2405单元拉力时程曲线,如图3-5-57所示。

对比同一种工况的承托绳和外拉线的拉力时程曲线可以看出:迎风面的承托绳(2401、2402单元)和外拉线(2405、2406单元)波动较大,这与抱杆倾斜角度指标分析中的结论是一样的。对比3种工况下同一外拉线和承托绳的拉力时程曲线可以看出:随着抱杆外拉线对地打设角度的增大,外拉线和承托绳的拉力也随之增大。

通过下面给出的各工况承托绳和外拉线的最值及幅值同样可以更清晰地看出以上结论,各工况承托绳和外拉线最值及幅值如表3-5-30所示。另外,从表3-5-30中还可以看出,随着外拉线打设角度的增大,承托绳和外拉线的幅值也随之增大,说明抱杆的稳定性有所降低。

综上所述,减小外拉线对地的打设角度,可以增强抱杆的稳定性,增加施工的安全性,但应该结合实际地形综合考虑。

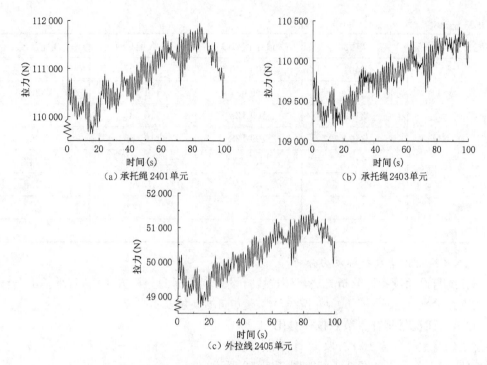

（a）承托绳 2401 单元　　　　　（b）承托绳 2403 单元

（c）外拉线 2405 单元

图 3-5-57　外拉线打设角度 60°工况拉力时程曲线

表 3-5-30　各工况承托绳和外拉线最值及幅值

外拉线打设角度(°)	单元	最小值(N)	最大值(N)	幅值(N)
30	2401	89 896	91 098	1 202
	2402	89 896	91 098	1 202
	2403	88 233	88 688	455
	2404	88 233	88 688	455
	2405	27 402	28 993	1 591
	2406	27 471	29 066	1 595
	2407	0	0	0
	2408	0	0	0
45	2401	97 025	98 587	1 562
	2402	97 025	98 587	1 562
	2403	95 658	96 306	648
	2404	95 658	96 306	648
	2405	33 757	35 714	1 957
	2406	33 883	35 848	1 965
	2407	0	0	0
	2408	0	0	0

续表 3-5-30

外拉线打设角度(°)	单元	最小值(N)	最大值(N)	幅值(N)
60	2401	109 640	111 937	2 297
	2402	109 637	111 934	2 297
	2403	109 125	110 485	1 360
	2404	109 128	110 488	1 360
	2405	48 693	51 640	2 947
	2406	48 997	51 965	2 968
	2407	0	0	0
	2408	0	0	0

5. 承托绳打设角度指标动力分析

承托绳打设角度指标分析方法与外拉线打设角度指标的分析方法相同,承托绳与竖直方向的夹角分别取 30°、45°、60°,外拉线对竖直方向的夹角取 45°。

(1) 3 种工况下抱杆各节点位移对比

这里仍将抱杆分为 10 段,取 11 个节点,同倾斜角度的分析方法。3 种工况下各节点位移平均值、标准差分别如图 3-5-58、图 3-5-59 所示。

通过以上 3 种工况位移平均值的比较可以看出:随着承托绳对竖直方向夹角的增加,抱杆各部分位移随之增加,但位移增加的幅度不大。由此说明:通过减小承托绳对竖直方向夹角可以控制抱杆工作状况下发生的位移,但效果并不明显。

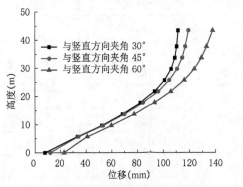

图 3-5-58　各节点位移平均值

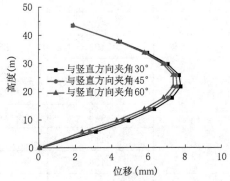

图 3-5-59　各节点位移标准差

通过 3 种工况位移标准差的比较得出:各工况下抱杆中部标准差都最大,越往两端标准差越小,底部基本为零,这与前文中抱杆倾斜角指标和外拉线打设角度指标中的规律是一样的,故不再做说明。从图 3-5-59 中还可以看出,抱杆各段位移标准差随着承托绳对竖直方向打设角度的增大而减小,说明:随着承托绳打设角度的增大,抱杆的稳定性随之增强。因此,通过增大承托绳打设角度可以减小抱杆在风荷载作用下的振动。

(2) 3 种工况下悬浮抱杆外拉线及承托绳拉力时程分析

承托绳打设角度 30°、60°工况下,同样只给出承托绳 2401、2403 单元和外拉线 2405 单元拉力时程曲线,如图 3-5-60、图 3-5-61 所示。

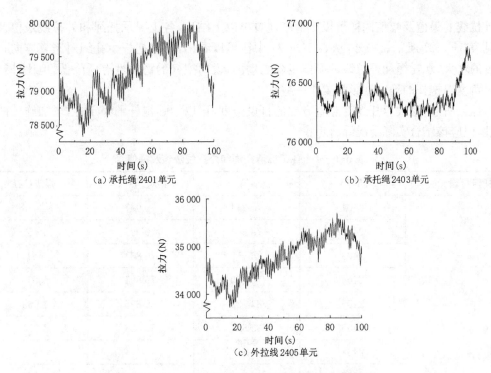

图 3-5-60　承托绳打设角度 30°工况拉力时程曲线

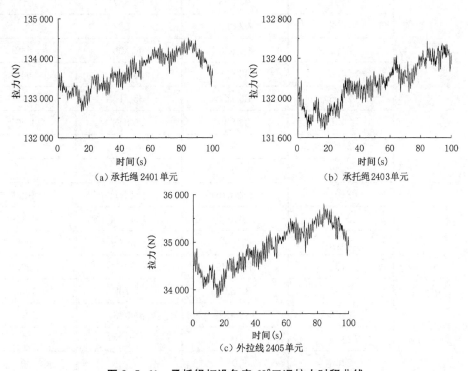

图 3-5-61　承托绳打设角度 60°工况拉力时程曲线

对比同一种工况的承托绳和外拉线的拉力时程曲线可以看出：随着抱杆承托绳对竖直方向打设角度的增大，外拉线和承托绳的拉力也随之增大。通过下面给出的各工况承托绳和外拉线的最值及幅值同样可以更清晰地看出以上结论,各工况承托绳和外拉线最值及幅值见表 3-5-31 所示。另外,从表 3-5-31 中还可以看出,随着抱杆承托绳对竖直方向打设角度的增大,承托绳和外拉线的幅值也随之增大,说明抱杆的稳定性有所降低,但比外拉线打设角度对抱杆的稳定性影响要小一些。

综上所述,增大承托绳对竖直方向的打设角度,可以增强抱杆的稳定性,增加施工的安全性,但应该结合实际情况综合考虑。

表 3-5-31　各工况承托绳和外拉线最值及幅值

承托绳打设角度(°)	单元	最小值(N)	最大值(N)	幅值(N)
30	2401	78 344	79 997	1 653
	2402	78 344	79 997	1 653
	2403	76 150	76 801	651
	2404	76 150	76 801	651
	2405	33 732	35 695	1 963
	2406	33 857	35 828	1 971
	2407	0	0	0
	2408	0	0	0
45	2401	97 025	98 587	1 562
	2402	97 025	98 587	1 562
	2403	95 658	96 306	648
	2404	95 658	96 306	648
	2405	33 757	35 714	1 957
	2406	33 883	35 848	1 965
	2407	0	0	0
	2408	0	0	0
60	2401	132 675	134 504	1 829
	2402	132 675	134 504	1 829
	2403	131 669	132 573	904
	2404	131 669	132 574	905
	2405	33 833	35 789	1 956
	2406	33 959	35 923	1 964
	2407	0	0	0
	2408	0	0	0

第四节　内悬浮外拉线抱杆安全评价总结

综上所述,可以得出内悬浮外拉线抱杆的定量安全评估指标:

(1) 抱杆垂直度小于 1/1 000。

(2) 抱杆吊重小于额定设计吊重。

(3) 抱杆的倾斜角度应控制在 10°以内。

(4) 抱杆的长细比不能超过 120。

(5) 抱杆的外拉线对地角度不要小于 45°。

(6) 抱杆的承托绳角度(与竖直方向)不要超过 45°。

(7) 抱杆控制绳的对地夹角应小于 45°,起吊绳与铅垂线夹角应小于 10°。

(8) 承托绳长度不超过 20 m。

(9) 抱杆的工作高度不超过 120 m。

第六章

内悬浮双摇臂抱杆安全评价

第一节　工程背景

浙北—福州特高压交流输变电工程线路工程起于浙江省湖州市浙北变电站,止于福建省福州市新建福州变电站。线路全长约 $2×597.9$ km,其中,浙北—浙中段线路长度为 $2×197.4$ km,浙中—浙南段线路长度为 $2×121.5$ km,浙南—福州段线路长度为 $2×279$ km。对于交通困难、地质条件较复杂的山区段或重覆冰区段线路,采用 2 个单回路架设,单回路架设长度为 $2×437.9$ km,同塔双回路架设长度为 $2×160$ km,单回路段全部采用角钢塔,双回路段全部采用钢管塔。本工程同塔双回路采用钢管塔设计,单基铁塔高度高,质量大。平均塔高超过 100 m,单基塔重平均超过 200 t。

在浙北—福州特高压交流输变电工程线路第一标段,由于双回路铁塔基本上全部在山地及高山大岭地带,施工运输极为困难,为此,根据现场条件采用内悬浮双摇臂分解组塔的施工方案,采用截面为 900 mm×900 mm、总高为 63 m、重 9.7 t、起重量为 $2×5$ t 的内悬浮双摇臂外拉线抱杆。作为一种重要的组塔方式,内悬浮双摇臂抱杆的安全性至关重要。而抱杆作为一种特种起重机械,国内还未形成一个施工过程中的安全评估标准。为了严格规范抱杆的使用,降低抱杆使用时的安全隐患,本部分依托皖电东送工程,结合浙北—福州特高压交流输变电工程线路进行内悬浮双摇臂抱杆的安全性评价研究。

一标段概况:一标段线路途经浙江省湖州市安吉县、德清县和杭州市余杭区,线路长度为 34.3 km,其中单回路长 $2×21.3$ km,双回路长 13 km。共有铁塔 104 基,其中单回路角钢塔 77 基,直线塔全部采用酒杯形塔,转角塔采用干字形塔。双回路钢管塔 27 基。

与其他类型的抱杆相比,内悬浮双摇臂抱杆具有以下特点:

(1) 双摇臂抱杆通过拉线锚固在地锚或者铁塔上,使得抱杆更加稳定,对于铁塔的组立具有更加可靠的安全性。

(2) 可进行两侧平衡吊装,单次吊装载荷大,吊装工作效率高。

(3) 可实现垂直吊装,降低了塔片在起吊过程中与已组立塔材碰撞的概率,提高了铁塔组立施工质量。

(4) 与落地式双摇臂抱杆组塔施工方法相比,减少了抱杆长度,节省了工器具制造、运输及安装费用。

内悬浮双摇臂抱杆(图 3-6-1)由主杆杆身、桅杆、腰箍、滑车组、内(外)拉线、承托绳以及转动连接构件组成,这些主要构件决定了内悬浮双摇臂抱杆的研究内容。它包括了主杆、摇臂以及桅杆的垂直度,标准节的直线度,抱杆长细比(包括主杆、桅杆和摇臂),腰环间距,腰环、拉线预紧力,内拉线承托绳打设角度,同样,吊重以及安装对抱杆安全性也会产生影响,因此提出吊重(包括偏载量、偏移角度)以及平衡吊某一摇臂上吊件就位时,另一摇臂上的吊件距就位点的高差指标。

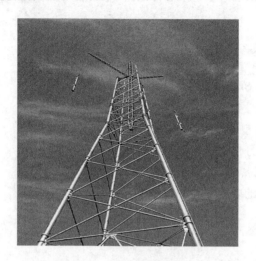

图 3-6-1　内悬浮双摇臂抱杆

研究从定性指标以及定量指标(通过计算模型提取包括腰环整体最大位移、腰环最大拉力、内拉线最大拉力、承托绳拉力、整体最大 Mises 应力以及屈曲因子等参数)来评价抱杆的安全可靠性。

第二节　抱杆参数和计算模型

研究所使用的抱杆截面为 1 m×1 m 截面内悬浮内拉线抱杆,额定吊重为 2×60 kN。抱杆总高度为 55.35 m,包括主杆下 3 m 锥段,17 段 2 m 标准节共计 34 m,桅杆包括 7 个标准节共计 14 m,以及上部 1 个 2.5 m 锥段。

抱杆主材使用∠90×8 单边角钢,局部采用∠100×10 单边角钢加强,斜腹杆采用∠50×5 单边角钢,直腹杆采用∠70×6 角钢;摇臂主弦杆采用∠63×5 角钢,斜腹杆采用∠50×5 角钢,直腹杆采用∠40×4 角钢。

建立抱杆的有限元模型时,调幅绳、承托绳、内拉线、腰环都使用 link10 单元,并施加 10 kN 预紧力。模型主杆使用的是 beam188 单元,次杆(包括横杆、腹杆以及加强杆)使用的是 link8 单元。计算模型如图 3-6-2 所示。

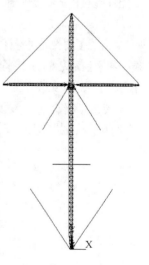

图 3-6-2　计算模型

第三节 内悬浮双摇臂抱杆安全评价指标

一、定性评价指标

1. 产品出厂所具备的必要文件内容

产品出厂所具备的必要文件内容同落地双平臂抱杆。

2. 绳索等构件尺寸型号包括的内容

绳索等构件尺寸型号包括的内容同落地双摇臂抱杆。

3. 整机外观检查包括的内容

整机外观检查包括的内容同单动臂抱杆。

二、定量评价指标

1. 主杆、桅杆、摇臂垂直度

依据中华人民共和国电力行业标准 DL/T 319—2010《架空输电线路施工抱杆通用技术条件及试验方法》，抱杆安装好后，经过提升组立，在自重作用后，抱杆标准节、主杆、桅杆、摇臂整体横向变形分别不超过抱杆标准节、主杆、桅杆、摇臂长度的 1/1 000，且不得出现扭转。

2. 吊重（包括偏载量、偏移角度）

施工方案吊重不超过抱杆设计资料规定的各工况最大吊重。偏载量乘摇臂长度不超过抱杆设计最大弯矩值。

3. 腰环间距

为了了解腰环对抱杆安全性能的影响，建立了 4 种荷载情况，即摇臂不旋转、90°风载 2.5 t 偏载，摇臂不旋转、90°风载平衡加载，摇臂旋转 45°、45°风载 2.5 t 偏载，摇臂旋转 45°、90°风载 2.5 t 偏载模型（计算结果见表 3-6-1 至表 3-6-4）。风荷载为 10 m/s，内拉线与承托绳对地夹角为 45°。摇臂不旋转、90°风载 2.5 t 偏载腰环打设在 20 m 处变形，主杆、桅杆轴力和弯矩分别见图 3-6-3、图 3-6-4、图 3-6-5。摇臂旋转 45°、45°风载 2.5 t 偏载腰环打设在 20 m 处变形见图 3-6-9。

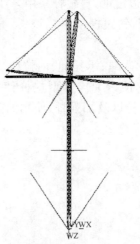

图 3-6-3 摇臂不旋转、90°风载 2.5 t 偏载腰环打设在 20 m 处变形

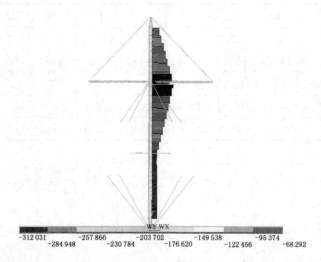

图 3-6-4　摇臂不旋转、90°风载 2.5 t 偏载腰环打设在 20 m 处主杆、桅杆轴力（单位：N）

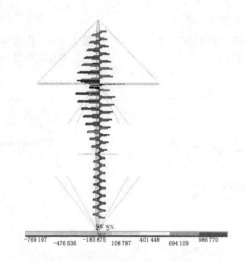

图 3-6-5　摇臂不旋转、90°风载 2.5 t 偏载腰环打设在 20 m 处主杆、桅杆弯矩（单位：N·mm）

表 3-6-1　摇臂不旋转、90°风载 2.5 t 偏载计算结果

离承托点高度（m）	10	12	14	16	18	20	22	24	26
最大位移（mm）	502.5	491.2	481.0	472.8	465.8	460.3	457.0	458.9	461.2
腰环最大拉力（N）	21 315	20 098	19 694	19 491	19 448	19 542	19 758	20 087	20 553
内拉线最大拉力（N）	26 810	27 796	28 852	30 028	31 357	32 877	34 624	36 633	38 914
最大 Mises 应力（MPa）	253.7	250.4	246.9	245.9	245.8	245.7	245.6	245.6	245.7
屈曲因子大小	3.582	3.619	3.658	3.704	3.755	3.814	3.876	3.877	3.877

表 3-6-2 摇臂不旋转、90°风载平衡加载计算结果

离承托点高度(m)	10	12	14	16	18	20	22	24	26
最大位移(mm)	127.7	129.8	131.9	134.2	136.8	139.7	143.1	147.0	151.8
腰环最大拉力(N)	12 079	11 991	11 961	11 982	12 051	12 174	12 363	12 542	13 052
内拉线最大拉力(N)	4 360	4 154	3 914	3 626	3 267	2 809	2 204	1 380	211
最大 Mises 应力(MPa)	105.4	106.4	105.4	106.4	106.4	106.4	106.4	106.4	113.4
屈曲因子大小	4.252	4.349	4.444	4.536	4.626	4.712	4.791	4.857	2.365

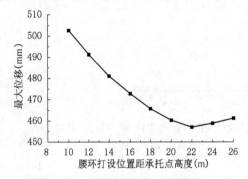

图 3-6-6 摇臂不旋转、90°风载 2.5 t
偏载最大位移

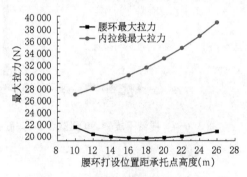

图 3-6-7 摇臂不旋转、90°风载 2.5 t
偏载腰环及内拉线最大拉力

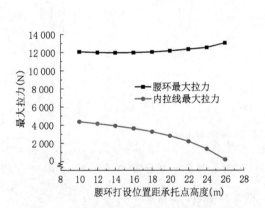

图 3-6-8 摇臂不旋转、90°风载平衡加载腰
环及内拉线最大拉力

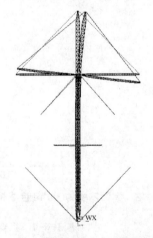

图 3-6-9 摇臂旋转 45°、45°风载 2.5 t
偏载腰环打设在 20 m 处变形

表 3-6-3 摇臂旋转 45°、45°风载 2.5 t 偏载计算结果

离承托点高度(m)	10	12	14	16	18	20	22	24	26
最大位移(mm)	544.9	535.8	527.9	521.0	515.5	511.6	509.9	511.3	516.9
腰环最大拉力(N)	32 941	30 913	29 674	29 038	28 895	29 187	29 886	30 983	32 464
内拉线最大拉力(N)	31 223	32 773	34 442	36 296	38 396	40 809	43 613	46 891	50 722
最大 Mises 应力(MPa)	285.7	280.6	275.2	269.3	262.9	255.8	248.7	248.7	248.7
屈曲因子	2.838	2.883	2.932	2.988	3.054	3.132	3.226	3.340	3.478

表 3-6-4　摇臂旋转 45°、90°风载 2.5 t 偏载计算结果

离承托点高度(m)	10	12	14	16	18	20	22	24	26
最大位移(mm)	584.3	576.9	570.3	564.5	559.8	556.5	555.1	556.5	561.8
腰环最大拉力(N)	30 795	28 907	27 758	27 171	27 043	27 316	27 961	28 959	30 285
内拉线最大拉力(N)	41 856	43 308	44 873	46 612	48 581	50 839	53 454	56 495	60 017
最大 Mises 应力(MPa)	288.3	283.4	278.3	272.8	266.8	260.0	252.4	250.1	250.1
屈曲因子	2.819	2.859	2.905	2.956	3.016	3.086	3.170	3.271	3.339

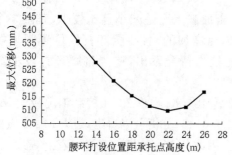

图 3-6-10　摇臂旋转 45°、45°风载 2.5 t
偏载最大位移

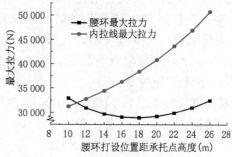

图 3-6-11　摇臂旋转 45°、45°风载 2.5 t
偏载腰环及内拉线最大拉力

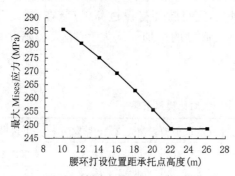

图 3-6-12　摇臂旋转 45°、45°风载 2.5 t
偏载最大 Mises 应力

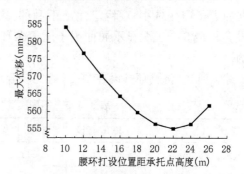

图 3-6-13　摇臂旋转 45°、90°风载 2.5 t
偏载最大位移

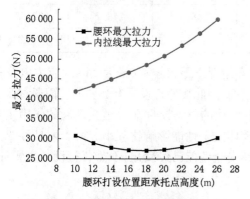

图 3-6-14　摇臂旋转 45°、90°风载 2.5 t
偏载腰环及内拉线拉力

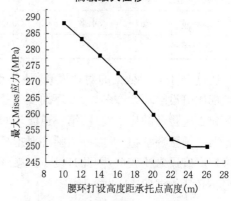

图 3-6-15　摇臂旋转 45°、90°风载 2.5 t
偏载最大 Mises 应力

从摇臂不旋转、2.5 t 偏载以及摇臂旋转 3 个工况的位移数据(表 3-6-1、表 3-6-3、表 3-6-4、图 3-6-6、图 3-6-10、图 3-6-13)中,可以看出,位移变化呈先减小后增大的趋势,在腰环打设位置距承托点高为 22 m 时出现最小情况,因此从位移上看,不宜将腰环打设过高。

而从腰环的最大拉力上(表 3-6-1、表 3-6-4、图 3-6-7、图 3-6-8、图 3-6-11、图 3-6-14)可以看出,除了摇臂不旋转 90°风载平衡加载,其余三种工况都呈随着打设高度增加腰环拉力先减小后增大的趋势,在腰环打设位置距承托点高为 18 m 处出现最小值,因此由腰环拉力看出当将腰环打设在 18 m 处附近。

从内拉线的最大拉力情况(表 3-6-1、表 3-6-4、图 3-6-7、图 3-6-8、图 3-6-11、图 3-6-14)来看,除了摇臂不旋转、90°风载平衡加载工况是减小且比较小,其余 3 个工况内拉线都比较大并且是随着打设高度的增加而增加的,且在腰环打设位置距承托点高为 20 m 之后的增幅明显增大。由内拉线的拉力情况看出,应当将腰环打设位置打设较低,且不宜超过 20 m。

从摇臂旋转 45°、45°风载 2.5 t 偏载,摇臂旋转 45°、90°风载 2.5 t 偏载工况最大 Mises 应力的数据(表 3-6-1~表 3-6-4、图 3-6-12、图 3-6-15)分析可以看出,最大 Mises 应力随着腰环打设增高而减小,在 22 m 之后几乎不变。因此从 Mises 应力来看,应当将腰环打设在 22 m 附近比较合适。

从摇臂不旋转、90°风载平衡加载工况的屈曲因子数据(表 3-6-2)可以看出,在 26 m 时屈曲因子突变减小,对稳定性是不利的,因此不宜将腰环打设过高,应该在 24 m 以下打设。其余 3 个工况显示屈曲因子随着腰环打设高度的增加而增大,但增大的幅度是减小的。

综上所述,将腰环打设在 20 m 处比较合理。

表 3-6-5 不同腰环打设方式对比计算结果

腰环打设方式	10/20 m 打设	20 m 打设	14/24 m 打设	24 m 打设	不打设
最大位移(mm)	500.9	511.6	499.3	511.3	692.4
腰环最大拉力(N)	30 060	29 187	26 726	30 983	—
内拉线最大拉力(N)	40 984	40 809	45 685	46 891	18 497
最大 Mises 应力(MPa)	254.8	255.8	248.6	248.7	334.8
屈曲因子	3.138	3.132	3.306	3.340	提示位移过大

通过表 3-6-5 数据的对比发现,不打设腰环情况下最大位移、最大 Mises 应力以及稳定性都比打设腰环差许多,对腰环的安全是不利的,因此腰环打设是有必要的。而通过 2 道腰环和 1 道腰环的比较发现,第一道腰环对抱杆结构的影响较明显,2 道腰环起的作用主要还是第一道腰环承担,下面一道腰环对抱杆的整体安全性能影响比较小。由于内悬浮双摇臂抱杆高度通常比较低,因此打设 1 道腰环对其安全性能已经满足,不需要打设 2 道腰环,避免不必要的浪费。

4. 腰环预紧力

表 3-6-6　不同预紧力计算结果

预紧打设方式	最大位移(mm)	腰环最大拉力(N)	内拉线最大拉力(N)	最大 Mises 应力(MPa)	屈曲因子
均匀打设	460.3	19 542	32 877	245.7	3.814
非均匀打设	473.1	18 415	32 657	245.8	3.802

从表 3-6-6 数据可以看出,在拉线拉直的情况下,内拉线最大拉力、最大 Mises 应力以及屈曲因子基本都没有产生变化,腰环的最大拉力和最大位移也只产生了较小的变化,可见预紧力施加只要不对局部产生破坏,在拉直拉线的情况下对抱杆的整体影响并不明显。因此给出预紧力评价安全性指标为根据实际情况将拉线拉直,且不超过 10 kN 即可,关键是均匀施加预紧力。

5. 长细比

长细比(长细比指主杆的长细比)通过改变抱杆的截面尺寸大小控制。其中 1 000 mm ×1 000 mm 截面 $\lambda=77.8$,800 mm×800 mm 截面 $\lambda=98.5$,700 mm×700 mm 截面 $\lambda=113.5$。

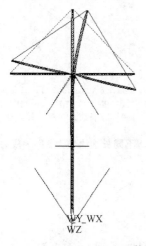

图 3-6-16　700 mm×700 mm 截面内悬浮双摇臂抱杆变形图

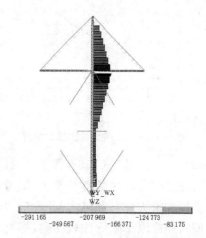

图 3-6-17　800 mm×800 mm 截面内悬浮双摇臂抱杆主杆、桅杆轴力图(单位:N)

表 3-6-7　不同长细比计算结果

长细比 λ	77.8	98.5	113.5
最大位移(mm)	460.3	642.8	808.0
最大 Mises 应力(MPa)	245.7	296.5	347.5
屈曲因子	3.814	3.167	2.771

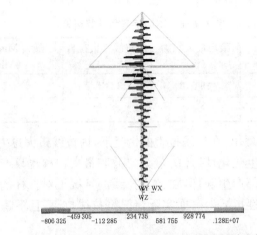

图 3-6-18　800 mm×800 mm 截面内悬浮双摇臂抱杆主杆、
桅杆弯矩图（单位：N·mm）

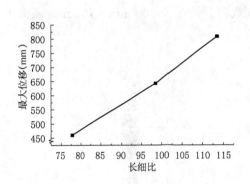

图 3-6-19　不同长细比最大位移

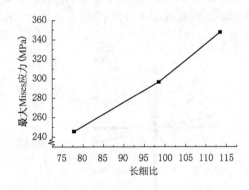

图 3-6-20　不同长细比最大 Mises 应力

由表 3-6-7、图 3-6-16～图 3-6-21 中数据可以看出，通过改变截面调整长细比，随着长细比的增大，抱杆的最大位移和最大 Mises 应力都有明显增大，同时屈曲因子降低比较明显，即稳定性下降较明显。最大 Mises 应力出现在局部截面改变处，可以通过加强截面加以控制，属于局部性质。而根据规范要求，抱杆的屈曲因子应大于 2.5，综合应力要求以及实际施工的需要，此类抱杆控制长细比取为 80，否则要增加腰环来保证稳定性。

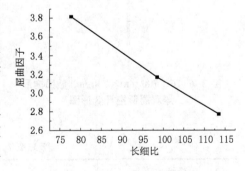

图 3-6-21　不同长细比屈曲因子

6. 内拉线角度

建立摇臂不旋转、90°风载 2.5 t 偏载下的计算模型，改变内拉线的打设角度，分别建立 30°、45°、60°打设内拉线模型。内悬浮双摇臂抱杆 30°打设内拉线位移分布，如图 3-6-22 所示。

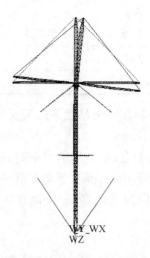

图 3-6-22　内悬浮双摇臂抱杆 30°打设内拉线位移分布

表 3-6-8　不同内拉线打设角度计算结果

内拉线打设角度(°)	30	45	60
最大位移(mm)	422.8	450.4	548.1
腰环最大拉力(N)	21 284	19 777	17 942
内拉线最大拉力(N)	27 230	31 610	40 301
最大 Mises 应力(MPa)	245.2	245.6	246.3
屈曲因子	3.875	3.829	3.713

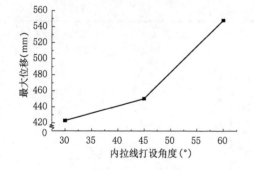

图 3-6-23　不同内拉线打设角度时的最大位移　　图 3-6-24　不同内拉线打设角度时的内拉线最大拉力

　　从提取的 5 项参数(表 3-6-8)我们可以得出,内拉线的打设角度对最大 Mises 应力以及腰环的最大拉力影响比较小。在内拉线打设角度较大的情况下,最大位移和内拉线的最大拉力都处于比较大的值(图 3-6-23、图 3-6-24),对抱杆来说是不利的状态。而随着内拉线打设角度的减小,这 2 项指标明显改善,且 30°～45°的幅度要小于 45°～60°的幅度。而随着打设角度的减小,屈曲因子也有增大,有利于稳定性。因此,内拉线打设角度小于 45°对抱杆来说都是比较安全的。

7. 平衡吊时吊件与就位点的高差

表 3-6-9　竖向位移

施加荷载	6 t 平衡吊重(h_1)	6/3.5 t 偏载(h_0)
吊物点竖向位移(mm)	128.7	450.3

由表 3-6-9 的计算结果可得到在平衡吊载下由于安装的不同步性产生的高差为 $h = h_0 - h_1 = 450.3 - 128.7 = 321.6$ mm。

由于不同的抱杆具有不同的刚度,所具有的平衡高差也是不同的,因此给出指标为在抱杆设计最大偏载情况下吊件的竖向位移减去平衡吊重时的竖向位移,即 $h = h_0 - h_1$。对本研究的抱杆平衡吊载下的高差即为 321.6 mm。而在实际工程操作中,一般要求就位高差小于计算高差,减小为取 200 mm。

8. 承托绳角度

建立承托绳打设角度分别为 30°、45°和 60°的计算模型(打设角度指承托绳与 y 轴的夹角)。偏载为 2.5 t,风载为 90°。承托绳 30°打设位移如图 3-6-25 所示。

表 3-6-10　不同承托绳打设角度计算结果

承托绳打设角度(°)	30	45	60
最大位移(mm)	433.0	453.1	534.4
腰环最大拉力(N)	19 985	19 760	19 603
内拉线最大拉力(N)	32 094	31 555	30 118
最大 Mises 应力(MPa)	245.5	245.6	246.2
承托绳最大拉力(N)	100 000	119 000	166 000
屈曲因子	3.823	3.828	3.737

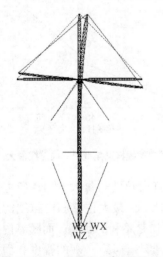

图 3-6-25　承托绳 30°打设位移

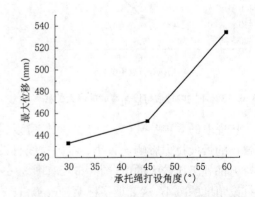

图 3-6-26　不同承托绳打设角度时的最大位移

从腰环最大拉力、内拉线最大拉力以及最大 Mises 应力、屈曲因子数据中(表 3-6-10)可以看出,改变承托绳的角度其实并未对上述参数值有明显影响,因此改变承托绳角度对腰环、内拉线以及抱杆破坏、失稳的影响都是可以忽略的。而从最大位移(图3-6-26)以及承托绳自身的受力上来看,打设角度越大位移越大,承托绳自身所受拉力也越大。同时从增幅上来看,打设角度为30°~45°时,最大位移和承托绳的自身最大拉力都是比较小的。而45°~60°时增幅较大,趋于不安全。因此,建议在保证打设方便的情况下承托绳打设角度应小于45°。

9. 承托绳底部位移

研究打设角度影响时,采用30°以及45°两个角度打设承托绳计算模型,在考虑承托绳的长度影响时采用30°:10 m,20 m,30 m以及45°:10 m,20 m,30 m打设承托绳计算模型。

表3-6-11　30°/10 m打设承托绳抱杆底部位移　　　　单位:mm

节点	位　　　移			
	u_x	u_y	u_z	u_{sum}
1	0.83	−8.99	−3.3	9.03
34	0.91	−9.26	−0.10	9.30
67	1.00	−9.26	−0.02	9.31
100	0.93	−8.99	0.08	9.07

表3-6-12　30°/20 m打设承托绳抱杆底部位移　　　　单位:mm

节点	位　　　移			
	u_x	u_y	u_z	u_{sum}
1	1.14	−18.09	−0.01	18.13
34	1.21	−18.28	−0.10	18.32
67	1.30	−18.28	−0.02	18.33
100	1.23	−18.09	0.07	18.13

表3-6-13　30°/30 m打设承托绳抱杆底部位移　　　　单位:mm

节点	位　　　移			
	u_x	u_y	u_z	u_{sum}
1	0.54	−27.62	−0.05	27.62
34	0.66	−27.74	−0.10	27.75
67	0.72	−27.74	0.02	27.75
100	0.60	−27.61	0.08	27.62

表 3-6-14　45°/10 m 打设承托绳抱杆底部位移　　　　单位:mm

节点	位移			
	u_x	u_y	u_z	u_{sum}
1	0.35	−13.88	0.05	13.88
34	0.49	−14.11	−0.10	14.12
67	0.54	−14.11	0.04	14.12
100	0.39	−13.88	0.09	13.88

表 3-6-15　45°/20 m 打设承托绳抱杆底部位移　　　　单位:mm

节点	位移			
	u_x	u_y	u_z	u_{sum}
1	0.39	−27.71	−0.06	27.71
34	0.53	−27.83	−0.10	27.84
67	0.58	−27.84	0.04	27.84
100	0.43	−27.71	0.09	27.71

表 3-6-16　45°/30 m 打设承托绳抱杆底部位移　　　　单位:mm

节点	位移			
	u_x	u_y	u_z	u_{sum}
1	0.28	−41.54	−0.06	41.54
34	0.42	−41.56	−0.11	41.57
67	0.47	−41.56	0.04	41.56
100	0.32	−41.54	0.08	41.54

从表 3-6-11～表 3-6-16 中数据可以看出,从打设角度方面考虑,可以看出 y 方向(竖直方向)的位移是主要位移,从多组长度的横向比较来看,45°打设承托绳节点位移要偏大,且 45°比 30°位移多大约 50%。从相同角度不同长度的承托绳角度来看,节点的总位移与承托绳的长度呈线性关系。而横向位移即 u_x、u_z,则是主要影响抱杆安全性能的指标。由计算看出,横向位移并不明显,因此承托绳的长度和打设角度在考虑到施工的方便性情况下,对抱杆的底部位移影响并不明显。

第四节　内悬浮双摇臂抱杆安全评价总结

综上所述,可以得出内悬浮双摇臂抱杆的定量安全评估指标:

(1) 抱杆安装好后,经过提升组立,在自重作用后,抱杆标准节、主杆、桅杆、摇臂整体横向变形分别不超过抱杆标准节、主杆、桅杆、摇臂长度的 1/1 000,且不得出现扭转。

(2) 施工方案吊重不超过抱杆设计资料规定的各工况最大吊重,不平衡吊重不能超过设计值。

（3）由于内悬浮双摇臂抱杆高度通常比较低，因此打设一道腰环对其安全性能已经满足。但不可不打设腰环。抱杆高度较高可以根据实际情况需要增设腰环数量，且宜打设为 20 m 间距。

（4）预紧力评价安全性指标为根据实际情况将拉线拉直，一般取腰环预紧力不超过 10 kN，且均匀施加。

（5）综合应力要求以及实际施工的需要，内悬浮双摇臂抱杆控制长细比取为 80。

（6）内悬浮双摇臂抱杆内拉线打设角度小于 45°对抱杆来说都是比较安全的。

（7）对内悬浮双摇臂抱杆，一般要求就位高差小于计算高差，减小为取 200 mm。

（8）在保证打设方便的情况下，内拉线打设角度应小于 45°。

（9）在保证打设方便的情况下，承托绳打设角度应小于 45°。

（10）对内悬浮双摇臂抱杆，承托绳的长度和打设角度在考虑到施工的方便性情况下，对抱杆的底部位移影响并不明显。

第四篇 架线施工技术

第一章 综述

特高压输电线路的张力架线施工经过多年的施工实践,架线工艺、架线设备以及架线计算理论已逐步完善。随着特高压线路工程的持续推进,导线截面不断加大,各种新型施工机具的不断研制应用,尤其是展放方式的不同,使特高压线路的架线工艺日趋成熟。

动力伞、飞艇以及八旋翼的出现,使导引绳能够顺利实现悬空展放,分绳技术的完善使得架线工艺及施工速度得到显著提高;6分裂导线、8分裂导线的放线滑车悬挂方式的不断完善,使架线质量、弛度控制更加容易;38 t牵引机的出现,使6分裂导线、8分裂导线能实现"一牵6""一牵8"方式展放。同时,"2×一牵4(3)""一牵2+一牵4""二牵8(6)"展放方式在特高压线路架线实践中也逐步成熟和完善。

全国送变电同行经过多年努力,研制出不同的软件进行架线施工计算,使架线施工计算精度不断提高;设备供应厂家也在架线工器具、设备上不断进行新的探索,努力提高设备的小型化和轻型化,以满足施工运输道路的要求。

国家电网公司对特高压线路架线工程尤其重视,组织大量科研课题,开发出架线仿真系统、全过程视频监控系统等先进的智能化系统,有力地提高了线路施工过程中的机械化程度和对安全的管控能力。

本篇将针对架线施工准备、引绳展放、不同架线工艺、架线设备等进行介绍,并通过分析评价,细述各种不同架线方式的工艺特点、工艺要求、安全性、适用性和经济性,以期对特高压线路架线施工起到一定的指导作用。

第二章

架线施工准备

第一节　架线工序

架线施工是输电线路工程一个重要的分部工程,架线施工由 5 个子工序组成:架线前准备、放线施工、紧线施工、导地线连接、附件安装。

架线前准备工作内容较多,主要由牵张场布置、导地线线滑车的悬挂以及跨越架搭设等组成。

放线施工主要包括导引绳展放和导地线展放,引绳展放可分为人力展放和飞行器空中展放,导线展放有非张力展放和张力展放,目前在特高压施工中主要采用飞行器空中展放引绳和张力展放导线。

紧线施工主要有在耐张塔处紧线、挂线和直线塔紧线,在耐张塔上平衡挂线。前者可用于张力架线和非张力架线,而后者适用于张力架线。

导地线连接主要有钳压、液压和爆压 3 种方式,目前以液压为主。特高压架线施工中,由于导线截面大,大截面导线压接工艺与普通导线不同,要按照《大截面导线压接工艺导则》(Q/GDW 1571—2014)规定施工。大截面导线接续管比普通接续管长,为避免接续管过滑车,分散压接今后也是发展的一种方向。

附件安装包括悬垂金具串安装、防振金具安装、跳线安装和间隔棒安装,这些基本都是采用高空人力作业,特高压施工亦是如此。

特高压架线施工与普通架线最大的区别就在于放线方式上,其余工序基本相同。

第二节　放线方式

随着时代的发展,生产力的不断进步,架线方式也从最初的人力放线、机动牵引放线、汽车牵引放线等非张力放线发展到张力放线,所有这些架线技术的进步都是输电线路电压的不断提升,导线截面的不断加大,导线分裂数的不断增多,以及输电线路不断从平原延伸到山区的必然结果,随着特高压的出现,相应的放线方式也孕育而生。

特高压输电线路多采用多分裂导线,目前,特高压交流线路主要采用 8 分裂导线,特高压直流线路多采用 6 分裂。为增大输送容量的要求,子导线截面越来越大,交流特高压线路采用 $500~\text{mm}^2$、$630~\text{mm}^2$ 导线,直流特高压则采用 $720~\text{mm}^2$、$900~\text{mm}^2$、$1~000~\text{mm}^2$ 甚至 $1~250~\text{mm}^2$ 和 $1~520~\text{mm}^2$ 截面的导线。针对特高压输电线路采用的导线规格,架线施工有以下特点:

(1) 每相导线为多分裂导线,为了保证架线后同相子导线的初伸长一致,从而保证弧垂的一致,张力放线施工必须采取相应技术措施。目前有多种牵引方式:同相子导线一次展放,如"一牵8""二牵8";分次牵引同步展放,如"2×一牵4",用 2 套"一牵4"张力放线设备同步展放 8 分裂导线;或采取保证子导线初伸长一致的技术措施,进行分次不同步展放,如用一套"一牵 4"张力放线设备,先后分 2 次展放 8 分裂导线。

(2) 由于展放导线的截面大,单位质量比较大,展放导线的张力和牵引力比较大,要使用大型牵引机、大直径张力轮的张力机及配套机具,施工机具受力大,安全风险较高。

(3) 由于导线分裂数多,张力放线可采用的牵引方式比较多,相应的放线滑车的悬挂方式也比较多,需要展放的导引绳和牵引绳的根数多,施工工艺比较复杂。

特高压输电线路的架线施工可根据自身机具状况有多种方案可供选择,主要有:①单台牵引机配单个牵引板一次牵放 8(6) 根子导线,如"一牵 8(6)";②多套张力放线设备同步展放方式,如"2×一牵 4""2×一牵 3""3×一牵 2""一牵 4+一牵 2""八牵 8"等;③2 台牵引机通过 1 个牵引板 1 次展放 8(6) 根子导线方式,如"二牵 8(6)";④1 套张力放线设备,分先后多次展放一相 8 分裂导线,如用 1 套"一牵 4"设备先后分 2 次展放 8 分裂导线。

第三节　架线设备

架线设备是架线施工的基础,是架线质量的保障。人力、机动、汽车放线等非张力放线方式主要采用一牵一方式,设备主要有单轮滑车、牵引绳及配套的旋转、抗弯连接器和网套连接器等,牵引设备主要是人力、机动绞磨或汽车,设备相对比较简单、轻便,工作效率比较低下,由于不能有效控制导线张力,因此架线质量得不到保障。

张力放线设备主要有大小牵引机、吊车、多轮滑车、走板、多级导牵引钢丝绳及配套旋转、抗弯连接器和网套连接器等,相对非张力放线,设备要复杂不少,由于可以多根导线同时展放,施工效率提高,展放过程中由张力机控制导线张力,有效避免了导线与障碍物之间的摩擦,大大提高了架线的质量。

特高压输电线路导线分裂数更多,导线截面更大,所需的架线设备数量更多,设备更大,正所谓工欲善其事,必先利其器,设备的轻量化将是一种发展趋势。

第四节　架线施工计算

架线施工是个复杂的系统工程,必要的施工计算是架线施工安全可靠进行的保障和基础。

非张力放线主要计算有两部分:一是布线的计算,根据导地线的实际供货长度,计算它的适用地段,进行布线计划,这种计算相对比较简单;二是非张力放线的牵引力计算,非张力放线的牵引力大小,受导线自重、放线段长度、悬挂点高差、滑车摩擦系数及档距大小等诸多因素影响,准确计算难度大。由于通常采用手工计算,所以通常采用近似计算的方式,按导地线弧垂和按放线段长度进行牵引力的大致估算。由于非张力放线通常放线距离短,导线数少,要求精度无须太高,因此采用这种手工估算基本能满足现场施工的需求。

张力放线计算主要有导地线布线、控制挡张力、张力机口张力、牵引机牵引力、放线滑车上扬校验等计算,由于张力放线区段长,导线数多,要求精度高,手工计算工作量太大、容易出错,为适应现场施工的需求,基于计算机的架线施工计算软件也随之产生,这类计算软件具有速度快、计算精准、灵活性高、综合能力强的特点。

架线计算软件的这些特点,特别适合在特高压架线中应用。

第三章
引绳展放

特高压的架线施工中,展放引绳采用飞行器如动力伞、八旋翼、飞艇、直升机等设备,悬空展放初级导引绳,使其全程不落地,从而避免了传统人力展放中要开通道、封航、封路等诸多弊端,做到高效、环保、绿色施工。

第一节 初级引绳展放设备简介

目前,用于展放引绳的飞行器百花齐放,有动力伞、八旋翼、飞艇、直升机等设备,采用动力伞比较普遍,直升机展放引绳刚开始探索,是未来的发展趋势。下面介绍几种目前比较常用和成熟的初级引绳展放设备。

一、动力伞

动力伞展放引绳(图 4-3-1)是利用动力伞的飞行技术,将定长的引绳盘安装在下方,完成放线段内的引绳展放。这项技术解决了电力线路施工中跨越特殊地理环境的展放引绳问题,实现了导线架设对引绳的无障碍展放。和传统架线方法相比,动力伞展放引绳的施工方法,既可实现不需要砍伐树木和不破坏农田而达到展放导引绳的目的,又可实现特殊地段和复杂地理环境的跨越,同时也提高了架线的效率,有效地缩短了工程工期。此项技术目前广泛被采用。

1. PowrachutePegasus582 技术参数

(1)净重:148 kg。

(2)功率:约 47.8 kW。

(3)有效载荷:237 kg。

(4)飞行速度:40~50 km/h。

(5)飞行持续时间:约 2.5 h。

(6)飞行半径:50 km。

(7)气候条件:无风及 5 级以下风速。

(8)机械部分外观尺寸(长×宽×高):3 m×2 m×2 m。

(9)起降场地(长×宽):100 m×12 m。

2. 特点

(1)发动机采用双回路安全保险系统,基本无熄火的概率;万一空中出现机械故障,甚至停机,大面积的充气伞能有

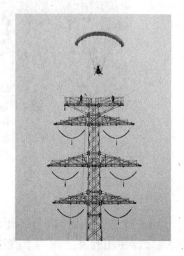

图 4-3-1 动力伞展放引绳

效地保障人、机安全着陆。动力飞行伞机构只有升降和转弯两部分,操作简单可靠,容易掌握。

(2) 起飞需要一定宽度和长度的场地,一般是宽度 12 m、长度几十米的路面。

(3) 伞盖收拢时体积较小,其本身质量较轻,运输较为方便。

(4) 性价比高,现阶段得到广泛应用。

二、八旋翼无人飞行器

多旋翼无人飞行器放线是将放线所用导引绳与无人飞行器连接在一起,通过无人飞行器牵引,将导引绳引至放线段铁塔的一种输电线路施工方案。这项方案是近年才出现的一种新工艺,不仅保护了当地的生态和植被,也大大缩短了工期、节约了成本。

1. 八旋翼 EWZ - S8 技术参数

(1) 最大直径:0.8 m(翼尖距)。

(2) 主旋翼长:0.38 m。

(3) 全高:0.45 m。

(4) 自重:5 kg(含机载电池)。

(5) 最大载重:4 kg。

(6) 最远遥控距离:1 km。

(7) 放线架尺寸:0.4 m×0.8 m。

(8) 线盘直径:0.7 m。

(9) 槽宽:0.2 m。

(10) 轻型引绳直径:3 mm。

(11) 轻型引绳破断拉力:75 kg。

八旋翼无人飞行器及遥控手柄如图 4-3-2 所示。

(a) 飞行器　　　　　　　　　　　　　　(b) 遥控手柄

图 4-3-2　八旋翼无人飞行器

2. 特点

(1) 当风力超过 3 级时不宜使用。

(2) 展开八旋翼,先打开遥控器电源,再接通机身电源,进行指南针校准后方可飞行。飞行器使用的是 2.4G 抗干扰信号发射机,遥控距离 1 km。

(3) 由于载重量小,使用受到限制。

三、飞艇

飞艇展放引绳,即按所需架设线路长度将一级引绳全部缠绕在遥控飞艇携带的放线机构上,飞艇起飞后在起点上空悬停并通过遥控放线器抛下挂有重物的绳头,飞至终点后将余绳一次全部抛下,完成一段线路的一级引绳展放。飞行过程中,引绳处于自由下落状态,对飞艇飞行姿态影响不大,且飞艇飞行全程中,随飞行距离的增加,飞艇的自重将不断减轻,飞行特性也逐渐趋于最佳。缺点:展放过程中,引绳张力无法控制,引绳与障碍物接触,在升空时可能需要拣挂(主要是在跨越密集林木时);同时,在展放过程中如果飞艇展放线机构出现故障,将给飞艇操作造成极大困难。当展放的引绳没有经过线路监控点时,可能会造成飞艇迫降的危险。飞艇引绳展放方式目前很少采用。

1. G4 - 7 型飞艇技术参数

(1) 尺寸:长 7 m,高 2.1 m。

(2) 气囊容量:10 m³。

(3) 最大航速:72 km/h。

(4) 巡航速度:30 km/h。

(5) 续航能力:45 min。

(6) 抗风能力:13 m/s。

(7) 载重:5 kg。

(8) 遥控距离:1.5 km。

图 4-3-3　遥控飞艇展放引绳

遥控飞艇展放引绳如图 4-3-3 所示。

2. 特点

(1) 价格低。

(2) 体积较大,存放、转场等不便。

四、小型直升机

小型直升机作为动力设备,既具有一般直升机的灵活操控性能,又具备轻便的体积,质量轻。小型直升机展放引绳,就是将引绳安装在直升机上,飞行中将引绳安装在每基铁塔上,完成引绳的展放工作。小型直升机属于运动器材,航空审批手续简单,成本大为降低。

1. CH - 7 "天使"直升机技术参数

(1) 机身全长 6.3 m,高 1.8 m,主旋翼直径 6.17 m。

(2) 发动机功率约 47.4 kW,最大起飞质量 315 kg,空载质量 160 kg,载重 155 kg。

(3) 最大飞行高度 4 800 m,航程 260 km 或 180 min,巡航速度 0～20 km/h,直升机展放导引绳飞行速度控制为 10～15 km/h。

图 4-3-4 为 CH - 7 "天使"直升机。

2. 特点

(1) 操作方便,安全性能好,可靠性高。

(2) 对施工现场地形的适应性比较广。

图 4-3-4　CH-7"天使"直升机

第二节　空中展放引绳

目前,特高压工程架线施工中的引绳展放均采用全过程不落地展放,无论采用何种飞行器都应悬空展放引绳,做到全程各级引绳不落地。下面以动力伞展放引绳工艺为例进行简单介绍。

一、施工准备

(1) 完成放线区段内所有跨越物跨越架的搭设。

(2) 展放引绳工作前,应对放线区段内铁塔挂好放线滑车,并在每基铁塔的中横担顶面绑扎一个朝天滑车,以便在飞行动力伞展放的中相放置 φ4 mm 迪尼玛绳。

(3) 每基需放线的铁塔应悬挂红旗,作为导航标记。

(4) 放线段内每基塔位高空人员必须在动力飞行伞起飞前在塔上等候。

二、导引绳展放

(1) 根据每个放线区段的长度,在飞行动力伞上配置相应长度的 φ4 mm 迪尼玛绳。

(2) 动力伞飞到目标塔位经确认后,伞上的放线员向塔位抛掷迪尼玛绳绳头(尾部有加重沙包),塔顶等候人员接住绳头,绑扎在塔身上,并使迪尼玛绳逐基落于横担或地线支架上,每个区段放 2 根 φ4 mm 迪尼玛绳。

(3) φ4 mm 迪尼玛绳安全置于各基铁塔横担或地线支架后,铁塔上的高空作业人员及时将边相 2 根 φ4 mm 迪尼玛绳放入边导线滑车。

(4) 利用 φ4 mm 迪尼玛绳"一牵 1"牵引 φ10 mm 迪尼玛绳。

(5) 利用 φ10 mm 迪尼玛绳"一牵 1"牵引 φ15 mm 钢丝绳。

(6) 利用 φ15 mm 钢丝绳"一牵 4"牵引 φ15 mm 钢丝绳,并将 φ15 mm 钢丝绳翻入各自滑车中。

第三节 空中分引绳过滑车

空中分引绳过滑车是保证引绳全程不落地展放的关键,动力伞从空中展放 $\phi 4$ mm 迪尼玛绳作为初导引绳,通过 $\phi 4$ mm 迪尼玛绳一牵 1$\phi 10$ mm 迪尼玛绳,$\phi 10$ mm 迪尼玛绳一牵 1$\phi 15$ mm 钢丝绳,到 $\phi 15$ mm 钢丝绳一牵 4$\phi 15$ mm 钢丝绳,现在一个滑车中有 4 根 $\phi 15$ mm 钢丝绳,通过空中分引绳到其他滑车。重复上述步骤,直到每个滑车穿入引绳,完成引绳的展放。

(1)被牵引的 4 根 $\phi 15$ mm 钢丝绳,其中 3 根在与走板连接间采用适合长度的 $\phi 10$ mm 迪尼玛绳[图 4-3-5(a)]。利用迪尼玛绳柔软轻便的特性,在走板过滑车后分别将其穿入另外 3 个滑车中。

(2)锚线:牵引走板过滑车并当迪尼玛绳尾端接近张力侧横担时,将带其中 3 根迪尼玛绳的 $\phi 15$ mm 钢丝绳分别锚在塔身横担上[图 4-3-5(b)]。

(3)穿滑车:利用一根未锚的 $\phi 15$ mm 钢丝绳回牵走板至 5 轮滑车处(牵引机配合),此时,3 根迪尼玛绳已经松弛。自走板连接处将其解开,将 3 根迪尼玛绳分别穿入相应滑车后,再将其连接到走板上[图 4-3-5(c)]。

(4)拆锚:牵引场开始牵引,当张力场侧 3 根锚绳不受力时停止牵引,拆除 3 根锚绳,调平走板继续牵引。

(5)当 4 根 $\phi 15$ mm 钢丝绳均牵引到位后,就完成了"一牵 4"牵引导引绳的工作。重复上述步骤,直到所有滑车均穿入引绳为止。

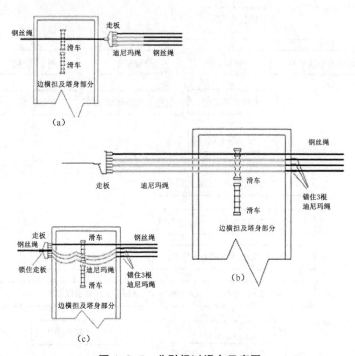

图 4-3-5 分引绳过滑车示意图

空中分引绳过滑车无论单回路铁塔还是双回路铁塔都适用,相对于双回路,单回路空中分引绳过滑车操作更为复杂,需要穿过中相的大窗口,施工难度较大,而双回路只要上下穿即可。

第四章

"2×一牵4(3)""一牵2+一牵4"架线施工技术

"2×一牵4"架线要在铁塔的每相挂线点悬挂2个5轮放线滑车,利用2套一牵4张力放线设备,同步展放同相8根子导线。同步展放要求2套一牵4张力放线设备同时、同速、同张力展放8根子导线,保证子导线在放线施工过程中产生的初伸长基本相同,从而保证导线架线后弧垂的一致性。由此可衍生出"2×一牵3""3×一牵2"和"一牵2+一牵4"的展放6分裂导线的展放方式。

第一节 工艺流程

特高压双回路8分裂导线"2×一牵4"架线方式施工工艺流程如图4-4-1所示。

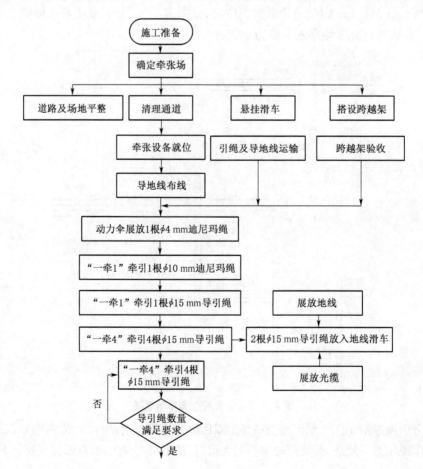

施工准备
↓
确定牵张场
↓
道路及场地平整 | 清理通道 | 悬挂滑车 | 搭设跨越架
↓
牵张设备就位 | 引绳及导地线运输 | 跨越架验收
↓
导地线布线
↓
动力伞展放1根φ4 mm迪尼玛绳
↓
"一牵1"牵引1根φ10 mm迪尼玛绳
↓
"一牵1"牵引1根φ15 mm导引绳 | 展放地线
↓
"一牵4"牵引4根φ15 mm导引绳 → 2根φ15 mm导引绳放入地线滑车
↓
"一牵4"牵引4根φ15 mm导引绳 | 展放光缆
↓
导引绳数量满足要求 (否/是)

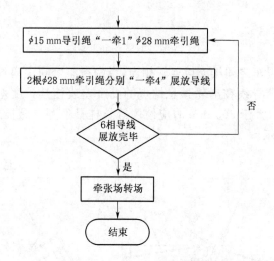

图 4-4-1　"2×一牵 4"架线施工工艺流程图

第二节　放线滑车悬挂

"2×一牵 4"架线施工时,铁塔导线横担上需要并排悬挂 2 只 5 轮放线滑车,分别通过一套"一牵 4"系统,受力较大的直线塔、转角塔还需要悬挂双滑车,从而减少放线过程中的包络角,减少滑车受力,保证导地线、接续管的质量。各种铁塔的滑车悬挂方式如下所述。

一、直线塔、直线转角塔放线滑车悬挂

将 2 组放线滑车通过二联板连接悬挂在悬垂绝缘子串或挂具上(见图 4-4-2),或者 2 个滑车单独悬挂在横担上(见图 4-4-3)。

上述 2 种悬挂方式各有优缺点,用二联板悬挂方便弛度的观测,但在走板过滑车时操作不当容易跳槽;而单独悬挂,则是 2 个独立的系统,放线过程中相互不受干扰,但在紧线弛度观测前,必须将两滑车的高度调平,以免引起子导线间的弛度差。

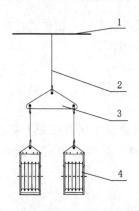

1—横担;2—挂具或绝缘子串;3—二联板;4—滑车

图 4-4-2　"2×一牵 4"直线塔二联板挂滑车

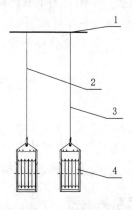

1—横担;2—绝缘子串或挂具;3—挂具;4—滑车

图 4-4-3　"2×一牵 4"直线塔滑车单独悬挂

二、转角塔放线滑车悬挂

转角塔悬挂双滑车,两滑车之间用支撑连杆相连,当两滑车之间距离过大时,支撑连杆可以取消;挂双滑车时应计算导线在滑轮顶悬挂点的高度差或挂具长度差,算得的高度差小于 300 mm 时可等高悬挂,大于 300 mm 时应使用等长挂具不等高悬挂或使用不等长挂具等高悬挂,如图 4-4-4 所示。

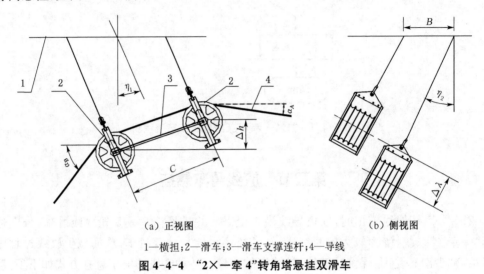

（a）正视图　　　　　　　　　　　　（b）侧视图

1—横担;2—滑车;3—滑车支撑连杆;4—导线

图 4-4-4　"2×一牵 4"转角塔悬挂双滑车

第三节　牵张场布置

（1）牵引机、张力机一般布置在线路中心线上。因特殊原因牵张场选在直线转角塔或耐张转角塔前后挡时,应尽量布置在该放线段线路的延长线上。

（2）牵引机、张力机进出口与邻塔悬点的高差角不宜超过 15°。

（3）受地形限制,牵引场选址困难而无法解决时,可通过转向滑车转向布场;转向滑车可设 1 个或多个。张力场不宜转向布置。

（4）每展放完一相导线后,大牵、大张应调整方向,对正临塔另一相导线悬挂点。

（5）"2×一牵 4"牵张场平面布置如图 4-4-5、图 4-4-6 所示。

第四节　导引绳、牵引绳展放

按照先展放地线、光缆后展放导线的顺序施工,导线及引绳展放按照上相、中相、下相的顺序展放,地线和光缆展放后及时紧线、附件安装;为便于导线及时紧线操作,展放顺序为左上相、右上相、左中相、右中相、左下相、右下相。

一、导引绳展放

特高压双回路 8 分裂导线"2×一牵 4"架线方式导引绳展放如图 4-4-7 所示。

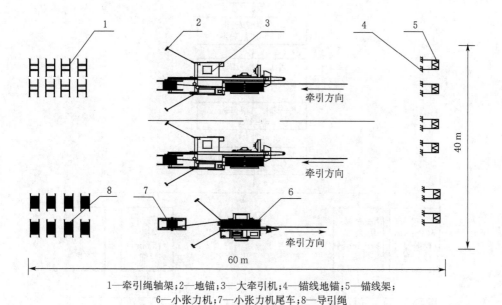

1—牵引绳轴架；2—地锚；3—大牵引机；4—锚线地锚；5—锚线架；
6—小张力机；7—小张力机尾车；8—导引绳

图 4-4-5 "2×一牵 4"牵引场平面布置示意图

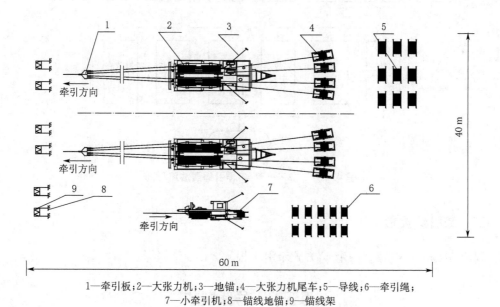

1—牵引板；2—大张力机；3—地锚；4—大张力机尾车；5—导线；6—牵引绳；
7—小牵引机；8—锚线地锚；9—锚线架

图 4-4-6 "2×一牵 4"张力场平面布置示意图

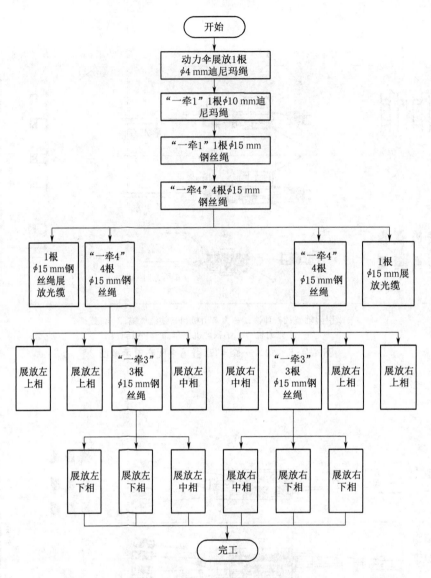

图 4-4-7 "2×一牵 4"导引绳展放流程图

二、牵引绳展放

利用 $\phi15\,mm$ 导引绳"一牵 1"方式牵引 1 根 $\phi28\,mm$ 牵引绳。

第五节 导线展放

在一个放线区段内,牵引绳的展放和导线的牵引同时进行,如图 4-4-8 所示。

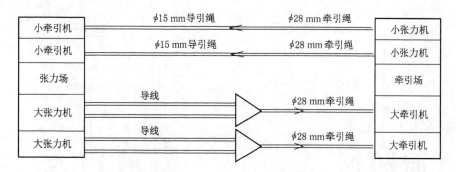

图 4-4-8　"2×一牵 4"导线展放示意图

第六节　衍生架线方式

由"2×一牵 4"可衍生出"2×一牵 3""3×一牵 2"和"一牵 2+一牵 4"等架线方式,主要用于直流特高压的架线施工中。由于直流特高压所用导线截面大,所以"2×一牵 3"和"一牵 2+一牵 4"的架线方式是很好的选择,但随着 1 250 mm² 甚至 1 520 mm² 截面导线的出现,"3×一牵 2"则是一种比较便捷和经济的解决方案。这些衍生的架线方式的施工原理与"2×一牵 4"基本一致,主要的区别就在滑车的悬挂上。下面介绍几种比较实用的滑车悬挂方案。

1. "2×一牵 3"滑车悬挂

"2×一牵 3"与"2×一牵 4"的滑车悬挂基本一样,这里就不再赘述。

2. "一牵 2+一牵 4"滑车悬挂

图 4-4-9 的二联板是偏心的,为了保证一侧 5 轮滑车和另一侧 3 轮滑车的平衡,所以二联板设计成偏心。

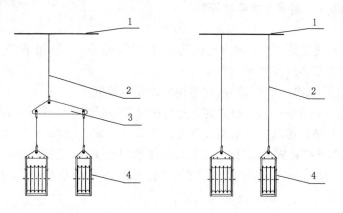

1—横担;2—绝缘子串或挂具;3—偏心二联板;4—滑车
图 4-4-9　"一牵 2+一牵 4"直线塔滑车悬挂

耐张塔滑车悬挂同"2×一牵 4",将一组 5 轮滑车换成 3 轮滑车即可,5 轮滑车与 3 轮滑车的布置要与直线塔滑车悬挂一致。

3. "3×一牵 2"滑车悬挂

"3×一牵 2"直线塔滑车悬挂示意图如图 4-4-10 所示。

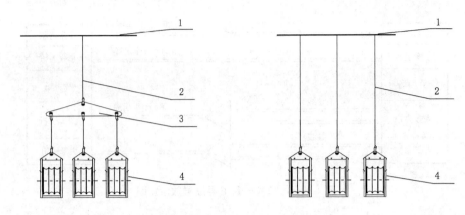

1—横担;2—绝缘子串或挂具;3—三联板;4—滑车
图 4-4-10 "3×一牵 2"直线塔滑车悬挂

第七节 分析评价

"2×一牵 4"及其衍生出来的系列架线方式是目前普遍采用的特高压张力放线技术,是国内送变电公司常用的施工方案,其有安全可靠性高、实用性强、经济效益好的特点。下面从安全可靠性、实用性、经济性 3 个方面对其特点进行分析评价。

1. 安全可靠性

(1)"一牵 4"架线施工工艺早已成熟、应用广泛,作业人员操作熟练、配合默契。

(2) 2 套设备独立作业,机械设备受力相对较小,提高安全系数,减小作业风险。

(3) 现有中型张力放线设备及其配套机具,技术成熟,应用广泛,安全可靠。

故该方式架线施工的安全可靠性较高。

2. 实用性

(1) 现有的放线设备、滑车、绳索等机具即可满足施工需求,利用率高,是目前国内送变电公司普遍采用的张力放线技术。

(2) 设备运输相对"一牵 8"较好,对道路要求相对较低。

但其也存在自身的缺点,如:独立的 2 套放线设备需要同步展放导线,操作要求严格,附件安装操作比较复杂。每基铁塔每相线要悬挂 2 组 5 轮放线滑车,紧线时悬挂高度要求相同。2 个放线滑车保持相同高度,附件安装要用 2 套提线工具,工艺较复杂。

实用性方面的缺点可以通过教育培训、实践总结不断提高改进,总体而言其实用性较强。

3. 经济性

在经济效益评价方面,具有明显的优缺点。优点是可以利用现有设备和机具,无须购买大型牵引机、滑车、绳索等配套设备,节约高昂的购置和租赁成本。缺点是 2 套放线设备和所需滑车、工器具数量较多,放线、紧线、附件安装工作量相对较大,同时 2 套设备牵张引场占地较多,增加占地赔偿成本等。就当下而言,其优点要远大于缺点,经济效益良好。

第五章

"一牵 8(6)"架线施工技术

"一牵 8"牵引方式是用一套放线设备一次展放 8 根子导线,牵引力比较大,要配置大型牵引机和大吨位的配套机具,如牵引钢丝绳、旋转连接器、抗弯连接器及牵引板等机具,悬挂 9 轮大吨位放线滑车,对紧线、弧垂调整、附件安装提供方便,可以减少工作量,对质量提高、环保和工效都有很好的效果。由此可衍生出"一牵 6"的 6 分裂导线展放方式。

第一节　工艺流程

特高压双回路 8 分裂导线"一牵 8"架线方式施工工艺流程如图 4-5-1 所示。

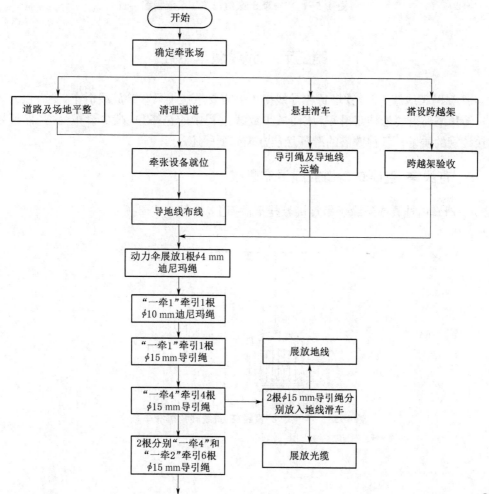

开始
↓
确定牵张场
↓
道路及场地平整　　清理通道　　悬挂滑车　　搭设跨越架

清理通道 → 牵张设备就位
悬挂滑车 → 导引绳及导地线运输
搭设跨越架 → 跨越架验收

牵张设备就位 → 导地线布线 → 动力伞展放1根φ4 mm迪尼玛绳 → "一牵1"牵引1根φ10 mm迪尼玛绳 → "一牵1"牵引1根φ15 mm导引绳 → "一牵4"牵引4根φ15 mm导引绳 → 2根分别"一牵4"和"一牵2"牵引6根φ15 mm导引绳

"一牵4"牵引4根φ15 mm导引绳 → 2根φ15 mm导引绳分别放入地线滑车

展放地线

展放光缆

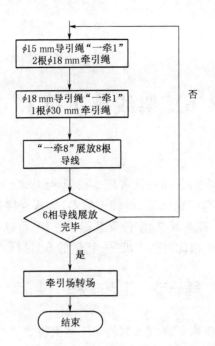

图 4-5-1 "一牵 8"架线施工工艺流程图

第二节 放线滑车悬挂

"一牵 8"架线施工时,铁塔每相导线横担上需要悬挂 1 只 9 轮放线滑车,受力较大的直线塔、转角塔还需要悬挂双滑车,从而减少放线过程中的包络角,减少滑车受力,保证导地线、接续管的质量。各种铁塔的滑车悬挂方式如下所述。

一、直线塔、直线转角塔放线滑车悬挂

9 轮滑车由挂具或绝缘子串直接悬挂于横担上,如图 4-5-2 所示。

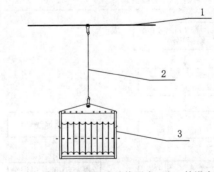

1—横担;2—挂具或绝缘子串;3—9 轮滑车

图 4-5-2 "一牵 8"直线塔、直线转角塔滑车悬挂

二、转角塔放线滑车悬挂

"一牵 8"转角塔滑车悬挂如图 4-5-2 所示。

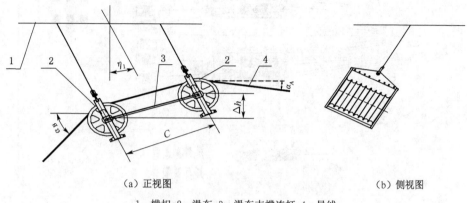

（a）正视图　　　　　　　　　（b）侧视图

1—横担；2—滑车；3—滑车支撑连杆；4—导线

图 4-5-2　"一牵 8"转角塔悬挂双滑车

由此衍生的"一牵 6"架线方式滑车悬挂只需将上述 9 轮滑车换成 7 轮滑车即可，其余不再赘述。

第三节　牵张场布置

"一牵 8"架线方式牵张场布置如图 4-5-3、图 4-5-4 所示。

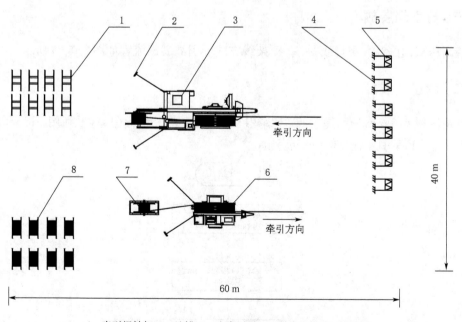

1—牵引绳轴架；2—地锚；3—大牵引机；4—锚线地锚；5—锚线架；
6—小张力机；7—小张力机尾车；8—导引绳

图 4-5-3　"一牵 8"牵引场布置示意图

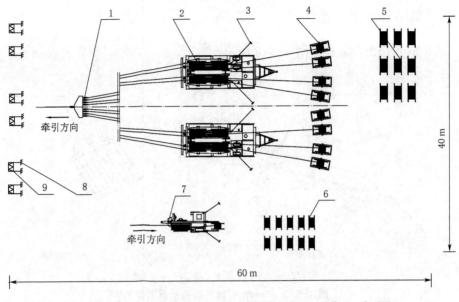

1—牵引板；2—大张力机；3—地锚；4—大张力机尾车；5—导线；6—牵引绳；
7—小牵引机；8—锚线地锚；9—锚线架

图 4-5-4 "一牵 8"张力场布置示意图

第四节 导引绳、牵引绳展放

一、导引绳展放

特高压双回路 8 分裂导线"一牵 8"架线方式导引绳展放流程如图 4-5-5 所示。

二、牵引绳展放

利用 1 根 $\phi 15\ mm$ 导引绳"一牵 1"牵引 1 根 $\phi 18\ mm$ 二级导引绳，再利用 $\phi 18\ mm$ 二级导引绳"一牵 1"牵引 1 根 $\phi 30\ mm$ 牵引绳。

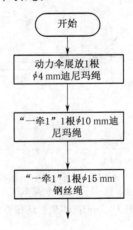

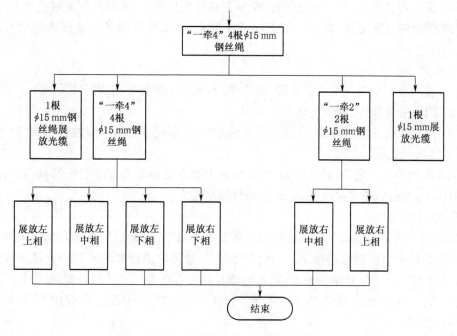

图 4-5-5 "一牵 8"导引绳展放流程图

第五节 导线展放

在一个放线区段内,牵引绳的展放和导线的牵引同时进行,见图 4-5-6。

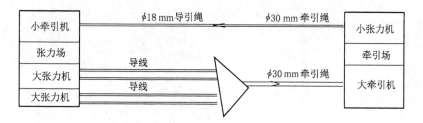

图 4-5-6 "一牵 8"导线展放示意图

第六节 分析评价

"一牵 8""一牵 6"架线方式是一项成熟的特高压张力放线技术,具有安全可靠性高、实用性强的优点,但其缺点是需购置大型牵张设备和配套工器具,一次性投入大,购置成本高。目前而言,其经济效益较"2×一牵 4"架线方式差。下面从安全可靠性、实用性、经济性 3 个方面对其特点进行分析评价。

1. 安全可靠性

(1)采用一套牵引系统,同时牵引 8 根子导线,放线过程简洁流畅。

（2）施工布置简单，安全性比较好，牵引系统受力比较大，工器具配备相应增大。

（3）经过特高压交流、直流示范工程建设的检验，实践证明是一项成熟的架线施工工艺，安全可靠。

2. 实用性

（1）放线采用单套一次牵引系统，操作便捷，无同步配合等问题。

（2）附件安装操作便捷，提高施工效率。

（3）同时牵引 8 根子导线，放线过程简洁流畅，能保证子导线在放线过程初伸长基本相同，可提高架线质量。

但其应用也有一定的局限性，如：需要购置大型牵张设备及配套的工器具，同时大型设备运输困难，对运输道路要求高，受地形条件限制较大。

3. 经济性

该架线方式需购置大型牵张设备和配套工器具，这些设备造价高、体积大，通常只适用于特高压交流和直流的线路施工，一次性投入大，对运输道路要求较高。在经济效益评价方面，相较于"2×一牵 4"架线方式，就目前而言其没有优势。从长远来看，特高压技术在不断创新、改进、向前推进，未来架线设备会向智能化、自动化、小型化、高效化发展，其经济优势会逐渐显现。

第六章

"二牵 8(6)"架线施工技术

"二牵 8"牵引放线是一项新技术,其特点是:用 1 根牵引绳穿过牵引板上的平衡滑轮回绕 360°,形成 2 根平行牵引绳合拉一个牵引板,牵引绳的两端各连接 1 台牵引机,牵引板的后端连接 8 根子导线,实现 2 根平行的牵引绳牵引 8 根子导线。由此可衍生出"二牵 6"的 6 分裂导线展放方式。

第一节 工艺流程

特高压双回路 8 分裂导线"二牵 8"架线方式施工工艺流程如下图所示:

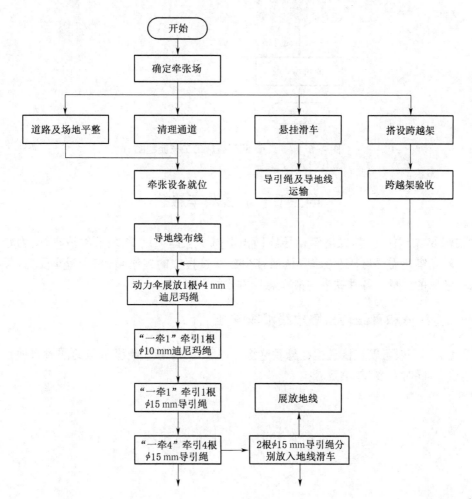

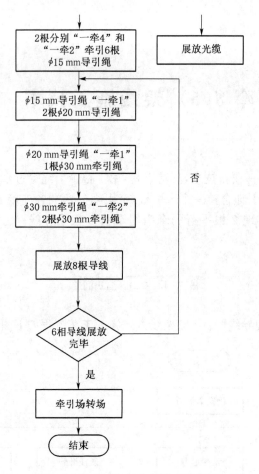

图 4-6-1 "二牵 8"架线施工工艺流程图

第二节　放线滑车悬挂

"二牵 8"架线施工时,铁塔每相导线横担上需要悬挂 1 只 11 轮放线滑车,受力较大的直线塔、转角塔还需要悬挂双滑车,从而减少放线过程中的包络角,减少滑车受力,保证导地线、接续管的质量。各种铁塔的滑车悬挂方式如下所述。

一、直线塔和直线转角塔放线滑车悬挂

导线滑车一般可以直接悬挂在悬垂绝缘子串下,安装悬垂绝缘子串的同时将放线滑车一起连接上,同时安装、起吊及悬挂。

1. 单绝缘子串滑车悬挂

单绝缘子串滑车悬挂如图4-6-2所示。

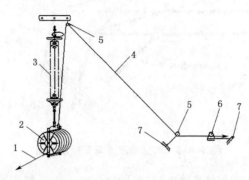

1—棕绳;2—放线滑车;3—绝缘子串;4—钢丝绳;5—转向滑车;6—机动绞磨;7—地锚

图4-6-2　单绝缘子串滑车悬挂示意图

2. 双绝缘子串滑车悬挂

双绝缘子串滑车悬挂如图4-6-3所示。

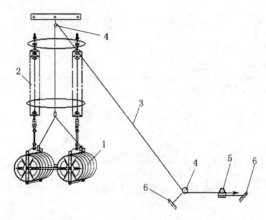

1—放线滑车;2—绝缘子串;3—钢丝绳;4—转向滑车;5—机动绞磨;6—地锚

图4-6-3　双绝缘子串滑车悬挂示意图

二、耐张转角塔放线滑车悬挂

1. 单放线滑车

单放线滑车(图4-6-4)采用V形钢丝套悬挂于横担挂线点耳轴挂板上,钢丝绳与滑车采用卸扣连接。

2. 双放线滑车

双放线滑车(图4-6-5)采用钢丝绳悬挂于横担挂线点耳轴挂板上,钢丝绳与滑车采用卸扣连接,两滑车之间采用角钢相连,滑车底部梁板处连接钢丝绳及手扳葫芦用于调整滑车倾斜角度,防止走板过滑车时跳槽。

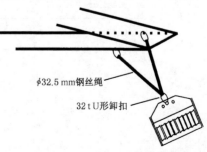

图4-6-4　耐张塔单滑车悬挂示意图

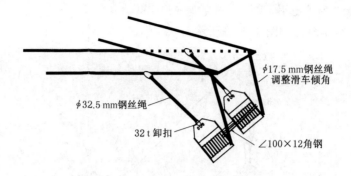

图 4-6-5 耐张塔双滑车悬挂示意图

由此衍生的"二牵 6"架线方式滑车悬挂只需将上述 11 轮滑车换成 9 轮滑车即可,其余不再赘述。

第三节 牵张场布置

放线施工现场应尽量平整,道路畅通。"二牵 8"架线方式牵张场布置如图 4-6-6、图 4-6-7 所示。

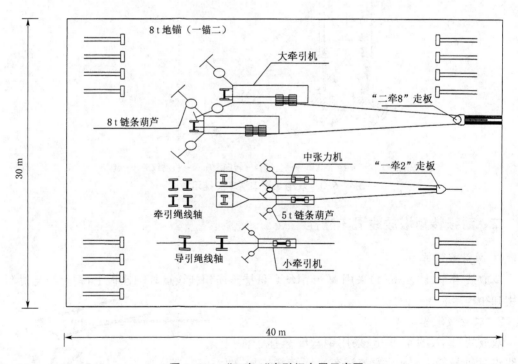

图 4-6-6 "二牵 8"牵引场布置示意图

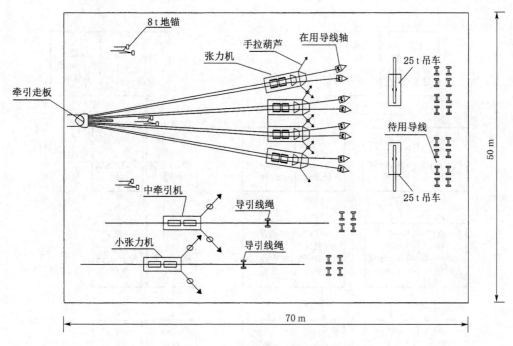

图4-6-7　"二牵8"张力场布置示意图

第四节　导引绳、牵引绳展放

一、导引绳展放

首先采用动力伞等展放1根 $\phi4$ mm迪尼玛初级引绳,应用全程张力不落地展放,各种规格导引绳、牵引绳逐级转换,如图4-6-8所示。

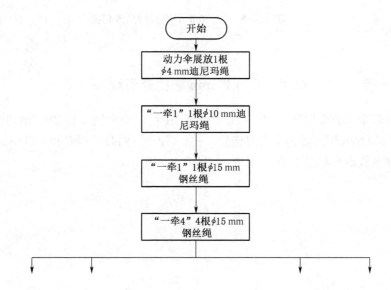

开始

动力伞展放1根 $\phi4$ mm迪尼玛绳

"一牵1"1根 $\phi10$ mm迪尼玛绳

"一牵1"1根 $\phi15$ mm钢丝绳

"一牵4"4根 $\phi15$ mm钢丝绳

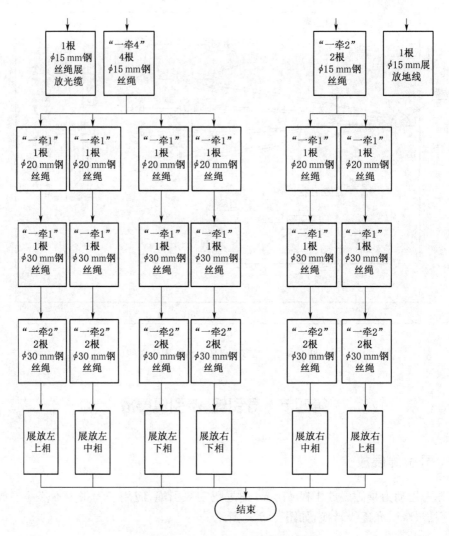

图 4-6-8　"二牵 8"导引绳展放流程图

二、"一牵 2"方式牵引 2 根 φ30 mm 防捻牵引绳

利用已经牵引到牵引场的 φ30 mm 钢丝绳,在牵引场利用 1 台 280 kN 牵引机以"一牵2"方式,用 φ30 mm 钢丝绳为牵引绳连接"一牵 2"走板,同时牵引 2 根 φ30 mm 钢丝绳,2 根分牵引绳在放线滑车的第 3、第 9 轮中,如图 4-6-9 所示。

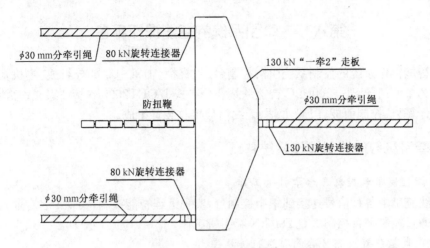

图 4-6-9　"一牵 2"走板连接示意图

第五节　导线展放

2 根 $\phi30\,mm$ 分牵引绳牵至张力场后,由专业人员组装走板,调试各部连接结构、测试无线电子监控设备等;组装完毕,与导线、牵引绳连接。2 根 $\phi30\,mm$ 分牵引绳与组合式双牵引走板连接,组合式双牵引走板如图 4-6-10 所示。2 根分牵引绳在一套控制系统下工作,同步牵引同相导线。

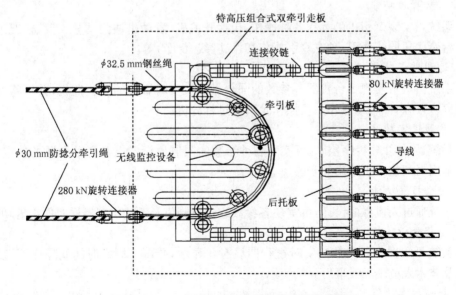

图 4-6-10　"二牵 8"组合式走板连接示意图

第六节　牵引系统的智能操作平台

远程智能操作系统的控制系统由总控制台、主机柜、辅机柜 3 部分组成：主机柜和辅机柜分别由 2 个西门子 S7 - 200PLC 智能从站和分布式 I/OET200pro 从站组成；总控制台由工业控制计算机、控制面板、PLC 主站、无线信号接收装置组成。

一、牵引机智能控制操作系统特点

1. 智能控制平台控制 2 台牵引机工作

将放线施工中各种信号连接到集中控制台，实现远程智能控制，实现 1 名专业技术人员在操控室通过控制平台控制 2 台 280 kN 牵引机工作。

2. 视频监控装置监测 2 台牵引机行进状态

牵引机上安装监控装置，牵引机行进状态影像实时传到操作台，操作人员能够实时了解牵引机及附属设备的运行状态。

3. 根据工作需要，2 台牵引机能够同步、独立进行工作切换

在放线施工中，2 台牵引机在 1 套控制系统下能够同步进行牵引工作；如需单台牵引机工作时，可将控制系统调整到单台牵引机独立工作状态，这样牵引机就能独立工作，另 1 台牵引机不受工作的牵引机影响。牵引机牵引运行时的各个技术数据实时传输到控制台上。

二、牵引机远程智能协同操作系统具有的功能

1. 远程操控功能

本系统可实现牵引机的远程各种操作，包括开关机、发动机油门调整、有载情况下顺利实现 2 台牵引机同步牵引、独立牵引操作切换、吐线（倒车）等。

2. 远程监视功能

本系统近端可实现 2 台机器各参数的同步显示及实时影像的同步监视，并可将所有工作过程存入硬盘，以辅助操作人员操作及事后过程分析。

3. 参数设定功能

本系统通过 PLC 程序控制，可实现各种参数的限制值设定以及各种参数的整定，并实现联机牵引时两机牵引距离同步。

4. 安全报警功能

本系统通过人机界面设计，可实现各参数达到限制值及系统出现错误时的报警功能。

5. 过程分析功能

本系统可实现主要参数的实时过程曲线对比显示，并可按固定时间间隔存档，以供操作人员及技术人员现场或事后分析使用。

6. 动画仿真功能

本系统可对走板钢丝绳相对位移及走板当前到达的线路位置提供真实的动画仿真显示。

7. 无线通信功能

利用程序可实现走板信号的实时接收，并可利用信号对牵引状态进行自动控制；走板

上的无线发射系统有遥控开、关机的功能,可最大限度地利用电池电能。

8. 授权管理功能

本系统可对操作人员及其他人员的操作权限做出规定,以防止越权操作,另外还有二级防护对话系统,以防止误操作。

第七节 分析评价

"二牵 8"架线方式是一项新技术,其有安全可靠性高、实用性强、经济效益好的特点。下面从安全可靠性、实用性、经济性 3 个方面对其特点进行分析评价。

1. 安全可靠性

(1)采用 2 根牵引绳同时牵引 1 个走板,走板稳定不翻转,为放线施工安全提供了保障。

(2)采用数字智能同步控制,可保证同相各导线之间张力相同。

(3)2 台牵引机通过 1 台工业电脑利用有线远程操作控制系统和自动控制技术进行同步牵引,2 台牵引机同步与独立操作可随意切换。实现从人力机械控制到智能化控制,实现了整个放线过程的远距离无线监控,增加了放线施工的可靠性。

2. 实用性

(1)采用"二牵 8"与采用"2×一牵 4"等其他放线工艺相比,由于导线通过一个滑车,消除了两滑车悬挂高度误差对导线弛度的影响。

(2)采用一次展放可减少对导线塑性伸长和蠕变伸长的变化。

(3)设备运输相对"一牵 8"较好,道路要求相对较低。

3. 经济性

(1)一次展放 8 分裂导线无须采购大型牵引设备,只需采购"二牵 8"配套工器具,节约购置成本。

(2)可缩短滑车和附件安装时间,提高工作效率。

(3)施工经济性好,性价比高。

第七章
架线仿真系统简介

第一节　架线仿真系统概述

　　1 000 kV 特高压架线施工虚拟现实仿真系统（图 4-7-1）由国家电网公司交流建设分公司组织领导开发而成，主要针对架线分部工程，此系统由 3 个功能模块，分别为培训教室、模拟考核和仿真计算，采用视频、动画等多媒体形式，生动形象地描述了 1 000 kV 特高压架线工程的全过程施工，并提供相关参数、数据的计算，主要应用于人员培训教育及施工交底、施工人员上岗前考核及技术人员的理论技术。

图 4-7-1　架线仿真系统主界面

第二节　仿真系统功能介绍

一、培训教室

　　培训教室由 11 项内容组成，分别为方案简介、工艺流程、金具构成、液压接续、牵张场布置、跨越架搭设、金具滑车挂设、初导绳展放、导引绳展放、导线展放、紧线施工，有的项目中还有分项目细化本项的内容，顺序安排基本按照实际施工顺序布置，前后逻辑关系分明。这里的每一项内容基本都以视频、动画、声音讲解、文字提示的形式展现，简洁易懂，生动形象，即使从未接触过架线施工的人员看完这些内容后基本能看懂和接受。图 4-7-2 为初导绳展放的内容截图。

图 4-7-2　初导绳展放的内容截图

二、模拟考核

　　模拟考核由两部分组成，分别为试题考核和模拟考核，也就是理论考核与实践操作考核。尤其是模拟考核采用 3D 动画的形式,考核各个工序每步的操作流程,犹如打电动游戏,趣味性实足,既省去了实物操作的烦琐,又考核了人员的实际操作能力和掌握情况。图 4-7-3、图 4-7-4 分别为试题考核和模拟考核的内容截图。

图 4-7-3　试题考核的内容截图

图 4-7-4　模拟考核的内容截图

三、仿真计算

仿真计算由四部分组成,分别为弧垂计算仿真、主张力机放线仿真、主牵引机放线仿真和耐张塔挂滑车计算仿真,这些都是在架线施工中最主要的计算,采用图示的形式,形象地展现了每个量的计算值,非常直观。图 4-7-5、图 4-7-6 分别为仿真计算界面和弧垂计算仿真截图。

图 4-7-5　仿真计算界面

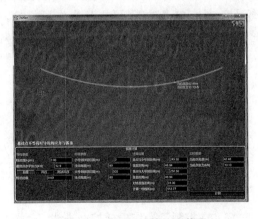

图 4-7-6　弧垂计算仿真截图

第八章
架线施工部分新型工器具介绍

随着架线施工工艺的不断改进和创新,架线工器具也不断推陈出新,下面介绍几种新型架线工器具。

第一节 28 t 牵引机 SPW28

一、牵引机特点

牵引机(图 4-8-1)使用总线技术 PLC 控制;显示所有设备参数的大型液晶显示器;自动侦错,操作语言选择维护保养日期,整合发动机控制管理(过载保护,降低噪声);电子控制系统柴油水冷式发动机,有效提高柴油燃烧效率和符合未来废气排放标准;新的统一操作形式:控制盘手动控制,有线或是无线远距离遥控操作;新的远距离遥控:具有更多功能,可提高操作可靠性,提升控制手感;蓝牙无线并机同步操作系统;GSM 远距离诊断系统。

图 4-8-1 牵引机

二、牵引模式技术参数

(1) 最大牵引力:280 kN
(2) 持续牵引速度:0~4.8 km/h
(3) 持续牵引力/速度:280 kN/(2.4km/h);157 kN/(4.8 km/h)

三、机器控制

(1) 在控制盘操作摇杆控制进线、出线和牵引速度。
(2) 定速牵引系统,可透过 PLC 系统设定定速牵引。
(3) 有线或是无线遥控,具有较好的操作视野和较低噪声,安全的操作设备。
(4) 控制盘包含液晶显示器,可显示所有发动机以及液压系统操作组件。
(5) 电子式过载保护装置。
(6) 电子式牵引力打印机可在机器开始操作后同步打印所有操作数据。

四、摩擦轮

双摩擦轮槽底轮径为 φ900 mm。

槽宽设计可通过 φ85 mm 抗弯连接器或 φ38 mm 钢丝绳。

包含接地装置的自动压线滚轮,具有接地功能更换线盘,不需要临锚。

五、质量及尺寸

(1) 质量:约 10 400 kg。

(2) 尺寸:约 5 760 mm×2 370 mm×2 700 mm。

第二节　多轮组合式滑车

随着国家电力技术的发展,特高压线路工程导线截面不断增大,放线滑车滑轮的槽底直径也逐步增加,大直径放线滑车的体积大、质量重、运输困难、购置成本高。针对该情况,研制体积小、质量轻、可拆卸、低成本的多轮组合式滑车对特高压施工工具有重大意义,是施工的一次革命。

一、参数

(1) 外形尺寸(长×宽×高):1 100 mm×750 mm×909 mm

(2) 质量:160 kg

(3) 滑车立柱内开档宽度:580 mm(与 φ822 内开档相同)

(4) 滑轮顶部与连板下沿距离:260 ～330 mm(30°包络角下为 260 mm)

(5) 滑车尺寸:中轮:φ255/φ150;边轮:φ255/φ145

(6) 滑车使用参数

① 额定负荷:100 kN(4×25 kN)

② 滑轮材料:中轮、边轮、MC 尼龙

③ 导线轮衬胶:半衬聚氨酯

④ 使用环境温度:-40～60 ℃

图 4-8-2 为多轮组合式滑车。

图 4-8-2　多轮组合式滑车

二、特点和优点

(1) 在滑轮上包聚氨酯保护胶。因为在落差很大的地形放线,普通包胶容易磨损,通过武汉科大和江苏橡胶研究所多次研究和试验,成功研制了聚氨酯保护胶,很好地保护了导线。

(2) 质量轻,比原滑车质量减少 20%;体积小,比原滑车减小 25%。

(3) 可拆卸和运输,优于原滑车拆卸不方便、运输困难。

(4) 过走板极安全顺畅。

（5）滑车曲率半径大，过压接管保护套方便。

（6）滑车曲率半径大，可自由调整，网套通过比原滑车效果更好。

（7）轮子小，维护成本低。

（8）摩擦系数较大，有待改进。

（9）产品购置价格低，性价比高。

三、工程应用

多轮组合式滑车的使用情况如图 4-8-3 所示。

图 4-8-3　多轮组合式滑车的使用情况

第三节　双牵引组合走板

组合式走板由牵引钢丝绳、牵引板、后拖板、铰链等部分组成，配套钢丝绳规格为 φ32.5 mm×40 m。

主要技术参数：

型号：TSZB2-8/50

钢丝绳规格：6×36SW+IWR，直径 32.5 mm

滑轮个数：11

铰链中心距：116 mm

铰链个数：6

自重：463 kg

尺寸：长 1 374 mm，宽 1 482 mm，高 147 mm

电源电压：12 V（可持续供电 72 h）

第四节　新型 1 250 mm² 大截面导线放线滑车

为适应 1 250 mm² 大截面导线架线需求，南京线材厂生产的 SHD-3NJ-1000/120 型新型放线滑车(图 4-8-4),不仅能符合 1 250 mm² 大截面导线架线需求,还在传统放线滑车的基础上从细节入手进行改进和创新,特点如下:

(1) 导引绳入口采用可调开门装置,插销采用防脱落装置。

(2) 一侧槽钢设置便于打开的螺栓收纳盒(图 4-8-5)。

图 4-8-4 新型 1 250 mm² 大
截面导线放线滑车

图 4-8-5 大截面导线放线滑车螺栓收纳盒

(3) 滑轮材料采用 MC 尼龙。钢绳轮载荷大,采用工字筋结构。导线轮采用双 R 槽结构且包胶,包胶材料采用聚氨酯,包胶方式采用绷胶。包胶方式无须滑轮二次加热,有效保证滑轮尺寸,便于滑车组装及滑轮换胶。聚氨酯橡胶具有耐油、弹性好、耐摩擦、耐高低温、强度高等优点。图 4-8-6 为大截面导线放线滑车 MC 尼龙滑轮。

(4) 每侧槽钢采用 2 个脚踏。

(5) 槽钢底部焊接 U 形环(图 4-8-7),用于转角滑车。

图 4-8-6 大截面导线放线滑车 MC 尼龙滑轮

图 4-8-7 滑车槽钢底部焊接 U 形环

第五节 导线间隔棒安装用自行式新型飞车

由于特高压输电线路大容量输送的特点,导线要求采用多分裂或大截面,导线间隔棒的尺寸和质量也相应增加,特别是遇到跨越高山、大江时,导线间隔棒用人工输送安装,劳动强度很大,并影响工程进展,这时采用自行式飞车输送并安装导线间隔棒能发挥其安全、高效的优越性。

一、自行式飞车基本功能和要求

(1)至少能载重一个放线档距的间隔棒和一个操作员的体重。

(2)具有爬坡和慢速下滑能力,其爬坡能力不小于 22°。

(3)在任何行驶状况过程中都能平缓刹车。

(4)通过简单的人工操作,能够跨越悬垂串、导线间隔棒、防震锤等障碍物。

(5)与导线接触的行走轮必须衬有耐磨橡胶。

(6)机架尽可能轻便,传动结构尽可能简单。

(7)配备防刹车失灵、行走轮滑落的保护装置。

二、自行式飞车基本结构

自行式飞车一般由行走轮组合、驱动装置、增速制动装置、吊臂和框架四部分组成。

三、SFC840 型自行式 8 分裂飞车结构图

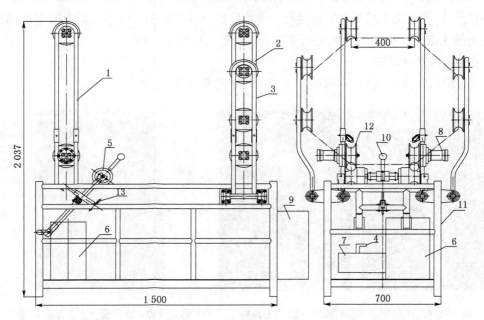

1—前轮上、下相导线挂臂;2—后轮上、下相导线挂臂;3—后轮中相导线挂臂;4—调速变量泵正反转停止手柄;5—增力刹车装置;6—汽油机;7—调速变量泵;8—液压马达;9—油箱;10—刹车手柄;11—框架;12—主动轮;13—增力手柄

图 4-8-8　SFC840 型自行式 8 分裂飞车结构图

四、自行式飞车在特高压线路中的使用

自行式飞车曾在特高压锦苏线上大高差、大档距上使用,用来安装8分裂间隔棒。飞车一次载11根间隔棒,两人操作,过塔方便,大大提高了工作效率,降低了劳动强度,安全可靠。图4-8-9为自行式飞车在特高压线路的施工现场图片。

图4-8-9 自行式飞车在特高压线路使用

第六节 链式走板防捻器

SZF1×8"一牵8"链式走板防捻器(图4-8-10)是为特高压架线施工放线所设计的,针对走板防捻器过滑车的工况,在结构上进行了改进创新。即在走板与导线旋转连接器连接处增加一个特殊的链节,使得与走板相连的旋转连接器在水平和垂直方向对走板都不产生扭矩,减轻走板过滑车时对滑车的冲击,减小过滑车时走板受到的弯矩。这种走板防捻器称为新型链式走板防捻器。

图4-8-10 SZF1×8"一牵8"
链式走板防捻器外形图

第七节 SXL-28旋转连接器

旋转连接器是导线展放过程中防止钢丝绳、导线扭绞的重要机具。旋转连接器的旋转性能取决于轴承的承载性能,所以研制适用的轴承是研制旋转连接器成功的关键。因旋转连接器的工作状态是低转速、轴向的高负载,故轴承在计算中以考虑额定静载荷为主。旋转连接器轴承采用了多列滚子排列方式的专利技术,以提高轴向受力,降低高负载摩擦阻力。经过反复计算,模拟试验,最后成功研制出型号为SXL-28的28 t旋转连接器,它具有下列特点:

(1)防扭特性。SXL-28旋转连接器与SZF 1×8"一牵8"链式走板防捻器共同组成"一牵8"放线方式中导线防扭系统。旋转连接器理论计算扭矩115 N·m,而"一牵8"走板防捻器理论计算扭矩248 N·m,约是旋转连接器理论计算扭矩的2倍,该防扭系统满足"一

牵 8"放线方式的防扭要求。通过与国外同类旋转连接器试验对比,其防扭性能优于国外。

(2)额定载荷。额定载荷为 280 kN,破坏安全系数大于 3。

(3)外形尺寸。外径 81 mm,槽宽 34 mm。

图 4-8-11 是 SXL-28 旋转连接器剖面图。

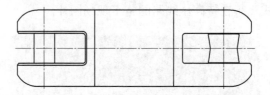

图 4-8-11　SXL-28 旋转连接器剖面图

第八节　SUL-28 抗弯连接器的研制

钢丝绳抗弯连接器必须满足以下几个要求:

(1)抗拉强度应等于或大于所连接钢丝绳的抗拉强度。

(2)能顺利地通过放线滑车上的钢丝绳和牵引机主卷筒,不发生折断。

(3)使用方便,这点在放线过程中钢丝绳之间连接器的连接和拆卸比较频繁的时候就显得十分重要,可以提高放线效率。

(4)两端同钢丝绳连接部分要平滑无棱角,头部成球状,外表面也要光滑。

目前国内外抗弯连接器最大吨位 25 t,外径 80 mm,如用于特高压"一牵 8"放线,安全系数偏低。如达到吨位 28 t,并要适应牵引机滚筒底径不大于 40 mm,能与 φ32 mm 钢丝绳相连,有很大的难度。我们在选材、锻造、热处理上进行了严格控制,试制出了满足要求,外径仅为 78 mm,型号为 SUL-28 的抗弯连接器,其剖面图如图 4-8-12 所示。

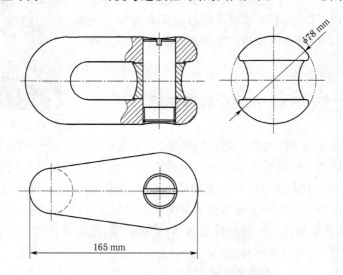

图 4-8-12　SUL-28 抗弯连接器剖面图

第九章

分析评价与导向

第一节　分析评价

目前特高压架线施工常用的有 3 种架线方式,分别从安全性、可靠性、实用性、经济性 4 个方面进行比较分析,根据之前的分析结果,进行列表比较。

在实用性方面,"二牵 8"架线方式作为一种新技术,其优势相当明显,其与"2×一牵 4"架线方式相比,由于导线通过一个滑车,消除了两滑车悬挂高度误差对导线弧度的影响;其与"一牵 8"架线方式相比,具有一次展放可减少对导线塑性伸长和蠕变伸长的变化及设备运输道路要求相对较低的优势。"2×一牵 4"与"一牵 8"架线方式相比,其实用性各有所长,各有所短,都有改进的空间。

在经济效益方面,"一牵 8"架线方式由于需购置大型牵张设备及配套工器具,一次性投入较大,购置成本较高,且只适用于特高压交流、直流的架线施工,所以在经济性方面不如"2×一牵 4"及"二牵 8"架线方式。"二牵 8"架线方式无须采购大型牵引设备,只需采购"二牵 8"配套工器具,节约购置成本的同时还可缩短滑车和附件安装时间,提高工作效率,施工经济性好,性价比高。

通过上述评价比较,"2×一牵 4""一牵 8""二牵 8"这 3 种架线方式各有利弊,这 3 种放线方式必将长期并存,但还有改进提高的空间。在实际施工中,施工单位可根据设备拥有情况、人员熟练程度、现场特点及经济效益综合比较,合理选择适合本单位的架线施工方式。

除"2×一牵 4"外,还有"2×一牵 3""3×一牵 2""一牵 4+一牵 2"等("八牵 8"除外,由于所需设备较多,而且在施工效率上也没什么优势,引绳的展放工作量又大),目前全国送变电的现有装备都能满足这些施工要求,只需购置相应的牵引走板和放线滑车。在此基础上再引入远程控制和无线监控技术,还可在一定的环境中使用。

(1)"2×一牵 4"放线方式是特高压线路架线施工普遍使用的方案,如果再配置远程控制和无线监控技术,使 2 套"一牵 4"放线设备的同步运行实现智能化和自动化。

(2)"一牵 8"放线方式:对于已有大型牵引机及配套工器具的单位可以继续应用,还是一种简捷高效的施工技术。由于受设备以及地形影响,在运用上会受到限制。

(3)"二牵 8"放线方式将会得到广泛应用,可使用中型张力放线设备,一次展放 8 分裂导线,也可使用远程控制和无线监控技术提高自动化、智能化水平,降低安全风险。

第二节　架线技术的研究导向

一、架线工艺导向

1. 单套牵张设备分次展放多分裂导线

用一套牵张放线设备先后多次展放 8 分裂或 6 分裂导线,比如用 1 套"一牵 4"放线设备,先后分 2 次展放 8 分裂导线,比"2×一牵 4"同步展放减少 1 套牵张设备,施工过程中减少场地占用、设备和人员投入,减少对农田或植被的损坏,山区施工优势较为明显,是符合资源节约型、环境友好型的新技术。

单套牵张设备分次展放多分裂导线的关键技术,是需要解决 2 次或多次展放的导线初伸长不一致引起的弧垂误差。众所周知,同规格、同截面、同材料的导线在不同温度、不同时段、不同张力展放后所产生的导线弧垂会存在一定的误差,待多分裂导线全部展放完成后,各子导线的弧垂在同一温度下调整后很难形成统一不变的稳定弧垂,其关键原因是导线初伸长引起的不均衡导线蠕变,解决这个问题的思路主要有以下两类:

(1) 由国家电网公司组织科研团队对特高压线路导线蠕变情况进行长期监测和研究,并通过试验,研究分析找出导线蠕变规律及其对弧垂的影响,从而指导分次展放子导线弧垂的调整。

(2) 通过大量的研究和实践,在制造导线过程中,采取预加相应张力的方法,解决不同导线因材质和制造工艺不同而产生的初伸长,从而生产出无初伸长或微初伸长的导线,使分次展放的同相子导线产生的蠕变对弧垂不产生较大影响。

2. 装配式架线技术

装配式架线技术是指输变电线路施工中,张力架线采用预制定长导线,无须现场压接的一种架线技术。在目前的特高压线路施工中,尚不具备装配式架线的技术,其主要原因表现在以下几个方面:

(1) 装配式架线应工厂化加工定长导线,对长度的误差有较高要求。

(2) 定长的导线应满足分次展放的要求。

(3) 定长的导线应考虑直线管连接方式,使其连接后对导线定长无影响。

(4) 预制的导线应能在工厂进行耐张线夹压接,且满足耐张管通过放线滑车的要求。

满足以上要求后,导线按照每个耐张段的每相、每线的长度在工厂加工好,运到施工现场对号入座放线、挂线,省去了紧线、观测弧垂、平衡挂线等施工程序。不仅可以节约导线,而且高效、环保、降低成本。这项技术需要设计、施工、建设管理方多方协作。设计要精密测量,准确地计算导线长度;制造商要有精确的长度计量装置,每根导线长度误差达到设计要求;施工要准确测量现场的档距、高程、铁塔挂线点的坐标,误差要符合设计要求。

二、架线设备导向

(1) 牵张设备的小型化、拼装化。随着社会的发展,电力通道越来越趋于紧张,目前很多线路都架设于无人区。在这些区域施工,运输无疑是个关键问题。随着环保意识的不断增强,逢山开路、遇水填桥必将成为过去式,那么牵张设备的小型化、拼装化将是一种未来发展的趋势。

(2)张力放线智能化。通过计算机、遥感、GPS(全球定位系统)定位等技术的不断运用,不仅做到牵张设备的集成控制,而且实现牵张两场、走板的自动联动,做到测量、计算、控制、调节一体化,减少现场操控人员的工作量,提高安全性。

(3)实时视频监控。运用现代化的通信、远程监控和视频技术,实现牵张场、走板、每基塔、每个滑车的视频实时监控,有效减少现场护线人员。

三、架线仿真模拟培训、集控系统导向

输变电架线工程,放线段距离为 6～8 km,路径上的情况复杂,工器具及材料多,安全风险点多,方案的制定和对方案的执行直接决定放线过程的安全,因此,实现架线工程的仿真模拟和培训非常重要。可以辅助制定放线及跨越方案,推荐符合要求的工器具;为机械操作人员提供数据参数;直观地对全员进行全过程交底;通过可视化的放线进程模拟,为现场指挥人员提供参考。

目前,国网交流公司已开发出一套架线仿真系统,但其功能有限,在未来的施工中,实现实况模拟、集控操作,将大大提高架线工程的机械化和智能化。因此,架线仿真模拟、培训系统还应实现以下功能:

1. 资源数据库的建设

为了让仿真效果更逼真,并符合实际,首先必须建立架线系统工器具、机械、设备材料的 3D 模型库。工器具、机械应包含张力机、牵引机、钢丝绳、走板、各种放线滑车、手扳葫芦、U 形环、尾车、地锚、地钻、吊车、迪尼玛绳等;设备材料应包含铁塔、各种绝缘子串、金具、导线、地线、光缆等。

此外,还应建设上述工器具、机械、设备材料的相应数据库,反映其相应的规格、尺寸、性能参数等,为后续仿真、计算提供资源。

2. 实况模拟技术

实况模拟技术应以实际工况为依据,通过精确计算,仿真出架线施工现场的运行情况。其中需要进行计算的方面应包括牵张力计算、布线计算、线长计算(含间隔棒安装距离计算)、跨越计算、风偏计算(封网的长度、宽度、最小安全距离)、跳线计算、弧垂计算、过牵引计算、连续上下坡放线计算等。

架线仿真系统包含放线仿真和跨越仿真。放线仿真应模拟放线段的地形、铁塔及滑车悬挂、跨越情况等,仿真出线路路径状态;仿真设置牵引场和张力场,设定张力后,计算放线时的绳索弧垂,模拟出导引绳、导地线在牵引过程中的状态,全程模拟放线施工过程。此外,仿真模拟系统还应实现特殊地形放线方式,如张力场转向、牵引场转向、大回笼牵引、滑车高挂等。跨越仿真应对毛竹架、钢管架、钢架(抱杆格构架、门形架、单柱架等)、整档封网(铁塔上安装横担平台)、无跨越架封网、装配式跨越架、跨越车等跨越措施进行仿真。逐个模拟每个跨越现场的情况,推荐一种最合理的跨越方式,并模拟出在本跨越点的跨越情况。通过计算放线过程中绳索的高度和风偏,从而确定跨越架封网的长度、宽度、最小安全距离,确定最小放线张力等参数。

仿真模拟技术在开发平台上建立贴合真实施工环境的虚拟施工场景,导入由塔体结构、工器具、机械设备等图纸创建的高精度模型,利用成熟计算机语言对标准化工艺脚本进行逻辑实现,采用多媒体形式和后期特效来融入施工技术关键点、施工规格参数、操作工序、质量要求等内容,精确控制三维模型反映组件真实物理特性,动态展示完整的施工工艺过程。该技术为参与施工的人员最大限度地提供施工全过程的可视化虚拟环境和交互式功能体验。

3. 集控系统建设

输变电工程机械化、智能化是行业发展的趋势,架线施工实现集中电气化控制也是趋势之一。

(1) 仿真系统与现场实况的互联:在上述实况仿真模拟的基础上,通过相应的监测、控制设备和接口,将各部件的情况反馈到系统中,再通过电气化操作控制设备运行,实现仿真系统和现场实况的互联。

(2) 放线现场实况模拟、指挥功能:开工前,先设定牵引场、张力场、塔位和跨越点的坐标、高程;施工放线时,在走板上安装定位系统,通过无线传播,将走板运行状态实时反映到系统中,实现全过程对放线的模拟。实现走板对地距离的测量功能,如采用雷达测距,一是对计算结果进行实时核对,二是实现对跨越通过能力的实时判断。

(3) 报警提醒系统:放线时,当走板接近滑车、跨越点,进行安全提醒;布线完成后,对压接管位置进行判断、错误提醒;需要拆除保护钢夹时,进行提醒等。

(4) 多流程模拟快速切换:放线过程,往往是在导地线展放的同时,另一侧在进行导引绳展放,因此,在模拟中要实现多流程模拟的快速切换功能。

(5) 视频监控功能:在走板、铁塔等位置上安装视频摄像头,了解现场的第一手情况。

(6) App 或软件:通过无线网,在手机端和电脑端实现对放线过程的实时掌握。

(7) 生成放线工作日志。

(8) 数据传播系统、集控系统需要传输大量的数据,能够实时、稳定地将信息在系统内传输也是必需的。

4. 操作培训系统

架线仿真模拟系统的目的是指导现场施工,那就需要对管理人员和操作人员进行培训,让他们学习新的操作方法。接受培训的人员必须对上述资源数据库、实况模拟系统、集控系统熟练掌握;对架线过程的危险点、重要跨越点有深刻的认识和了解;对导线张力和牵引力大小及其计算过程了如指掌;熟练掌握整个系统的报警原因和处理方式。

四、限制使用或推荐使用技术

架线工程施工,限制使用的施工技术有:人力、飞艇展放引绳,"一牵 8(6)"架线施工技术;推荐使用的技术有:动力伞、八旋翼、直升机展放引绳、"2×一牵 4(3)"架线施工技术、"二牵 8(6)"架线施工技术;需要推广和继续研究的施工机械有:28 t 牵引机 SPW28,26 t 双张力轮液压张力机 B1700/13X2、多轮组合式放线滑车、双牵引组合走板、新型 1 250 mm² 大截面导线放线滑车、导线间隔棒安装用自行式新型飞车。

第五篇 特高压架线施工跨越技术

第一章

总 述

输电线路施工,由于其架空特性,"跨越"成为不可避免、最为常见的施工程序。随着我国社会经济的高速发展,输电线路的电压等级由高压、超高压逐渐发展上升为特高压。特高压输电线路贯穿全国东西南北,施工建设中沿途需要跨越各种各样的被跨越物,小到普通的乡村道路、鱼塘、低压线路等,大到高速铁路、高速公路、超高压输电线路等,对国民经济起着举足轻重的作用。因此在特高压输电线路建设中,针对被跨越物的特点,安全、经济、高效地采用不同的跨越方式是很有必要的。

由于特高压输电线路沿线的重要被跨越物如高速铁路等的社会重要性,再加上《中华人民共和国物权法》的颁布,强化了物产所有者的权利,不便于采用中断被跨越物正常运营的施工方式,特高压输电线路的跨越架线施工技术应朝着不影响并不危及被跨越物的正常运营为目标发展。我国已经建成晋东南—南阳—荆门特高压交流试验示范工程、皖电东送淮南至上海特高压交流输电示范工程,工程施工过程中成功应用了各种不同的跨越施工技术。

第一节 跨越分类

为了保证输电路线架线施工的顺利进行,在跨越障碍物时,需要针对障碍物的特点、重要性以及其他工况条件,从经济合理性、技术可行性、安全可靠性等方面进行比较,综合考虑,确定采取合适的跨越方式。结合跨越物的重要性、跨越影响、跨越架方式的不同,一般做如下分类。

一、按跨越物大小和重要性分类

1. 一般跨越

跨越架高度在 15 m 及以下;被跨越物为 220 kV 及以下电力线的停电架线;二级以下通信线;10 kV 以下电力线;无等级公路、乡间道路;不通航河流、水库,散户居民。

2. 重要跨越

跨越架搭设高度超过 15 m,但在 30 m 及以下;被跨越物为 10~110 kV 电力线的不停电架线;一级及军用通信线;居民集中区、村落社区等;除高速公路以外的等级公路;除高速铁路、电气化铁路以外的单、双轨铁路。

3. 特殊跨越

跨越多排轨铁路、高速公路、高速铁路、电气化铁路;跨越 110 kV 及以上电压等级的运行电力线;线路交叉角小于 30°或跨越宽度大于 70 m;跨越架高度大于 30 m;跨越大江大河或通航频繁的河流以及其他复杂地形。

二、按施工方式影响跨越物的程度分类

可分为完全中断被跨越物运营方式跨越、短时中断被跨越物运营方式跨越和完全不中断被跨越物运营方式跨越 3 种。

三、按跨越架结构分类

(1)按跨越架的材料分为木质或毛竹跨越架、建筑用钢管跨越架、金属格构式跨越架、自立式跨越架。

(2)按封顶方式分为不封顶式的跨越架;木质、毛竹或钢管等刚性杆件封顶的跨越架;用绳索封顶的跨越架;用绝缘网封顶的跨越架;用配有撑网杆的绝缘网封顶的跨越架。

第二节 跨越技术发展意义

经过 70 年的发展,我国的电网已建设形成以 500 kV 为主体纵横南北、连接东西的超高压电网,以晋东南-南阳-荆门特高压交流试验示范工程、皖电东送淮南至上海特高压交流输电示范工程为代表的特高压电网也已初具规模。与此同时,铁路、公路交通领域也发展迅速,目前已基本形成以高速公路和高速铁路为骨干的交通网络。

下一阶段,我国资源分布和负荷分布的不平衡势态将随社会发展进一步加剧,集中表现在雾霾等环境污染程度的日益严重,依靠现有的超高压主体电网已难以满足能源资源大规模、远距离输送需求,会限制清洁能源的规模化发展,无法实现我国应对气候变化的国际承诺,也无法满足社会经济可持续发展。加快建设特高压电网,加强区域互联,扩大消纳范围,是促进清洁能源规模化发展、实现我国应对气候变化国际承诺的重要途径,将极大促进清洁能源的开发与利用,实现电源结构的优化调整。

大规模发展特高压,必将形成大面积、多点化跨越诸如高速铁路、高速公路、运行电力线路等重要跨越物。尽管目前线路跨越施工方法多种多样,但主要还是采用在被跨越物两侧搭设跨越架、被跨越物临时停运封网这一传统方法。这种传统方法投入大、效率低、经济效益差、危险因素多。同时,中断被跨越物正常运营的施工方式对工农业生产、工程建设、人民生活等各方面均有较大影响,社会效益差。因此,为更好地解决电网建设与社会经济发展的冲突,做到和谐双赢发展,发展架线跨越技术具有重要意义。

第二章

木质、毛竹、钢管跨越架施工技术

第一节 概况及适用范围

采用木质、毛竹、钢管跨越架是传统的架线跨越方式,一般可用于跨越各级公路、弱电线路、各类铁路和 220 kV 及以下电力线路。木质、毛竹跨越架适用范围:搭设高度不宜超过 25 m,跨度不宜超过 60 m。钢管跨越架适用范围:搭设高度不宜超过 30 m,跨度不宜超过 70 m。木质、毛竹跨越架搭设处,应地耐力良好且满足拉线设置条件。

木质、毛竹跨越架是由木杆或毛竹用铁丝绑扎而成,钢管跨越架由钢管通过扣件组成,根据被跨越物的不同要求,其基本构成形式分为下列 5 种:

(1) 单侧单排,见图 5-2-1(a),使用于弱电线、380 V 电力线及乡间公路。

(2) 双侧单排,见图 5-2-1(b),与单侧单排的适用范围相同。

(3) 单侧双排,见图 5-2-1(c),适用于 35 kV 及以下电力线,重要一级弱电线及公路、铁路,其高度宜控制在 10 m 以下。

(4) 双侧双排,见图 5-2-1(d),适用于各种被跨越物,其高度宜限制在 15 m 以下。高度超过 15 m 的毛竹跨越架宜为双排及更多排,应专门设计。

(5) 双侧多排,见图 5-2-1(e),根据需要由施工设计确定。

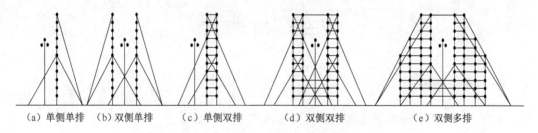

(a) 单侧单排　(b) 双侧单排　　(c) 单侧双排　　　(d) 双侧双排　　　　(e) 双侧多排

图 5-2-1　木质、毛竹、钢管跨越架的形式

第二节 施工计算及技术参数

一、跨越架架体宽度

跨越架架体宽度应按式(5-2-1)计算。

$$B \geqslant \frac{D + 2 \times (Z_{(10)} + C)}{\sin\beta} \tag{5-2-1}$$

式中：B——跨越架有效遮护宽度，m；

D——施工线路两边线的外侧子导线间水平距离，m；

C——超出施工线路边线的保护宽度，取 1.5 m；

β——施工线路与被跨物的交叉跨越角(°)；

$Z_{(10)}$——导线 10 m/s 风速作用下在跨越点处的风偏值。

二、跨越架架体高度

跨越架架体高度应按式(5-2-2)计算。

$$H \geqslant h_1 + A_v + Q + f \tag{5-2-2}$$

式中：H——跨越架高度，m；

h_1——被跨物高度，m；

A_v——封顶网最低点与被跨物的垂直安全距离，m；

f——封顶网弧垂，m；

Q——安全距离储量，不小于 1 m。

三、跨越架有效跨距

跨越架有效跨距应按式(5-2-3)计算。

$$L \geqslant D_t + 2 \times A_h \tag{5-2-3}$$

式中：L——跨越架的有效跨距，m；

D_t——被跨物的宽度，m；

A_h——跨越架离开被跨物最外侧的安全距离，m。

第三节　施工工艺

一、操作流程

木质、毛竹、钢管跨越架法跨越施工操作流程见图 5-2-2。

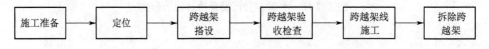

图 5-2-2　木质、毛竹、钢管跨越架法跨越施工操作流程

二、施工工艺要点

1. 施工准备

(1) 校核被跨越高度、宽度、导线对地的距离。

(2) 校核施工图纸。

（3）材料的检查验收。

（4）人员要求及工器具要求。

2. 定位

根据施工线路导线、地线展放位置，跨越物的位置，以及所占空间确定跨越高度、宽度、类型和跨越架间的跨距，定出立杆和拉线地锚的具体位置。

3. 跨越架搭设

（1）装设最下面一段立杆及支撑。木杆、毛竹在主杆位置挖 0.5m 深的坑，将坑底夯实后竖立主杆。钢管杆搭设范围内的地基夯实处理和底座安装。

选配合适长度的木杆、毛竹及钢管，保证各根主杆绑扎后高度基本一致。跨越电力线路在地面竖立主杆前，必须丈量木杆、毛竹及钢管长度。如果长度大于电力线对地距离，那么必须顺线路方向竖立。

大横杆搭设至 3 步以上时，应绑设支撑、斜撑或剪刀撑等，最下一步斜撑或剪刀撑的底脚应距立杆根部 0.7m。侧向支撑埋入地下不小于 0.3m，对地夹角不宜大于 60°。搭设示意图见图 5-2-3。

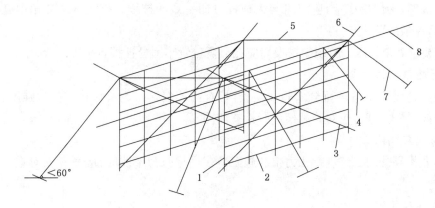

1—立杆；2—横杆；3—剪刀撑；4—临时拉线；5—封顶杆；
6—羊角杆；7—侧拉线；8—被跨越物

图 5-2-3　木质、毛竹、钢管跨越架的搭设示意图

（2）装设上段立杆及支撑。立杆第一段装完后，按施工设计的规定继续向上接续。接长立杆的绑扎工作必须由两人操作，一人扶杆，一人绑线，禁止一人单独操作。

支撑、斜撑或剪刀撑的高度等也应随立杆向上增高。如跨越架高度在 6m 及以下时，一般设 1 副交叉支撑杆（即剪刀撑）；大于 6m 而小于 12m 时 2 副支撑杆，以此类推。

到规定高度后，在立杆的适当位置（与电力线保持安全距离）打好前后侧拉线。

（3）架体组成整体。对于双面单排木质、毛竹、钢管跨越架，除立杆、大横杆、支撑、斜撑或剪刀撑外，还应在两面架体之间连接沿"在建线路"顺线路方向的横杆及交叉支撑杆。

对于双面多排木质、毛竹、钢管跨越架，除在两面架体之间连接沿"在建线路"顺线路方向的横杆及交叉支撑杆外，每面的各排之间也应连接小横杆及交叉支撑杆，以保持架体稳定。

跨越架高度应满足对跨越物安全距离的要求。

（4）封顶。双面跨越架为保证架空线索不落入两面架体之间，需要进行封顶。

当跨越架跨距极小时可不封顶。此时应适当加高跨越架架顶高度，以抵消张力展放的导引绳、导线、地线落在架上时在两侧架体间产生的弧垂。

当跨越架跨距较小时可用木杆或毛竹封顶。封顶时，应检查作为顺顶杆的木杆或毛竹的长度能否满足跨距要求。木杆或毛竹的长度不得小于跨距的 1.1 倍。封顶用的木杆或毛竹的长度不够时不宜搭接使用。顺顶杆应垂直大横杆布置，其顺线路最大间距与立杆间距相同。

绝缘网封顶一般用于跨距较大的跨越架。首先用射绳枪等器具将绝缘绳抛过被跨物，将绝缘绳拉至架顶并带一定张力，在顶架两侧张紧固定形成滑道绳，然后铺设防护网。

（5）架体顶部设置羊角杆，架顶加固。封顶杆的两侧应各绑扎一根羊角状外伸支杆，外伸长度 4 m，与大横杆夹角为 45°。经验算确定，牵引绳牵引时将磨到的跨越架，在封顶横杆上方应绑设圆钢管防磨。

（6）打拉线。木质、毛竹、钢管跨越架拉线与地锚的用料、规格、数量由施工设计计算确定。所有拉线挂点应选择在顶架立杆与横杆绑扎点处，拉线绑点立杆视需要可增设根数。当架体较高时，为保持稳定，应增打与大横杆方向一致的拉线。拉线对地夹角由施工设计计算确定，一般应不大于 60°。

（7）装设警告标志。跨越架搭设后应在显著位置牢固悬挂警告标志。

4. 跨越架验收检查

跨越架搭设完毕需进行全面验收检查，检查内容包括跨越架形式、方位、强度、稳定性等。在强风、暴雨前后，应对跨越架进行检查加固。

5. 跨越架线施工

按作业指导书的要求进行张力架线施工。在进行张力架线时，应派专人对重要跨越处进行监护。

6. 拆除跨越架

按施工设计规定的时段拆除跨越架，跨越架原则上应由原搭设人员拆除。拆除操作按搭设跨越架的逆程序由上而下进行。拆除工作和搭设工作必须同样执行施工技术设计及相关规程的规定。

三、主要工器具配置

木质、毛竹、钢管跨越架搭设主要工器具配置见表 5-2-1。

表 5-2-1　木质、毛竹、钢管跨越架搭设主要工器具配置

序号	名称	规格	单位	数量	备注
1	经纬仪		台	1	
2	花杆		根	2	测量用
3	铁锹		把	4	挖坑用

续表 5-2-1

序号	名称	规格	单位	数量	备注
4	十字镐		把	4	挖坑用
5	铁钎	1.5 m	根	4	绑扎铁丝用
6	三联工具袋		个	4	高处作业用
7	起重滑车	10 kN	个	4	
8	棕绳	ϕ12 mm×7 m	根	4	
9	钢卷尺	50 m	个	1	
10	大锤		把	1	
11	固定扳手		把	4	用于扣件螺丝
12	梅花扳手		把	4	用于扣件螺丝
13	扳手	80 N·m	把	4	

第四节 施工安全控制要点

木质、毛竹、钢管跨越架施工的安全控制要点见表 5-2-2。

表 5-2-2 木质、毛竹、钢管跨越架施工安全危险点与预控措施

序号	作业内容	危险点	防范类型	预防控制措施
1	现场布置	跨越架搭设位置未进行测量定位,架体偏移或与被跨越物水平距离不足,不满足安全防护距离要求	触电、物体打击	搭设前,按施工方案要求进行架体的测量定位,保证架体中心位置处于线路中心线上,且与被跨越物有足够的安全净距
2	跨越架搭设及拆除	邻近带电体搭设跨越架,施工人员在跨越架内侧攀登或作业	触电	邻近带电体搭设跨越架,施工人员不得在跨越架内侧攀登或作业
		邻近带电体搭设跨越架,上下传递物件使用钢丝绳或普通绳索	触电	邻近带电体搭设跨越架,上下传递物件必须使用绝缘绳索,作业全过程应设专人监护
		邻近带电体作业,人体与带电体安全距离不足	触电	邻近带电体作业,人体与带电体间的最小安全距离必须满足安全工作规程的规定
		跨越架与带电线路的安全距离不足	触电	跨越架架面与被跨电力线导线之间的最小安全距离在考虑施工期间的最大风偏后不得小于安全工作规程的规定
		架体拆除时整体推倒或抛扔	物体打击、坍塌、触电	跨越架拆除时自上而下逐根进行,拆下的材料应有人传递,不得抛扔。不得上下同时拆架或将跨越架整体推倒

结合木质、毛竹、钢管跨越架施工各项作业内容的危险点,从"人、机、料、法、环"五因素分析其施工安全危险点。木质、毛竹、钢管跨越架是最传统的跨越施工方法,应用较为成

熟,采用人工自下而上逐层逐根搭设并固定,其搭设牢固程度受工人操作水平影响较大,跨越架整体强度受限于材料本身的强度,且随搭设高度及面积的增加,易受搭设位置地耐力水平及大风等不利气象条件影响。从危险点因素分析,大风等不利气候环境条件是主要因素,施工人员的技能素质及操作经验是次要因素,各因素占比见施工安全危险点因素分析饼图,如图5-2-4所示。

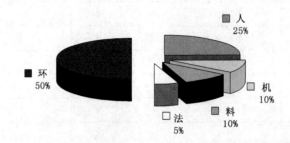

图 5-2-4 木质、毛竹、钢管跨越架施工安全危险点因素分析饼图

第五节 分析评价

结合木质、毛竹、钢管跨越架施工技术的特点,对其进行分析评价。

1. 技术先进性

木质、毛竹、钢管跨越架为最传统的跨越技术,采用木杆、毛竹、钢管在跨越物两侧搭设跨越架体,打设稳定拉线,再利用跨越架体在跨越物上方进行封网。该施工技术应用成熟,技术先进性一般。

2. 安全可靠性

跨越架体采用木杆、毛竹、钢管材料搭设为桁架结构,自身迎风面积较大,特别是部分高度高、跨距大、长度长的跨越架体,采用木杆、毛竹、钢管材料更易受大风等不利气象条件影响,安全可靠性不高。

3. 操作便捷性

跨越架体为单根木杆、毛竹、钢管材料及相应的绑绳或扣件,采用自下而上的分层逐根搭设,封网装置结合跨越物情况采用预先编制、整体拖放方式,结构较为简单,搭设及拆除操作较为便捷。

4. 经济性

跨越架体材料及结构较为简单,施工运输方便,对地形作业条件好、跨越高度较低、交跨角较大的一般跨越经济性较好。

5. 适用性

木质、毛竹、钢管跨越架一般适用于高度不超过 15 m 的一般跨越,如公路、低等级输电线路等。

结合木质、毛竹、钢管跨越架施工技术在技术先进性、安全可靠性、操作便捷性、经济性、适用性五方面的分析评价结果进行评分，其分析评价柱形图如图 5-2-5 所示。

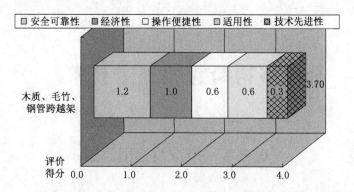

图 5-2-5　木质、毛竹、钢管跨越架施工技术各项目分析评价柱形图

第三章
金属格构跨越架施工技术

第一节 概况及适用范围

金属格构跨越架按照形式分为Ⅱ形、门形和单柱带羊角横担式等。柱身靠拉线保持稳定,然后在两塔头部位之间布置两条高强度绝缘承载索(一般为迪尼玛绳),利用承载索在跨越物的上空布置绝缘网(绝缘杆)进行跨越施工保护。金属格构式拉线跨越架搭设高度不宜超过35 m,跨度不宜超过100 m,交叉跨越角不宜小于60°,一般适应于220 kV及以下线路及高架路桥等跨越。金属格构跨越架(门形)搭设示意如图5-3-1所示。

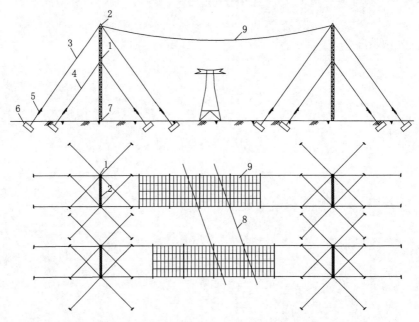

1—钢结构立柱;2—钢结构横梁;3—上层拉线;4—下层拉线;5—手扳葫芦;
6—地锚;7—立柱底座;8—被跨越物;9—绝缘网(绝缘杆)

图5-3-1 金属格构跨越架(门形)搭设示意图

第二节　施工计算及技术参数

一、跨越架架体宽度

跨越架架体宽度应按式(5-3-1)计算。

$$B \geqslant D_X + (Z_{(10)} + C) \times 2 \tag{5-3-1}$$

式中：B——金属格构跨越架有效遮护宽度，m；

D_X——当同杆双回路线路按左右回路封网时，取地线、上相、中相、下相线索投影边界宽度，m；当单回路线路分相封网时，取边导线与相邻地线间的水平距离，m。

式中其他符号意义同前。

二、跨越架架体高度

跨越架架体高度参照前述钢管跨越架计算方式。

三、跨越架有效跨距

当搭设分相跨越架时：

$$L \geqslant \frac{D_t}{\sin\beta} + \frac{B_w}{\tan\beta} + 2L_d \tag{5-3-2}$$

当搭设整体跨越架时：

$$L \geqslant \frac{D_t}{\sin\beta} + \frac{D + 2(Z_{(10)} + C)}{\tan\beta} + 2L_d \tag{5-3-3}$$

式中：L_d——跨越架与跨越物外边沿的最小水平距离，要求大于架体的倒杆距离，m。

式中其他符号意义同前。

分相金属格构跨越架的架顶宽度及跨距计算见图 5-3-2。

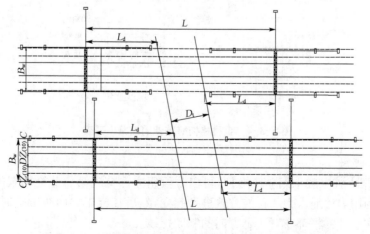

图 5-3-2　分相金属格构跨越架的架顶宽度及跨距计算图

第三节 施工工艺

一、操作流程

金属格构跨越架跨越施工操作流程见图 5-3-3。

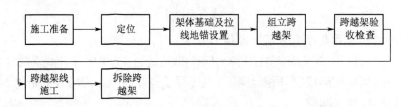

图 5-3-3 金属格构跨越架跨越施工操作流程

二、施工工艺要点

1. 施工准备

跨越点进行实地勘察,内容包括:地形、交叉跨越角度,被跨越电力线导地线高度及间距等,并应调查了解被跨电力线路的电压等级、两侧铁塔的高度等,以便进行跨越施工方案设计。应绘制架体基础平面布置施工图,其中应有基础位置、形式、埋深及尺寸等。

2. 定位

金属格构架(门形架)组立前必须对其位置进行测量、操平、钉桩,门形架各拉线地锚埋设对地夹角不得大于 45°。

3. 架体基础设置

根据施工设计,可布置混凝土基础(图 5-3-4)或在夯实地面上设置面积大于 1.5 m×1.5 m 的枕木基础,防止架体受力下沉。

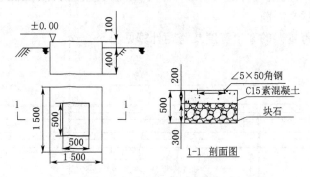

图 5-3-4 金属格构跨越架的混凝土基础

4. 组立跨越架

(1) 钢构架立柱一般采用立塔抱杆,可以分段组立。首先第一节格构架的起立以基础底座为支点,利用白棕绳人力牵拉的方式进行起立,然后在施工方向布置临时拉线,如基础采用枕木,需在立柱的根部布置 4 个方向的制动拉线。

(2) 组装上段构架立柱,采用"附着式轻型抱杆"分段起吊,抱杆技术特性如下:

① 抱杆全高 7 m,截面为 $\phi102$ mm×5 mm。

② 最大起吊偏角为 10°,控制绳对地夹角不大于 45°。

③ 在自由长度不大于 5 m 的条件下,允许吊重为 151 kg。

(3) 格构架立柱的吊装布置如图 5-3-5 所示。起吊绳采用 $\phi11$ mm×80 m 钢丝绳,单次最大起吊一节□500 mm 格构中段,起吊质量为 151 kg,控制绳采用 $\phi16$ mm 白棕绳。

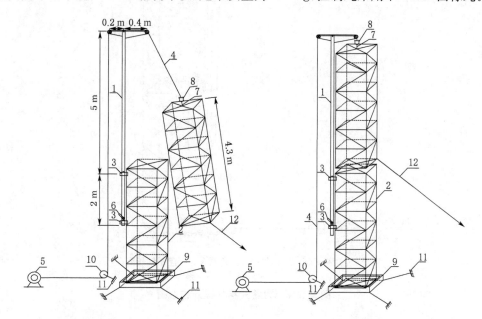

1—附着式轻型抱杆;2—□500 mm 抱杆标准段;3—抱杆夹具;4—起吊钢丝绳;5—机动绞磨;
6—抱杆提升吊环;7—吊绳;8—卸扣;9—立柱基础;10—开口滑车;11—地锚;12—控制绳

图 5-3-5　格构架立柱的吊装布置图

(4) 立柱的起吊过程,其稳定性完全依赖 45°方向的 4 根临时拉线。随着立柱组立高度的增加,临时拉线必须同步交替增高,起立第一节抱杆后布置第一道临时拉线,之后为起吊每隔一节抱杆调节一次临时拉线。

(5) 附着式轻型抱杆的提升采用 $\phi11$ mm×100 m 钢丝绳,吊点锁在抱杆根部的专用 U 形环上,在格构架立柱顶部断面安装专用提升板,30 kN 提升滑车通过卸扣 DG2 挂入提升板眼孔内,提升钢丝绳通过底滑车后引至绞磨。附着式抱杆提升布置见图 5-3-6 所示。

(6) 抱杆提升前需在格构架最高段安装 2 只抱箍,抱箍螺栓带至平帽即可,不可过紧,待绞磨收紧提升钢丝绳后,拆除原固定抱箍。抱杆的提升速度不宜过快,高空人员应监视抱杆是否顺利地从抱箍圆环内通过,发现抱箍卡住抱杆时应迅速通知停磨。抱杆提升到位后,待抱箍螺栓紧固后方可松磨。

(7) 门架横梁吊装采用 2 副附着式轻型抱杆抬吊的方式进行,横梁两端的附着式轻型抱杆抬吊需要配合一致。门形格构架横梁吊装布置如图 5-3-7 所示。

5. 敷设绝缘保护网

为了预防导线、地线在展放过程和紧线施工中发生坠落事故,除在横梁顶部设置挂胶滚筒和羊角外,同时敷设绝缘网加以保护。

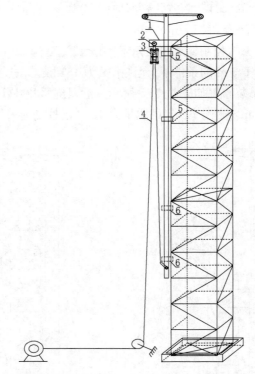

1—专用提升板;2—卸扣;3—起重滑车;4—起吊钢丝绳;
5—专用抱箍;6—待拆抱箍

图 5-3-6　附着式抱杆提升布置图

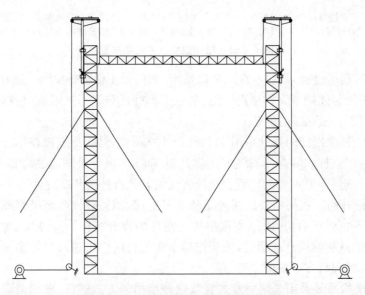

图 5-3-7　门形格构架横梁吊装布置图

6. 带电架设高强度绝缘承载索

在跨越交叉点用抛绳器等抛过绝缘引绳,用该绳作导引绳,分别将承载索牵引过被跨物,牵引时不能接触带电导线,只能在架空地线上方牵引,一张网一般需要 2 根承载索。

7. 带电敷设绝缘网

事先在地面将绝缘网上所有挂钩在叠网时分段安置好,在架体横担安装滑车,提升绝缘网并逐个将挂钩挂在承载索上,然后用绝缘牵引绳牵引绝缘网过带电线路后调整固定。

8. 跨越架验收检查

跨越架搭设完成后,由相关职能人员进行全面验收检查,检查的主要内容包括跨越架形式、方位、稳定性等。

9. 跨越架线施工

按作业指导书的要求进行张力架线施工。在进行张力架线时,应派专人对重要跨越处进行监护。

10. 拆除跨越架

按施工设计规定的时段拆除跨越架,跨越架原则上应由原搭设人员拆除。拆除操作按搭设跨越架的逆程序由上而下进行。拆除工作和搭设工作必须同样执行施工技术设计及相关规程的规定。

三、实际应用图片

金属格构跨越架实际应用如图 5-3-8 所示。

图 5-3-8　金属格构跨越架实际应用

四、主要工器具配置

金属格构跨越架搭设主要工器具配置见表 5-3-1。

表 5-3-1　金属格构跨越架搭设主要工器具配置

序号	名　称	规格	单位	数量	备　注
1	轻型附着式抱杆		台	2	
2	机动绞磨	30 kN	台	2	
3	钢丝绳	φ11 mm×100 m	根	2	起吊绳
4	钢丝绳	φ11 mm×50 m	根	20	拉线
5	白棕绳	φ16 mm	根	300	控制绳

续表 5-3-1

序号	名　　称	规格	单位	数量	备　　注
6	卸扣	DG2	只	32	
7	经纬仪		台	1	
8	三联工具袋		个	2	高处作业用
9	起重滑车	10 kN	个	4	
10	钢卷尺	50 m	个	1	
11	大锤		把	1	
12	扳手		把	4	

第四节　施工安全控制要点

金属格构跨越架施工的安全控制要点见表 5-3-2。

表 5-3-2　金属格构跨越架施工安全危险点与预控措施

序号	作业内容	危险点	防范类型	预防控制措施
1	现场布置	跨越架搭设位置未进行测量放样定位,架体偏移,架体或拉线与被跨越物水平距离不足,不满足安全防护距离要求	触电、物体打击	搭设前,按施工方案要求进行架体及拉线位置的测量放样定位,保证架体中心位置处于线路中心线上,且与被跨越物有足够的安全净距
2	工器具及材料选用	新型金属结构跨越架未经过静载荷试验	物体打击、坍塌	新型金属结构跨越架必须根据设计要求、技术参数进行静载荷试验,合格后方可使用
3	跨越架搭设及拆除	跨越架体采用倒装分段组立时,操作不规范	物体打击、坍塌	提升架必须用经纬仪双向观测调直;提升架必须用拉线稳定,拉线与地面夹角应控制在30°～60°范围内;倒装组立过程中,架体高度达到被跨带电线水平高度或超过15 m时,必须采用临时拉线控制,拉线应随时监视并随时调整,提升速度应适当放慢;操作提升系统的工作人员严禁超速、超负荷工作
		跨越架体采用吊车整体组立时,操作不规范	物体打击、坍塌	根据架体质量和组立高度,按起重机的允许工作荷重吊吊,不得超载;起吊时,吊臂应平行带电线路方向摆放;整体起吊时,严禁大幅度甩杆;架体宜在与带电线路垂直方向上进行地面组装
		用提升架拆除跨越架时,操作不规范	物体打击、坍塌、触电	提升架拉线打好后,方可松开被拆架体的拉线;提升架用经纬仪调直后,方可开始架体的拆除工作;被拆架体的上层拉线必须有保护措施;架体的浪风绳必须与拆架工作密切配合,保持架体稳定
		用吊车拆除跨越架时,操作不规范	物体打击、坍塌、触电	吊车的摆放位置应能避免大幅度转臂、甩杆;吊车吊钩吊实后,方可拆除架体拉线;架体、塔头、塔根必须设置浪风绳

结合金属格构跨越架施工各项作业内容的危险点,从"人、机、料、法、环"五因素分析其施工安全危险点。金属格构跨越架,采用金属格构整体起立或分节提升形成架体,承受整体下压荷载,配设落地拉线进行稳定,其安全可靠程度,受跨越位置的地形、地耐力水平、周边障碍物等影响较大。从危险点因素分析,周边障碍物及地形等环境条件是主要因素,金属格构的本体强度是次要因素,各因素占比见施工安全危险点因素分析饼图,如图5-3-9所示。

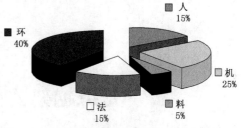

图5-3-9 金属格构跨越架施工安全危险点因素分析饼图

第五节 分析评价

结合金属格构跨越架施工技术的特点,对其进行分析评价。

1. 技术先进性

金属格构跨越架,在跨越物两侧搭设金属格构式跨越架体,打设稳定拉线,再利用跨越架体在跨越物上方进行封网,金属格构架的组立可采用提升式、倒装式等多种方法。技术先进性一般。

2. 安全可靠性

跨越架体采用金属格构跨越架,完全靠拉线稳定,架体迎风面积较小,安全可靠性较高。架体为金属格构,结构本体安全可靠性较高,必须保证拉线安全。

3. 操作便捷性

金属格构跨越架可采用提升式、倒装式等多种方式组立,封网装置结合跨越物情况采用预先编制、整体拖放方式,结构简单,搭设及拆除操作较为便捷。施工操作便捷性较高。

4. 经济性

金属格构跨越架可直接利用立塔抱杆,无须另行租赁跨越架体搭设。对跨越高度较高、地形条件满足拉线设置要求的重要跨越,经济性较好。

5. 适用性

金属格构跨越架一般适用于高度不超过30 m的重要跨越,如较高等级输电线路、重要公路等。

结合金属格构跨越架施工技术在技术先进性、安全可靠性、操作便捷性、经济性、适用性五方面的分析评价结果进行评分,其分析评价柱形图如图5-3-10所示。

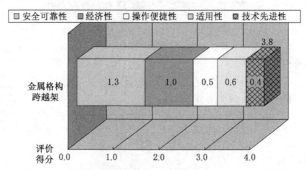

图5-3-10 金属格构跨越架施工技术各项目分析评价柱形图

第四章
无跨越架式跨越装置施工技术

第一节　概况及适用范围

　　无跨越架式跨越装置是指利用在建输电线路跨越档两侧的铁塔,加装临时横梁,再在临时横梁之间架设高强度承载索(一般采用迪尼玛绳),然后敷设封网装置。其中封网装置可选择纯网式、纯杆式和网杆结合式。该跨越装置跨越档档距宜小于 300 m,跨越档最下层导线与被跨越物有足够交叉距离裕度,满足跨越施工设计需要,主要适用于 500 kV 及以下线路、大档距无法搭设跨越架的跨越工况。无跨越架式跨越装置示意如图 5-4-1 所示。

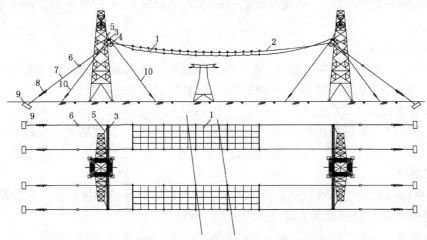

1—绝缘网;2—承载索;3—临时横梁;4—支承滑车;5—横梁悬吊绳;6—连接器;
7—钢丝绳承载索;8—链条葫芦;9—钢板地锚;10—横梁拉线

图 5-4-1　无跨越架式跨越装置现场布置示意图

第二节　施工计算及技术参数

一、临时横梁长度

　　临时横梁长度应按式(5-4-1)计算。

$$B = \frac{D + (Z_{(10)} + C) \times 2}{\cos(\theta/2)} \tag{5-4-1}$$

式中:B——横梁长度,m;

D——施工线路两边线外侧子导线间水平距离,m;

C——超出施工线路边线的保护宽度,取 1.5 m;

θ——跨越塔转角度数,直线塔时取零值(°)。

二、封顶网宽度计算公式

$$B_w = D_X + (Z_{(10)} + C) \times 2 \qquad (5\text{-}4\text{-}2)$$

式中:B_w——封顶网宽度,m。

D_X——当同杆双回路线路按左右回路封网时,取地线、上相、中相、下相线索投影边界宽度,m;当单回路线路分相封网时,取边导线与相邻地线间的水平距离,m。

C——超出施工线路边线的保护宽度,取 1.5 m。

三、封顶网长度计算公式

$$L_w \geqslant \frac{D_t}{\sin\beta} + \frac{B_w}{\tan\beta} + 2L_B \qquad (5\text{-}4\text{-}3)$$

式中:L_w——封顶网的总长度,m;

D_t——被跨线路最外侧导线之间的水平距离,m;

β——施工线路与被跨线路的交叉跨越角(°);

L_B——封顶网伸出被跨线路外的保护长度,不小于 10 m。

第三节　施工工艺

一、操作流程

无跨越架式跨越装置跨越施工操作流程见图 5-4-2。

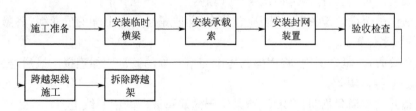

图 5-4-2　无跨越架式跨越装置跨越施工操作流程

二、施工工艺要点

1. 施工准备

(1)跨越档铁塔验收消缺完毕。

(2)横梁及其附件经试组装合格,所有使用设备及工器具均进行检查与试验。

(3)已申请"退出重合闸",并落实。

（4）做好现场准备，如现场布置、地锚设置等。

2. 安装临时横梁

（1）安装位置。横梁应安装在靠近导线防线滑车处的下方，依具体条件计算确定。

（2）横梁吊装布置。横梁吊装布置示意图见图5-4-3。

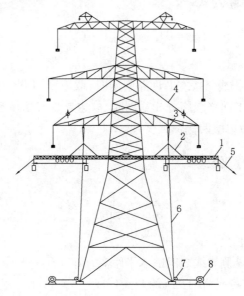

1—横梁；2—起吊绳；3—起吊滑车；4—补强钢丝绳；5—控制绳；
6—牵引绳；7—地滑车；8—绞磨

图 5-4-3 横梁吊装布置示意图

（3）临时横梁的吊装步骤：

① 吊装前，检查横梁分段联结螺栓应齐全、紧固。当横梁长度超过 20 m 时，应采用 4 点起吊。

② 起吊前在横梁规定位置装好悬挂绳、控制绳、临时拉线及承载索支承滑车等。

③ 横梁起吊时，利用控制绳使横梁离开塔身约 0.2～0.5 m。

④ 当横梁吊至设计位置时，绞磨应暂停牵引，收紧悬吊绳上端的尼龙绳，将悬吊绳逐一挂到横担的预定位置。

⑤ 启动绞磨，收紧牵引绳，将横担的尾端与塔身处的铰链座相连接。最后，松出牵引绳并拆除吊点绳、控制绳等。

⑥ 调整并收紧横梁临时拉线，使横梁位于横线路方向的中心线上。

3. 安装承载索

（1）导引绳、索道绳及循环绳的展放。一级导引绳展放布置如图5-4-4所示。

由一级导引绳再牵引二级、三级等导引绳，直至完成索道绳、循环绳的展放。

索道绳应通过跨越档两端横梁的悬挂滑车后，一端与手扳葫芦连接后挂于地锚，另一端固定于地锚。索道绳展放可以减小承载索展放时的张力，经计算，当承载索展放张力不大时也可不用索道绳。

（2）承载索的展放。承载索为迪尼玛绳时，利用尼龙绳牵引迪尼玛绳，承载索展放布置示意图如图5-4-5所示。

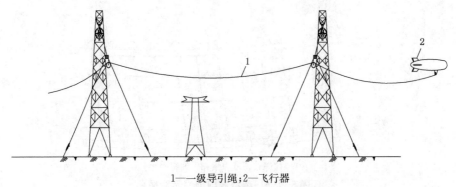

1—一级导引绳;2—飞行器

图 5-4-4　一级导引绳展放布置示意图

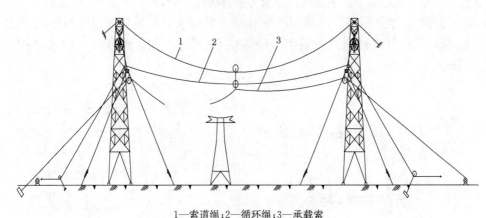

1—索道绳;2—循环绳;3—承载索

图 5-4-5　承载索展放布置示意图

　　当循环绳与承载索接头接近跨越塔的横梁时,将承载索悬空的一端穿过滑车后与地面的钢丝绳相连接,同时将循环绳与承载索连接的抗弯连接器解开。然后将承载索端固定于地锚,另一端通过手扳葫芦收紧,达到预定的安装弧垂。

　　循环绳进行反方向牵引,再连接另一根承载索进行牵引展放,直至完成全部承载索架设。

　　(3)牵网绳的展放。牵网绳强度必须满足导线断线后对网的冲击,牵网绳利用循环绳牵引展放,方式与承载索相似,每张网展放 2 根。

　　当循环绳与牵网绳接头接近跨越塔的横梁时,将循环绳与牵网绳的接头抗弯连接器解开,然后将牵网绳收紧,固定在横梁上。

　　4. 安装封网装置

　　(1)准备。根据跨越档的封网设计方案,在地面的彩条布上将封网装置进行组装。根据封顶网的组成形式可以分为 3 类。

　　① 纯网式封顶网。用合成纤维绳、迪尼玛绳等铺设的封顶网,包括主承力索、编织网等。纯网式封顶网的网格尺寸顺线路方向不大于 1 m,横线路方向不大于 2 m,如图 5-4-6 所示。此种封顶网在外力作用下变形较大,较适用于简易跨越架间的封网或跨越架间距较小的情况,如跨越公路、铁路等,跨距不宜超过 50 m。

　　② 纯杆式封顶网。用竹竿、绝缘纤维管等铺设的封顶网,杆间距一般为 1~2 m。此种封

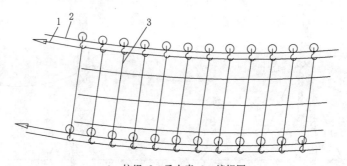

1—拉绳;2—承力索;3—编织网

图 5-4-6　纯网式封顶网示意图

顶网在外力作用下变形很小。绝缘网杆与承力索直接连接时,称为平面杆网,如图 5-4-7 所示,包括主承力索、绝缘杆等。绝缘网杆通过垂直绳与承力绳连接时成为吊篮式杆网,如图 5-4-8 所示。纯杆式封顶网较适用于跨距较大的情况,如无跨越架式封网,跨距不宜超过 300 m。

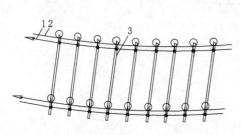

1—拉绳;2—承力索;3—绝缘杆

图 5-4-7　平面杆网示意图

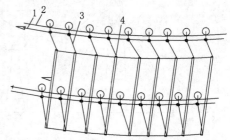

1—拉绳;2—承力索;3—垂直绳;4—绝缘杆

图 5-4-8　吊篮式杆网示意图

③ 网杆结合式封顶网。用合成纤维绳、迪尼玛绳、绝缘网撑等铺设的封顶网。此种封顶网有利于控制承力绳在档距中间向内收缩(俗称"缩腰"),以保持封网宽度,网撑间距一般不大于 15 m。网杆结合式封顶网适用于跨距较大的情况,跨距不宜超过 150 m。其示意图如图 5-4-9 所示。

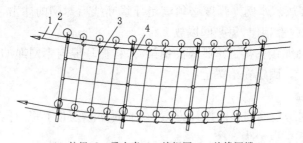

1—拉绳;2—承力索;3—编织网;4—绝缘网撑

图 5-4-9　网杆结合式封顶网示意图

根据跨越档内被跨电力线的位置及跨越长度组装满足长度要求的封顶网,在网的两个端部各设置一条带绝缘的钢丝绳,加强网的耐磨性。组装后的封网装置构成图见图5-4-10。

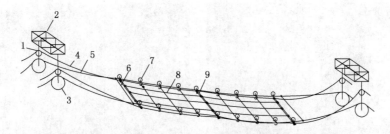

1—牵网绳滑车；2—临时横梁；3—承载索滑车；4—牵网绳；5—承载索；
6—防磨钢丝套；7—承网滑车；8—绝缘网；9—绝缘网撑杆

图 5-4-10　网杆结合式封顶网组装后的封网装置示意图

（2）吊装封网装置。封网装置地面组装后，利用横梁下方（靠近承载索滑车处）的起重滑车，穿入起吊钢丝绳，一端与封网装置端部相连接，另一端进入机动绞磨。启动绞磨，将封网装置吊至横梁下方，再将封网装置端部与牵网绳相连。

（3）展放封网装置。收紧牵网绳，一面逐次按预定间隔挂上挂钩，一面使封网装置在承载索上缓慢展放，直至达到设计规定的封网长度为止，将牵网绳前端固定于前塔横梁上，后端连接封网绳固定于后塔横梁上，防止其移动。

安装封网装置的同时，在网间安装一定数量的绝缘撑杆，防止封网装置出现"缩腰"现象。

封网装置展放完毕，再次调整承载索的弧垂，使之满足施工设计的要求。

5. 验收检查

封网装置安装完成后，由相关职能人员进行全面验收检查，检查的主要内容包括封网的弧垂、地锚设置、稳定性等。

6. 跨越架线施工

除了按作业指导书的要求进行张力架线施工外，还要遵守以下几点：

（1）在跨越档两侧铁塔上的导线、地线防线滑车下方加装防脱钢丝绳套，作为保险。

（2）认真检查张力架线所用机具，确保安全可靠，特别是应认真检查张力机是否良好，牵、张系统索具连接是否可靠。

（3）紧线、挂线时，应特别加设防止跑线的预防保护，并在所有用于连接的受力机具处采取双套配备。

7. 拆除跨越装置

跨越区段导线、地线架设全部完成并经检查验收合格后即可拆除跨越装置，拆除程序是安装时的逆程序。拆除工作与安装工作一样具有同等的危险性，必须统一指挥按部就班地一步一步拆除。特别是靠近带电部位，务必遵照相关安全规程和作业规定。

三、实际应用图片

无跨越架式跨越装置实际应用如图 5-4-11 所示。

四、主要工器具配置

无跨越架式跨越装置搭设主要工器具配置见表 5-4-1。

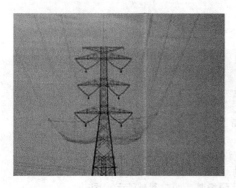

图 5-4-11　无跨越架式跨越装置实际应用示意图

表 5-4-1　无跨越架式跨越装置搭设主要工器具配置

序号	名　称	规格	单位	数量	备　注
1	机动绞磨	50 kN	台	2	
2	钢丝绳	$\phi 12\ mm \times 100\ m$	根	2	起吊绳
3	迪尼玛绳	$\phi 8\ mm \times 550\ m$	根	1	循环绳
4	电子拉力表	无线遥感	只	2	监测承载索受力
5	卸扣	DG2	只	32	
6	经纬仪		台	1	
7	三联工具袋		个	2	高处作业用
8	起重滑车	10 kN	个	4	
9	钢卷尺	50 m	个	1	
10	大锤		把	1	
11	扳手		把	4	

第四节　施工安全控制要点

无跨越架式跨越装置施工的安全控制要点见表 5-4-2。

表 5-4-2　无跨越架式跨越装置施工安全危险点与预控措施

序号	作业内容	危险点	防范类型	预防控制措施
1	现场布置	临时横梁的布设位置未进行测量放样定位,横梁偏移,不满足安全防护要求	触电、物体打击	搭设前,按施工方案要求进行横梁位置的测量放样定位,保证横梁中心位置处于线路中心线上
2	工器具及材料选用	临时横梁未经过载荷试验	物体打击、坍塌	临时横梁必须根据技术参数进行静载荷试验,合格后方可使用

续表 5-4-2

序号	作业内容	危险点	防范类型	预防控制措施
3	跨越装置安装及拆除	临时横梁连接螺栓未配齐或紧固	物体打击	临时横梁应在地面组装,连接螺栓应配齐并紧固
		临时横梁安装高度位置未经计算确定	物体打击、触电	根据被跨物的高度、位置、跨越档距,应事先计算确定横梁的布置高度,按计算数据进行横梁的布置,保证封顶网与被跨物的净距及放线过程中线绳与封顶网的净距
		临时横梁与塔身未可靠固定	物体打击、触电	临时横梁吊装至设计位置应与塔身连接牢固,且悬吊绳确定已挂设可靠后方准拆除吊点绳及牵引绳
		跨越档内承载索采用钢丝绳等非绝缘绳索	触电	承载索的跨越档内段应采用绝缘纤维绳,跨越档档外宜用钢丝绳与地锚连接
		封顶网承力绳未可靠固定	触电	封顶网的承力绳收紧后,保证与被跨物足够的安全净距后,必须绑牢,与地锚进行可靠固定
		封顶网与被跨越物的安全净距不满足安全要求	触电	承载索安装后,应检查测量其弧垂,确认符合施工方案的规定
		封网装置前后端部未采取防磨措施	物体打击、触电	封网装置前后端部应选用强度较高的网撑或用包胶处理的钢绞线(或钢丝绳)进行加固处理
		封网装置各部分连接不可靠,封网装置与承载索连接方式不合理	物体打击、触电	封网装置各部分连接应牢固可靠,与承载索连接宜采用挂滑轮方式,便于牵拉
		封顶网未采取撑杆等其他防缩腰措施	触电	封顶网宜采用刚性撑杆,撑杆长度应大于封网宽度;或采用在跨越点地面设拉线的方式,将封顶网向四侧拉开,防止封顶网缩腰

结合无跨越架式跨越装置施工各项作业内容的危险点,从"人、机、料、法、环"五因素分析其施工安全危险点。无跨越架式跨越装置,借用铁塔固定横梁及悬吊系统布置封顶网,利用落地拉线平衡封顶网水平力,由施工人员观测控制封顶网的弧垂及张力后在地面固定。落地拉线承受全部封顶网的水平张力,由于封顶网高度较高,受风、雨、雪、冰等气象环境影响,荷载在随时变化。从危险点因素分析,各因素占比见施工安全危险点因素分析饼图,如图 5-4-12 所示。

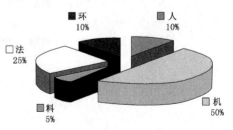

图 5-4-12 无跨越架式跨越装置施工安全危险点因素分析饼图

第五节　分析评价

结合无跨越架式跨越装置施工技术的特点,对其进行分析评价。

1. 技术先进性

无跨越架式跨越装置,在跨越物两侧,利用新建线路的塔身布置金属结构横梁或辅助横担,或利用地面地形凸起位置,架设布置跨越封顶网。技术先进性较好。

2. 安全可靠性

直接或间接利用塔身,无须搭设专用跨越架体,安全可靠性较高。结构本体安全可靠性较高。

3. 操作便捷性

封网装置的跨距较大,封顶网安装拆除相对较为复杂,对施工人员的操作熟练程度及人员素质要求较高。施工操作便捷性一般。

4. 经济性

省去了跨越架体搭设,仅布置塔身横梁安装封顶网。对跨越高度较高、两侧铁塔满足封网布置要求的重要跨越,经济性较好。

5. 适用性

无跨越架式跨越装置一般适用于跨越高度较高、两侧铁塔满足封网布置要求的重要跨越,如高等级输电线路、普通铁路、高速公路等。

结合无跨越架式跨越装置施工技术在技术先进性、安全可靠性、操作便捷性、经济性、适用性五方面的分析评价结果进行评分,其分析评价柱形图如图 5-4-13 所示。

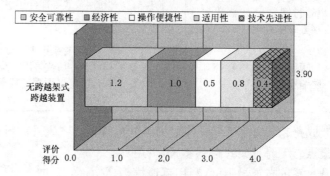

图 5-4-13　无跨越架式跨越装置施工技术各项目分析评价柱形图

第五章

防护横梁式跨越装置施工技术

第一节　概况及适用范围

　　防护横梁式跨越装置是指在被跨物两侧布置防护横梁,该防护横梁作为输电线路跨越架线时对被跨物的防护措施。该跨越装置的特点是不需要布置封网装置,布置和拆除方便,该跨越装置适合跨越档档距小于 20 m,主要适用于高架高速铁路。防护横梁式跨越装置现场布置示意如图 5-5-1 所示。

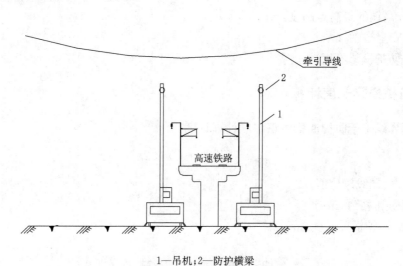

1—吊机;2—防护横梁

图 5-5-1　防护横梁式跨越装置现场布置示意图

第二节　施工计算及技术参数

一、防护横梁间跨度

$$l = D_{\mathrm{X}} + 2l_{\mathrm{B}} \tag{5-5-1}$$

式中:l——防护横梁跨度,m;

　　　D_{X}——高铁宽度,m;

　　　l_{B}——防护横梁布置时与高铁的安全施工距离,m。

二、防护横梁高度

假设导线坠落后搁在防护横梁上，以导线不触碰高铁设施为计算条件，从而确定防护横梁的高度。设防护横梁高度为 h，则导线坠落于防护横梁上后，最大弧度可根据式 (5-5-2) 得到：

$$f_{max} = \frac{\omega l^2}{8H} \tag{5-5-2}$$

式中：ω——导线比载，N/m；

l——防护横梁跨度，m；

H——防护横梁两侧导线坠地后悬垂段的重力，N；

f_{max}——导线坠落到横梁上后的最大弧度，m。

之后，满足式 (5-5-3)，可确定防护横梁最终高度。

$$f_{max} + h_g + c \leqslant h \tag{5-5-3}$$

式中：h_g——高铁的最高点高度，m；

c——安全裕度，m；

h——防护横梁高度，m。

三、防护横梁长度计算

按牵引导线位于防护横梁的正中间计算长度：

$$B_w = (Z_{(10)} + C) \times 2 \tag{5-5-4}$$

式中：$Z_{(10)}$——导线风偏值，m；

C——施工裕度，m；

B_w——防护横梁长度，m。

第三节　施工工艺

一、操作流程

防护横梁式跨越装置跨越施工操作流程见图 5-5-2。

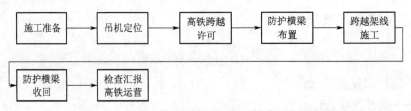

图 5-5-2　防护横梁式跨越装置跨越施工操作流程

二、施工工艺要点

1. 施工准备

(1) 与高铁部门签订跨越协议并排定计划及落实。

(2) 横梁及其附件经试组装合格,所使用吊机及工器具均进行检查,合格后方可入场。

(3) 跨越场地进行平整夯实,可满足吊机操作要求。

2. 定位

在跨越点位置利用经纬仪对跨越档两基铁塔每一相导(地)线的滑车挂点位置采用正倒镜方式进行通视定位,并在防护横梁布置点地面明确标识中心位置,确保防护横梁布置在牵引导地线的正下方。

3. 防护横梁就位

(1) 防护横梁就位采用 2 台吊机抬吊的方式,抬吊过程必须专人指挥,驾驶员需要配合默契,一切动作听指挥。

(2) 吊装前,检查横梁分段联结螺栓应齐全、紧固。横梁规定位置装好控制绳。

(3) 起吊横梁的吊绳长度控制在 1 m 以内,尽量确保防护横梁的稳定性。

(4) 起吊速度缓慢匀速,确保横梁平稳,同时利用控制绳,防止横梁出现前后晃动。

(5) 横梁布置到位后,吊机吊臂锁定,并实时进行观测,保持横梁的高度和平整度。

(6) 防护横梁布置验收要求:

① 横梁顶杆达到工艺设计要求高度。

② 横梁与高铁净间距大于等于规定的安全距离。

③ 防护横梁布置在牵引导线的正下方,并保持水平。

④ 防护横梁吊点布置牢固。

防护横梁布置示意图如图 5-5-3 所示。

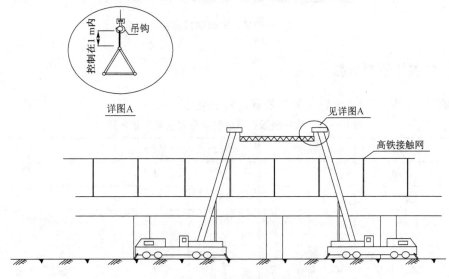

图 5-5-3　防护横梁布置示意图

4. 跨越架线施工

按作业指导书的要求进行张力架线施工外，还需遵守以下几点：

（1）尽量缩短牵引张段距离，控制在铁路停运期间完成一相导线的牵引和附件安装工作。

（2）认真检查张力架线所用机具，确保安全可靠，特别应认真检查张力机是否良好，牵、张系统索具连接是否可靠。

（3）防护横梁布置好后，抛过引绳，牵张两场同时收紧，使得引绳凌空。收紧过程中牵张两场应尽量同步，避免 ϕ14 mm 迪尼玛绳在防护横梁上单向滑动，然后再进行导线的牵引。

5. 拆除防护横梁

在导线牵引、安装结束后，方可拆除防护横梁。拆除防护横梁，必须统一指挥按部就班地一步一步拆除。防护横梁拆除完毕，且吊机吊臂回收低于高铁轨面后，方可汇报铁路部门工作结束。

三、实际应用图片

防护横梁式跨越装置实际应用如图 5-5-4 所示。

图 5-5-4　防护横梁式跨越装置实际应用

四、主要工器具配置

防护横梁式跨越装置设置主要工器具配置见表 5-5-1。

表 5-5-1　防护横梁式跨越装置设置主要工器具配置

序号	名　称	规　格	单位	数量	备　　注
1	吊机	50 kN	台	4	
2	道木		根	20	
3	白棕绳	ϕ16 mm×100 m	根	4	控制绳
4	经纬仪		台	1	
5	三联工具袋		个	2	高处作业用
6	探照灯		盏	50	

第四节　施工安全控制要点

防护横梁式跨越装置施工的安全控制要点见表 5-5-2。

表 5-5-2　防护横梁式跨越装置施工安全危险点与预控措施

序号	作业内容	危险点	防范类型	预防控制措施
1	现场布置	吊机布设位置未进行测量放样定位,横梁偏移或与被跨越物水平距离不足,不满足安全防护要求	触电、物体打击	搭设前,按施工方案要求进行吊机及横梁布置位置的测量放样定位,保证横梁中心位置处于线路中心线上,并满足安全距离要求
2	工器具选用	防护横梁未经过载荷试验	物体打击、坍塌	防护横梁必须根据技术参数进行静载荷试验,合格后方可使用
3	跨越装置安装及拆除	防护横梁安装高度位置未经计算确定	物体打击、触电	根据被跨越物的高度、位置、跨越档距,应事先计算确定防护横梁的布置高度,按计算数据进行横梁的布置,保证放线过程中线绳与被跨越物的安全净距
		双台吊机抬吊,无专人指挥	物体打击、触电	防护横梁采用 2 台吊机抬吊的方式,抬吊过程必须设专人指挥,驾驶员需要配合默契,一切动作听指挥
		防护横梁吊挂绳过长,晃动大	物体打击、触电	防护横梁的吊绳长度宜控制在不大于 1 m,尽量确保横梁的稳定
		防护横梁未可靠固定	物体打击、触电	吊机的吊钩必须有防脱钩装置,横梁吊绳应选用钢丝套
		防护横梁与被跨越物的安全净高不满足施工方案要求	触电	防护横梁吊装到位后,应检查测量其高度,确认符合施工方案的规定
		夜间施工,照明设施不足	物体打击、触电	采取夜间施工的,按施工方案要求布置好相应照明设施后,必须在正式施工前进行灯光调试,确保设施布置到位、照明效果良好
		吊机吊臂及防护横梁未回收完成,被跨越物即恢复运行	物体打击、触电	当次工作结束,必须待吊机吊臂及防护横梁回收至被跨越物安全高度以下及安全范围以外后,方可汇报当次工作结束,允许被跨越物恢复运行

结合防护横梁式跨越装置施工各项作业内容的危险点,从"人、机、料、法、环"五因素分析其施工安全危险点。防护横梁式跨越装置,在被跨越物停役后(一般用于高铁跨越,施工时间在凌晨 0 点至 4 点),借用吊机抬吊横梁进行小跨距防护,单次跨越完成后拆除横梁及吊机,被跨越物恢复运行,吊机是跨越装置的核心主体。从危险点因素分析,各因素占比见施工安全危险点因素分析饼图,如图 5-5-5 所示。

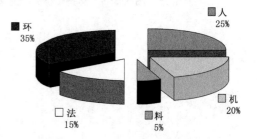

图 5-5-5　防护横梁式跨越装置施工安全危险点因素分析饼图

第五节　分析评价

结合防护横梁式跨越装置施工技术的特点,对其进行分析评价。

1. 技术先进性

防护横梁式跨越装置,跨越物停役后,在其两侧,利用平整地形条件,布置2台吊机,分别悬吊横梁,用于跨越防护,施工完毕,撤离吊机及悬吊横梁,跨越物复役。技术先进性较好。

2. 安全可靠性

仅用于跨越物停役后线路跨越架线的防护,没有固定的跨越架及封顶网,避免了跨越物运行时的跨越安全风险。安全可靠性一般。

3. 操作便捷性

仅需在跨越物两侧布置吊机,并悬吊横梁用于跨越防护。施工操作便捷性较高。

4. 经济性

省去了跨越架体搭设及封顶网安装,仅布置吊机及悬吊横梁。对满足吊机布置要求、跨越施工期间停役、仅起防护作用的重要跨越,经济性较好。

5. 适用性

防护横梁式跨越装置一般适用于满足吊机布置要求、跨越施工期间停役、仅起防护作用的重要跨越,如电气化铁路、高速铁路等。

结合防护横梁式跨越装置施工技术在技术先进性、安全可靠性、操作便捷性、经济性、适用性五方面的分析评价结果进行评分,其分析评价柱形图如图5-5-6所示。

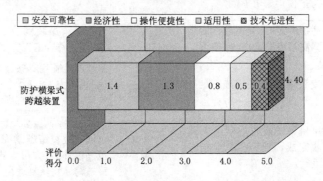

图 5-5-6　防护横梁式跨越装置施工技术各项目分析评价柱形图

第六章

自立式跨越装置施工技术

第一节　概况及适用范围

　　自立式跨越装置是利用被跨越物两侧设置,不需辅助拉线,具有稳定结构的跨越塔,再在两者之间布置封顶网。该跨越装置具有稳定、安全性高、跨越占地小等特点。该跨越方式主要适用于高速铁路,跨越搭设高度不宜超过 50 m,跨度不宜超过 120 m。跨越塔可按线路终端塔设计,要求在发生事故工况时能承受冲击荷载。同时,跨越塔设计根据经济要求宜具有通用性,架身等截面宜分段设计,便于满足不同被跨越物的高度调节;跨越架横梁设计长度应具有自由段,便于跨越宽度的调节;横梁设计可上下正反互换安装,满足封网主索的固定需要。跨越塔示意如图 5-6-1 所示。

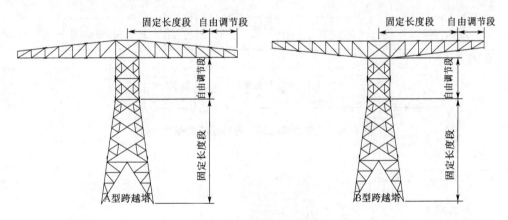

图 5-6-1　跨越塔示意图

第二节　施工计算及技术参数

跨越塔由设计单位专业设计,使用范围需要在设计规定的范围之内。

一、跨越塔横梁长度确定

$$B_{\mathrm{w}} = D_{\mathrm{X}} + (Z_{(10)} + C) \times 2 \tag{5-6-1}$$

式中:B_{w}——跨越塔横梁长度,m;

　　　D_{X}——跨越线路最外侧导地线间的距离,m;

$Z_{(10)}$——导线 10 m/s 风速作用下在跨越点处的风偏值；

C——超出施工线路边线的保护宽度，取 1.5 m。

二、跨越塔横梁长度确定

$$H \geqslant h_1 + A_v + Q + f \qquad (5\text{-}6\text{-}2)$$

式中：H——跨越塔高度，m；

h_1——被跨越物高度，m；

A_v——封顶网最低点与被跨越物的垂直安全距离，m；

f——封顶网弧垂，m；

Q——安全距离储量，不小于 1 m。

第三节 施工工艺

一、操作流程

自立式跨越装置跨越施工操作流程见图 5-6-2。

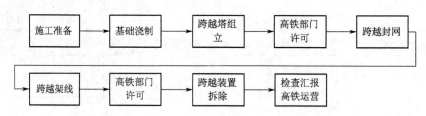

图 5-6-2 自立式跨越装置跨越施工操作流程

二、施工工艺要点

1. 施工准备

（1）与高铁部门签订跨越协议并排定计划及落实。

（2）跨越塔及封网装置经试组装合格后方可入场。

（3）检查跨越点是否埋设管线，防止基础开挖时对管线造成破坏。

2. 定位

在跨越点位置利用经纬仪对跨越塔位置进行定位，确保跨越塔位于导线线路正下方。

3. 跨越塔基础及组塔施工

参考线路基础及组塔工艺。

4. 跨越封网设置

自立式跨越装置布置示意图如图 5-6-3 所示。

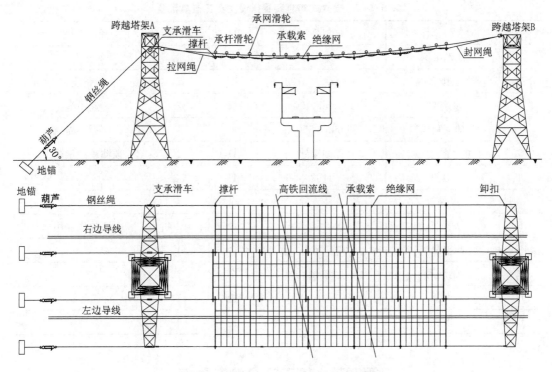

图 5-6-3　自立式跨越装置布置示意图

三、实际应用图片

自立式跨越装置实际应用如图 5-6-4 所示。

图 5-6-4　自立式跨越装置实际应用

四、主要工器具配置

自立式跨越装置搭设主要工器具配置见表 5-6-1。

表 5-6-1　自立式跨越装置搭设主要工器具配置

序号	名　称	规格	单位	数量	备　注
1	机动绞磨	50 kN	台	2	
2	抱杆	□500 mm×21.8 m	副	1	钢质
3	钢丝绳	φ12 mm×100 m	根	2	起吊绳
4	迪尼玛绳	φ8 mm×550 m	根	1	循环绳
5	电子拉力表	无线遥感	只	2	监测承载索受力
6	卸扣	DG2	只	32	
7	经纬仪		台	1	
8	三联工具袋		个	2	高处作业用
9	起重滑车	10 kN	台	4	
10	钢卷尺	50 m	个	1	
11	大锤		把	1	
12	扳手		把	4	

第四节　施工安全控制要点

自立式跨越装置施工的安全控制要点见表 5-6-2。

表 5-6-2　自立式跨越装置施工安全危险点与预控措施

序号	作业内容	危险点	防范类型	预防控制措施
1	现场布置	自立式跨越塔位置未进行测量放样定位,位置偏移或与被跨越物水平距离不足,不满足安全防护要求	触电、物体打击	搭设前,按施工方案要求进行自立式跨越塔布置位置的测量放样定位,保证自立式跨越塔中心位置处于线路中心线上,并满足安全距离要求
2	工器具及材料选用	自立式跨越塔及基础未经过设计计算	物体打击、坍塌	自立式跨越塔及基础必须经设计验算确定,选定相应型号
3	跨越装置安装及拆除	自立式跨越塔基础未经验收,或混凝土强度未达到100%	物体打击、坍塌	自立式跨越塔基础必须经验收合格且混凝土强度达到70%方可开始分解组立,封顶装置安装时基础混凝土强度必须达到100%
		自立式跨越塔组立后螺栓未紧固,或有缺件	物体打击、坍塌	自立式跨越塔组立后必须经验收合格,全部连接螺栓紧固,补齐所有缺件
		跨越档内承载索采用钢丝绳等非绝缘绳索	触电	承载索的跨越档内段应采用绝缘纤维绳,跨越档档外宜用钢丝绳与自立式跨越塔或地锚连接
		封顶网承力绳未可靠固定	触电	封顶网的承力绳收紧后,保证与被跨越物足够的安全净距后,必须绑牢,与自立式跨越塔或地锚进行可靠固定

续表 5-6-2

序号	作业内容	危险点	防范类型	预防控制措施
3	跨越装置安装及拆除	封顶网与被跨越物的安全净距不满足安全要求	触电	承载索安装后,应检查测量其弧垂,确认符合施工方案的规定
		封网装置前后端部未采取防磨措施	物体打击、触电	封网装置前后端部应选用强度较高的网撑或用包胶处理的钢绞线(或钢丝绳)进行加固处理
		封网装置各部分连接不可靠,封网装置与承载索连接方式不合理	物体打击、触电	封网装置各部分连接应牢固可靠,与承载索连接宜采用挂滑轮方式,便于牵拉
		封顶网未采取撑杆等其他防缩腰措施	触电	封顶网宜采用刚性撑杆,撑杆长度应大于封网宽度;或采用在跨越点地面设拉线的方式,将封顶网向四侧拉开,防止封顶网缩腰
		夜间施工,照明设施不足	物体打击、触电	采取夜间施工的,按施工方案要求布置好相应照明设施后,必须在正式施工前进行灯光调试,确保设施布置到位、照明效果良好

结合自立式跨越装置施工各项作业内容的危险点,从"人、机、料、法、环"五因素分析其施工安全危险点。自立式跨越装置,在被跨越物(一般为高铁)两侧设专用基础,组立自立式跨越塔,利用跨越塔的长横梁布置封顶网。自立式跨越塔是核心主体,跨越塔自重较大,对地耐力水平要求较高。从危险点因素分析,自立式跨越塔的结构强度是主要因素,地形环境条件是次要因素,各因素占比见施工安全危险点因素分析饼图,如图 5-6-5 所示。

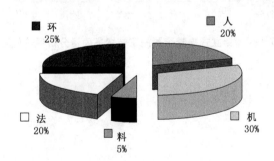

图 5-6-5　自立式跨越装置施工安全危险点因素分析饼图

第五节　分析评价

结合自立式跨越装置施工技术的特点,对其进行分析评价。

1. 技术先进性

自立式跨越装置,在跨越物两侧设置专用基础,组立专用跨越塔,在两跨越塔间安装专用封顶网。技术先进性较好。

2. 安全可靠性

跨越架体为专用的跨越塔,并设有基础,承载力较大,能满足封顶网装置较大的水平及垂直载荷,并能承受由于被跨越铁路高速运行对跨越装置带来的较大风荷载。安全可靠性极高。

3. 操作便捷性

需设置专用基础及跨越塔,并结合跨越物的要求安装封顶装置,施工操作流程较为复杂。施工操作便捷性较低。

4. 经济性

需设置专用基础及跨越塔,跨越塔可重复利用,但基础为一次性的,总体经济投入较大。经济性一般。

5. 适用性

自立式跨越装置一般仅适用于对跨越装置受力要求较高的重要跨越,如高速铁路。

结合自立式跨越装置施工技术在技术先进性、安全可靠性、操作便捷性、经济性、适用性五方面的分析评价结果进行评分,其分析评价柱形图如图 5-6-6 所示。

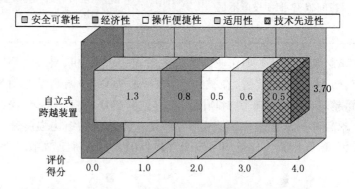

图 5-6-6 自立式跨越装置施工技术各项目分析评价柱形图

第六篇　高处作业施工安全防护设施导向

特高压输电线路施工不同于一般建筑行业,它大多分布在野外,露天高空作业较多,具有较强的专业性和较高的安全风险,作业时非常容易受天气以及周边各种环境因素的干扰,人身安全防护工作难度很大。

随着"以人为本"的安全生产理念深入人心,除了增强安全意识、加大安全管控力度外,迫切需要更加人性化的安全防护措施,更有效地降低安全风险,保障作业人员的人身安全。

第一章　输电线路高处作业安全防护设施现状

《电力建设安全工作规程》对登高作业明确规定,2 m 以上高空作业不得失去安全带保护、登高作业要求设监护人等,但安全规程上并没有明确规定如何保护,对安全防护设施也没有具体要求。在没有设置专门防坠设施的杆塔上作业时,作业人员仅凭安全带保险绳进行登高作业,安全保护有限,尤其在上下攀爬杆塔和高空横向位移时,必须改进和完善原有的各项保护措施,才能杜绝各类事故的发生。

第一节　高处作业安全防护措施发展历程和现状

近年来,输电线路的电压等级逐步从 500 kV 向 750 kV、800 kV、1 000 kV 发展,线路工程的铁塔高度逐渐增大,对施工作业人员的安全保护水平不断提高,全方位安全带、速差自控器、铁塔攀登防护笼、防坠落装置、特高压铁塔攀爬机、高处作业感应电防护装置等一系列保护装置得到大力应用,对施工人员的安全保护提升到法规的高度。

2007 年,国家电网公司在首条 1 000 kV 晋东南—南阳—荆门特高压交流试验示范工程首次使用防坠落装置,并形成国家电网公司企业标准《杆塔作业防坠落装置》(Q/GDW 162—2007),此后,防坠落装置进入快速发展通道。2010 年,国家电网公司经过多年应用实践,规范了防坠落装置的应用,并编制《新建线路杆塔作业防坠落装置通用技术规定(试行)》,进一步提升了高空作业和运行维护的安全可靠性。

2011 年,在 1 000 kV 淮南—上海特高压交流输变电工程线路工程中,首次使用了铁塔攀爬机,大大节省了高空作业人员的体力。

随着科技的进步,将有越来越多的安全装置被开发出来,并在应用中得到完善和发展。

第二节　国内外输电线路高处作业安全防护措施比较及研究方向

国外发达国家在杆塔上进行高处作业不仅有防坠落装置,而且开始探索使用直升机将工作人员吊至铁塔上,或者用高空作业车将作业人员运至高空进行作业,这样不仅节省了作业人员的体力,还有效地保障了人身安全。国内的输电线路杆塔上的作业人员主要在防坠落装置的保护下,通过攀登杆塔进行作业,体力的消耗比较大。

无论是国内还是国外,施工作业越来越强调安全和人性化。在我国输电线路施工中,不管采用何种防坠落装置,仍然存在安全盲区,尤其对第一个登高上塔的人,如何使其安全防护能够自始至终万无一失,是我们安全工作的重要课题。施工现场迫切需要既方便又实用,能切实保障安全的防护装置。目前特高压线路施工开始使用导向型防坠落装置,可对人员上下垂直攀登、横向移动和作业过程中提供防坠落保护,并在研究更先进的安全防护技术,铁塔安装攀登防坠笼和自动升降机等得到高度关注。

第二章
高处作业应执行的安全规程规范和安全制度

第一节　高处作业主要的安全规程规范

相关标准、规范及规定应执行最新版本,包括(但不限于)如下内容:

(1)《中华人民共和国安全生产法》中华人民共和国主席令第 70 号。

(2)《建设工程安全生产管理条例》国务院令 393 号。

(3)《生产安全事故报告和调查处理条例》国务院令第 493 号。

(4)《电力安全事故应急处置和调查处理条例》国务院令第 599 号。

(5)《特种设备安全监察条例》(2009 版国务院令第 549 号)。

(6)《建设工程施工现场供用电安全规范》(GB 50194—2014)。

(7)《建筑施工高处作业安全技术规范》(JGJ 80—2016)。

(8)《施工现场临时用电安全技术规范》(JGJ 46—2005)。

(9)《电力建设安全工作规程第 2 部分:电力线路》(DL 5009.2—2013)。

(10)《跨越电力线路架线施工规程》(DL/T 5106—2017)。

(11)《国家电网公司输变电工程施工安全风险识别评估及预控措施管理办法》〔国网(基建/3)176—2015〕。

(12)《国家电网公司输变电工程安全文明施工标准化管理办法》〔国网(基建/3)187—2014〕。

(13)《输变电工程安全文明施工标准》(Q/GDW 250—2009)。

(14)《国家电网公司电力安全工作规程(线路部分)》(Q/GDW 1799.2—2013)。

第二节　高处作业主要的安全制度

高处作业主要的安全制度,包括(但不限于)如下内容:

(1)安全施工责任制。

(2)安全施工生产风险抵押金管理制度。

(3)安全施工教育培训制度。

(4)应急预案编制管理制度。

(5)安全技术措施交底制度。

(6)安全施工检查制度。

(7)施工机械、工器具管理制度。

(8)安全防护装备管理制度。

(9)安全用电管理制度。

(10)文明施工管理制度。

(11)施工作业安全监护制度。

第三章
高处作业安全防护技术的应用与发展

第一节　防坠落装置

一、简介及适用范围

防坠落装置是为了防止工作人员在上、下杆塔和高空作业过程中发生高空坠落事故，一般由爬梯、导轨、自锁装置、连接环和安全带组成。

目前国内在杆塔的攀登保护产品中，主要有两类，一类是收放式防坠落装置，另一类是轨道式防坠落装置。

收放式防坠落装置(图6-3-1)主要由速差式自控器、连接器、缓冲器等部件组成，是一种临时保护装置。它利用人体下坠速度差实现锁止功能，高挂低用，适用于杆塔短距离垂直攀登或在高处作业时为作业人员提供全过程保护。

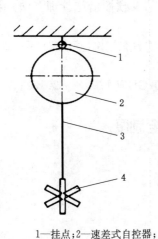

1—挂点；2—速差式自控器；
3—收放式绳索；4—系带

图6-3-1　收放式防坠落装置

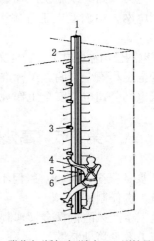

1—附着点/拆卸点/端点；2—刚性导轨；
3—连接附件；4—系带；5—自锁器；6—安全绳

图6-3-2　轨道式防坠落装置

轨道式防坠落装置(图6-3-2)主要利用导轨、转向器、防坠自锁器、连接件及配套的保险带对登高作业人员提供的一种动态保护装置，一般用于杆塔高处作业人员攀登、横向移动和作业过程中的防坠落保护。自锁器具有自锁功能和导向设施，可随攀登者上下左右在导轨上移动，人一旦发生坠落，通过自锁器的角度改变或与导轨的摩擦制动实现锁止功能，使自锁器自动锁定在导轨上，阻止人员继续坠落。

导轨根据使用材料的不同可分为两种:一种是在塔身或爬梯上加装永久性刚性导轨,这是目前使用最多的一种防坠落装置;另一种是在塔身上加装镀锌钢绞线或合成纤维绳,结构简单,造价较低,但是在转弯处自锁器通过困难,安全性能较差,目前只做临时施工保护使用。

导轨形式有 C 形(槽形)或 T 形,防坠器自锁形式有杠杆式和卡扣式,转向器形式均为转盘式。

防坠落装置主要特点有:

(1) 安装简便。不需改变原杆塔结构,采用专用附件固定,可在杆塔任意部位安装。

(2) 安全可靠。偏心轮锁定可靠,防坠器能自动调节复位,保证有效锁止。

(3) 操作方便。上下无须用手辅助,轻松自如。

(4) 冲击力小。制动迅速,经真人和人模试验,冲击力小于 4 000 N。

(5) 防盗性能好。导轨采用钢质或高强度铝合金材料,同时采用防盗螺栓固定。

二、技术要求及标准

(1) 杆塔防坠落装置应在不同形式杆塔及部位均能有效锁止。

(2) 防坠落装置在满足安全可靠的前提下,尽可能轻便。

(3) 作业人员体重及携带物品的质量设计值为 100 kg。

(4) 防坠落装置宜从距离地面 2.0 m 及以上开始安装。

(5) 发生坠落时,作用于佩带单腰系带的作业人员,冲击力不得超过 4 kN;作用于佩带全身系带的作业人员,冲击力不得超过 6 kN。

(6) 防坠落装置与杆塔连接应安全可靠、构造简单,不改变或影响杆塔的正常使用,不损害杆塔结构,且能适应目前国内常见的杆塔形式(例如水泥杆、钢管杆、铁塔等)。

(7) 导轨与杆塔连接的所有部件应采取防盗措施,防盗范围按照国家电网公司有关规定执行。

(8) 防坠落装置中接触身体的部件,其材料应避免对使用者的皮肤产生刺激、导致过敏等现象。

三、安装要求

(1) 防坠落装置实行四统一:统一导轨形式、统一材料材质、统一安装尺寸、统一关键部件。

(2) 产品必须通过国家授权部门形式试验,通过省级及以上技术鉴定或评审,厂家必须具有相应的生产资质。

(3) 垂直及倾斜导轨宜采用 T 形,材质宜采用 Q345 热镀锌钢,水平导轨宜采用 T 形,也可采用不锈钢钢绞线。

(4) 导轨防坠器宜采用卡扣式或杠杆式,不锈钢钢绞线水平导轨直接采用安全带挂钩,可不使用防坠器。

(5) 转向器应方便使用、灵活安全,材质宜采用 Q345 热镀锌钢,形式宜采用转盘式。

(6) 安装单位和人员应具备相关资质。

(7) 施工人员必须严格按照杆塔导轨安装设计图纸要求施工,所有导轨必须安装在有脚钉或扶梯一面的杆塔构件上,不得擅自改动杆塔构件。

（8）防坠落装置应能有效、可靠地在铁塔上安装，自锁器在正常条件下应滑动自如，转向器转动灵活，连接件、导轨安装牢固，导轨末端封头分固定封头或活动封头。

四、使用与维护

（1）固定安装的导轨应纳入杆塔的维护管理。巡检时重点检查安装点、连接处是否可靠，发现问题应及时紧固并恢复；检查导轨外观是否锈蚀，如有锈蚀应予修复处理。

（2）经过坠落冲击的自锁器及附件不允许再使用，必须报废。经坠落冲击后的导轨及连接件应更换。

（3）每年应对自锁器进行一次例行检验（自锁器配合导轨进行静荷载检验，荷载取值为7.5 kN），锁定可靠不滑移，且无肉眼可见变形为合格。

（4）连接安全带与自锁器的安全绳长度不应大于0.5 m。

五、优缺点分析

收放式和轨道式防坠落装置，都能使作业人员在上下攀爬杆塔、横向位移和作业过程中得到全过程保护。但是收放式防坠落装置是一种只能短距离活动装置。而轨道式防坠落装置是安装在杆塔上的一种永久性保护装置，无论是上下攀登、横向移动，还是在作业过程中，人员的活动范围很广。

轨道式防坠落装置根据导轨使用材料的不同又分为两种：一种是在塔身或爬梯上加装刚性导轨；另一种是在塔身上加装镀锌钢绞线或合成纤维绳。两者均是利用特有导轨、防坠自锁器和配套的保险带对登高作业人员提供安全保障。前者较后者结构简单，造价相对较低，但是在转弯处自锁器通过困难，而且钢绞线或合成纤维绳意外断裂后可能造成事故。

为确保钢管杆铁塔上作业人员作业全过程的安全，永久性防坠落装置是高空作业人员防坠落伤害的最有效措施。安装性能可靠的刚性导轨式、轨道式防坠落装置比其他形式的防坠落保护装置更安全可靠。

目前国内缺乏生产、制作、运行、保养等方面的技术标准，不同厂家的防坠落产品差异较大，无论是轨道还是防坠器均不能通用，给运行维护、更换部件均带来很大麻烦。因此，必须制定防坠落装置统一的技术标准，在杆塔组立时一并安装，以便广泛推广使用、降低成本。

第二节　自动升降机

一、简介及适用范围

1. 用途及特点

自动升降机（图6-3-3）是运送施工及运行人员上下特高压铁塔的新型运输工具，具有安全可靠、提高工效、节省登塔人员体力、降低施工人员攀爬中的安全隐患等特点。

自动升降机采用吊篮形式，铁塔先在高处安装

图 6-3-3　自动升降机

悬挂点,就可以简单、方便地将吊篮悬挂在铁塔上,按预定轨道上升或下降,再将地面辅助设备安装就位,然后通过自检和专业检测机构检测合格后就能投入使用。

2．主要结构

自动升降机主要由悬挂梁、悬吊平台、提升机、安全锁、工作钢丝绳、安全钢丝绳、导向防晃钢丝绳、停靠平台和电气控制箱及遥控装置等组成。自动升降机结构图如图 6-3-4 所示。

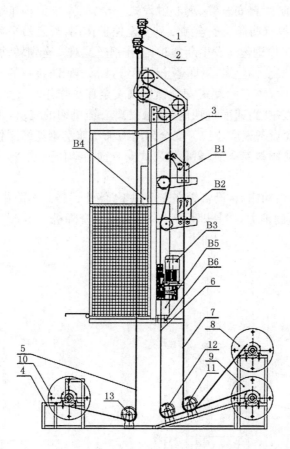

1—安全绳悬挂梁;2—保险悬挂梁;3—提升平台;4—停靠平台;5—导向钢丝绳;6—工作钢丝绳;7—安全钢丝绳;8—安全盘绳轮;9—工作盘绳轮;10—导向盘绳轮;11—安全绳导向滑轮;12—工作绳导向滑轮;13—导向绳导向滑轮;B1—摆臂式安全锁;B2—离心式限速安全锁;B3—提升机;B4—电控箱;B5—蓄电池;B6—充电装置

图 6-3-4　自动升降机结构图

（1）机厢

机厢由厢体、悬吊杆、平台底座、安全围栏、安全门和安全踏板组成,用坚固质轻的防锈金属制作,采用模块化组装结构,便于搬运、安装、拆卸,顶端采用透明玻璃钢制作,便于操作人员观察周围运行环境。

（2）提升系统

提升系统由电动机、工作钢丝绳、提升装置等组成。1 500 kW 的电动机为升降机上升、下降提供动力,工作钢丝绳采用航空钢丝绳,通过提升装置内部的压紧轮与钢丝绳之间的摩擦力实现驱动提升。

（3）悬吊系统

悬吊系统由2根悬挂梁及附属装置组成。一根为工作悬吊梁,悬挂工作钢丝绳与防晃钢丝绳(导轨);另一根为安全悬吊梁,悬挂安全钢丝绳。两梁独立设置,采用通用性设计,可以方便地安装于输电铁塔上。

（4）安全系统

安全系统由摆臂防倾斜安全锁、离心触发式安全锁、安全钢丝绳等组成。当工作钢丝绳断裂、厢体倾斜时,摆臂防倾斜安全锁起到安全保护作用,当悬吊平台倾斜角超过限定值(3°~8°)或提升机的工作钢丝绳发生断裂时,工作钢丝绳对安全锁转动臂滚轮的压力消失,安全绳夹会自动锁住安全钢丝绳,机厢停止下降,达到防倾、防坠目的。当提升机构制动失灵造成悬吊平台失速时,离心触发式安全锁起到安全保护作用。安全钢丝绳穿过离心锁,正常运行时应匀速、慢拉,当速度过快时,会触发离心锁机构的飞块,飞块动作使锁具锁紧安全钢丝绳,从而避免设备速度过快。安全钢丝绳采用航空钢丝绳制作,悬挂于悬吊梁上,在故障状态下,摆臂防倾斜安全锁、离心触发式安全锁会动作而锁在安全绳上,起到安全保护作用。

摆臂防倾斜安全锁动作后,设备锁在安全绳上,停止运转。故障排除后,只需在钢丝绳靠轮上施加一个向上的推力,锁具即可打开,正常操作升降机。图6-3-5为摆臂防倾斜安全锁锁止示意图。

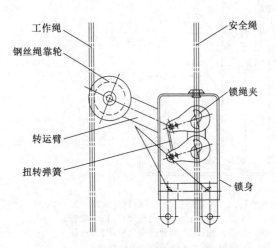

图6-3-5　摆臂防倾斜安全锁锁止示意图

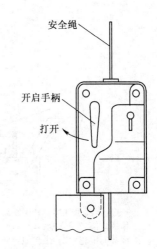

图6-3-6　离心触发式安全锁

离心触发式安全锁(图6-3-6)动作后,设备锁在安全绳上,停止运转。故障排除后,利用开启手柄打开锁具,正常操作升降机。

（5）导向软轨

导向软轨采用航空钢丝绳制作,主要是起到减小机厢在升降过程中因风力作用产生的晃动,同样也具有升降导向作用。

（6）电气控制箱

电气控制箱是对升降机进行操作、处理信号的电气机构,可以提供电源和剩余电量的指示信号,给外部电机提供驱动信号和制动信号,处理超载、门连锁、2个上行限和1个下行限的安全保护信号,处理遥控急停、遥控升和遥控降等信号,厢内人员操作升降机运行也通过电控箱进行。升降机各部分电气装置的连接处均采取拔插式设计,方便现场组装,并且按照防水设计,以起到防雨作用。

（7）遥控装置

遥控装置由遥控信号处理装置与遥控器组成,遥控信号处理装置集成于电控箱内,在地面对遥控器进行操作则可以控制升降机的运行。

（8）停靠平台

停靠平台由地面支架、各种钢丝绳尾绳盘等组成,主要起到固定各种钢丝绳、卷绕储存尾绳、机厢停靠等作用。盘绕导向钢丝绳的2只盘绳轮可将导向防晃钢丝绳张紧,以保证钢丝绳具有一定的内张力,防止和减小机厢悬吊平台在升降时的晃动。当工作结束拆除升降时,可将所有钢丝绳卷绕到盘绳轮上,此时盘绳轮将起到储存钢丝绳的作用,便于拆卸后的场地转移。当机厢下降至地面时,就位于停靠平台上,作业人员可以通过平台踏步走至地面,停靠平台位置随悬吊点同步改变。

（9）动力电池及充电装置

动力电池采用新型高容量电池,具有宽温条件下(−40～55 ℃)输出额定容量、性能高、充放电倍率特性好、使用寿命长、免维护、安全性能高、绿色环保、环境适应性好、质量轻的特点。充电装置为新型高容量电池专用充电器,可集成于机厢上,如有外接电源供到现场,可在工作间歇期充电。

二、主要性能及技术参数

自动升降机主要性能及技术参数见表6-3-1。

表6-3-1　自动升降机主要性能及技术参数

型号			ZLP200	
名称			技术参数	单位
额定载荷			200/2	kg/人
提升速度			16	m/min
最大提升高度			150	m
吊篮尺寸(长×宽×高)			800×650×2 100	mm
悬挂梁	悬臂梁最大长度		1 000	mm
	悬臂梁最大离地高度		150	m
提升机	型号		LTD630	
	电动机	型号	YEJ90L-4	
		功率	1.5	kW
		电压	36	V
		转速	1 500	r/min
		制动力矩	15	N·m

续表 6-3-1

型号			ZLP200	
安全锁	限速安全锁	型号	LSL20	
		锁绳速度	22	m/min
		允许冲击力	20	kN
		制动滑移距离	≤200	mm
	摆臂安全锁	型号	LSG20	
		锁绳距离	≤100	mm
		允许冲击力	≤20	kN
		制动滑移距离	≤200	mm
蓄电池	特种电池		120/150	Ah
其他	总质量		150	kg
	工作钢丝绳型号		4×25FiPP-8.3 破断拉力:51 800 N	

三、安装要求

自动升降机要经过安装和自检、验收后才能使用。

1. 自动升降机的安装

自动升降机的安装顺序:安装停靠平台→安装悬吊平台→安装钢丝绳(工作钢丝绳、安全钢丝绳、导向防晃钢丝绳)→安装悬挂梁→调整。

2. 整机调试自检和载荷试验

当自动升降机整机安装完毕后必须按照有关要求对钢结构构件、提升机构、安全装置、电气系统等进行整机调试自检,做空载试运行及载荷试验。

3. 自动升降机的验收

使用单位应当组织产权单位、安装、监理等有关单位共同进行综合验收,验收合格后方可投入使用。

4. 自动升降机的维修保养

在使用过程中,应注重对提升机、安全锁、钢丝绳、悬挂机构、悬吊平台、电气系统进行日常维修保养并定期检修,以保障整机性能。

四、优缺点分析

自动升降机自重轻,易于使用后的场地转移和携带,不需配置专用的起重设备。吊篮的篮体结构采用不锈钢材料制作,不易腐蚀,便于维护保养。自动升降机的结构简单,安装、调整、调试方便,由于全部机械化操作,极大地节省了体力,降低了施工安全风险,尤其适用于高塔。

自动升降机采用了双重安全保护装置,即采用限速安全锁保护装置和防止吊篮悬挂工作钢丝绳断绳的摆臂安全锁保护装置。当突然发生断电时,吊篮另设有手动控制下降释放机构,确保了高空作业时吊篮内施工作业人员迅速降至地面。

但是,目前自动升降机仅用于特高压跨越塔,而且只能在组塔完毕之后安装,对铁塔检修及后续架线、附件安装和运行维护带来极大便利,可进一步研发液压顶升式自动升降机,使其能伴随组立铁塔高度的增加而升高,从而保护组塔施工人员的高空作业安全。

第三节　特高压铁塔攀爬机

一、简介及适用范围

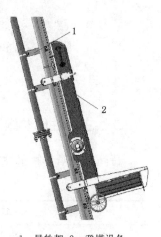

特高压铁塔攀爬机是一种新型升降设备,主要用于特高压工程输电线路铁塔组立、检修时运载工作人员或输送检修器械。该装备分为导轨和设备两部分,导轨作为固定设施与铁塔相连,设备是运送人员和物资上塔的平台。在北环特高压输电线路上,轻载式载人登塔装备(图 6-3-7)将采用塔腿安装布置导轨的方式,导轨通过铁塔的脚钉与铁塔的塔腿相连,沿着铁塔的塔腿安装至塔顶。特高压铁塔攀爬机导轨在铁塔上的安装效果、使用效果分别如图 6-3-8、图 6-3-9 所示。该方案对铁塔安全性的影响很小,安装点选择灵活,安装效果较好,适用于钢管结构的输电铁塔。

1—导轨架;2—登塔设备

图 6-3-7　轻载式载人登塔装备结构组成

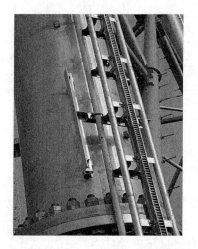

图 6-3-8　特高压铁塔攀爬机导轨在铁塔上的安装效果

图 6-3-9　特高压铁塔攀爬机的使用效果图

二、主要性能参数

特高压铁塔攀爬机性能参数见表 6-3-2。

表 6-3-2　特高压铁塔攀爬机性能参数

项　　目	单位	技术参数
额定载重量	kg	≥100
额定乘员数	人	1
登塔设备机体质量	kg	≤65
额定提升速度	m/min	≥12
续航能力	m	≥1 000
遥控距离	m	≥150
登塔设备机体结构尺寸(长×宽×高)	mm	625×550×1 415

三、主要特点及结构

1. 特高压铁塔攀爬机的主要性能特点

(1) 结构简单,质量轻。

(2) 导轨架挡风面积小,对铁塔的安全性影响小,适用于高度 150 m 以下的中小型铁塔。

(3) 动力为蓄电池,便于在无线路电源的野外区域安装使用。

(4) 安装、拆卸方便,一次拆装时间不超过 5 min,且设备安装使用互换性强。

(5) 机体体积小,自带行走轮,运输方便。

(6) 具有紧急手动下降功能,在登塔设备动力消失的情况下,可以使设备和人员安全下降至地面。

（7）具有遥控功能，在需要运送较多物品到塔上时可提高工作效率。

（8）造价较低，适合推广应用。

（9）易于保养维护，维护成本低。

2. 特高压铁塔攀爬机整体结构

特高压铁塔攀爬机由导轨架和登塔设备两部分组成，导轨架由标准节和支撑架组成，登塔设备由设备机体、控制单元、防坠安全器、蓄电池、机体导向单元、安全带扣环、制动单元、驱动装置、行走轮等组成，登塔设备通过导向轮固定在导轨架上。

登塔设备可以在导轨架上进行升降运动，并且可以快速地在导轨架上安装和拆卸。登塔设备的质量为 50 kg，体积较小，搬运方便，1 名作业人员即可单独安装使用该设备。

特高压铁塔攀爬机的导轨架作为登塔设备的支撑导向轨道，它的设计要遵循 3 个方面的原则：①不影响铁塔本身的结构形式和受力状况；②要保证登塔设备在上面运行时的平稳性；③适用于在不同形式铁塔上安装布置。由于输电铁塔形式结构的多样化，输电铁塔主材坡比、塔高、横隔面间距等参数都不相同，因此导轨架与铁塔连接方式需要根据不同铁塔的具体结构形式进行设计。

导轨架由标准节和支撑架组成，标准节由导向架和齿条组成，支撑架之间通过法兰使用高强螺栓进行连接，标准节与支撑架之间通过 U 形环进行连接。导轨架结构组成如图 6-3-10 所示。导轨架在铁塔上进行安装时，支撑架与铁塔主材平行，并随着铁塔的变坡来改变安装角度。导轨架与地面连接处设有单独的基础，从而保证了铁塔整体结构的安全性和稳定性。

（1）设备机体

设备机体为设备的整体框架结构，整体结构形式为 L 形，由机身和踏板两部分组成，其余各组成单元均布置在该结构上。机身由 2 块加工后的铝合金板连接而成，结构设计简单，保证了各部件安装方便，同时可承受较强的作用力。脚踏板用来承

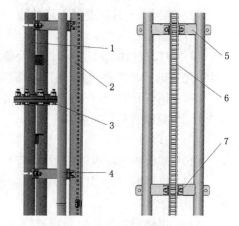

1—支撑架；2—标准节；3—支撑架连接法兰；4—U 形环；5—导向架；6—齿条；7—螺栓

图 6-3-10　导轨架结构组成

受作业人员的体重，承载作业人员做升降运动。脚踏板下面布置有蓄电池、驱动装置和部分电气部件，在提高空间利用率的同时，使整个机体结构更为简洁紧凑。

（2）控制单元

控制单元是设备的电气控制部分，保证设备能够按照要求的指令运行。

（3）防坠安全器

防坠安全器是设备的重要安全防护装置，一旦设备的下降速度达到防坠安全器动作速度时，防坠安全器将自动动作，设备制停在导轨上，有效保证设备和作业人员的安全。

（4）机体导向单元

登塔设备与导轨架通过机体导向单元进行固定，导向单元的导向轮与标准节的导向架连接，起导向作用。

（5）制动单元

为了保证安全性,制动器选择了失电制动的方式,当设备断电时,制动器自动制动。为了避免设备故障或是动力不足条件下发生断电,而又不至于将作业人员滞留在半空中,制动器设置了紧急手动释放功能。

（6）驱动装置

驱动装置是设备运行的动力输出部分。

四、一般技术要求及工作原理

1. 一般技术要求

（1）攀爬机应能在环境温度为$-20\sim40$ ℃条件下正常工作。

（2）攀爬机的动力传递形式为针齿齿轮式。

（3）攀爬机外露并需拆卸的销轴、垫圈、把手等零件,应进行表面防锈处理。

（4）攀爬机传动系统、导轨、齿条等安装连接螺栓的强度等级不应低于6.8级。

（5）正常作业状态下,距离攀爬机1 m位置的噪声应$\leqslant$92 dB。

（6）攀爬机应具有手动下降功能,必须在作业人员不离开机体设备的情况下才可完成手动下降操作。

（7）攀爬机所配备的安全保护设备及措施应符合电力行业输电铁塔的实际工况使用要求,在此基础上参照并借鉴《施工升降机安全规程》(GB 10055—2007)中的相关要求。

（8）所有钢结构部分均为热镀锌处理。镀锌层最小平均厚度为86 μm,最小附着量为610 g/m²,热镀锌后导轨要调平调直。

（9）铁塔第一横隔面以下部分的所有连接螺栓均具有防盗功能。

（10）攀爬机为可拆卸式,并具有互换性,一台设备可在多基铁塔的导轨上安装使用。

（11）机体设备及其附属设备应便于安装、检查和运输,每次安装、拆卸时间应在3 min内完成。

（12）机体设备带有地面行走轮,从导轨上拆卸后可人工拖行。

（13）攀爬机的标识应齐全,其附属设备、备件及专用工具、技术文件均应与制造商的装箱单相符。

2. 特高压铁塔攀爬机的工作原理

（1）传动原理

登塔设备由动力单元的蓄电池提供能源,通过控制动力单元的驱动装置动作,经过传动单元,实现登塔设备的启动、上升、停止和下降。

设备选用的传动形式是销齿传动,该传动方式可以保证设备在恶劣的环境条件下工作,并且制造成本低,非常适合作为输电铁塔升降装备的导轨使用。齿条采用不锈钢材料,可以有效地解决齿条的防腐问题。

（2）控制原理

登塔设备通过控制按钮可以实现设备的启动、上升、停止和下降,在设备运行到导轨架的底部和顶部时,通过限位装置可以实现设备的自动停止,防止设备冲顶和触底。

五、安全防护要求

1. 超载保护措施

当载荷超过额定载重量时,将给出报警信号并终止机体启动。

2. 防坠安全措施

装备应具有可靠的防坠安全措施,该措施可有效保护装备和作业人员不受坠落事故的伤害。

3. 上、下限位装置

当设备运行到上、下极限工作位置时可自动停止运行。

4. 安全扣环

装备上应具有安全扣环,操作人员可通过安全带与安全扣环连接,以保证操作人员与装备的连接安全可靠。

5. 双自动复位式拨杆开关

装备的操作应通过 2 个联动的拨杆开关实现,操作人员需通过双手才能操作。

6. 失电制动

装备制动部分应为失电制动形式,当切断电源或动力不足时,装备应保持制动状态。

7. 手动释放

装备应具备手动释放功能,在装备失去动力或出现故障时,操作人员可通过手动释放将装备下降至地面,手动释放功能不应依靠装备的电池动力完成。

六、优缺点分析

特高压铁塔攀爬机有国产自主研制的 XTP100 型智能登塔装备和瑞士 HSS 型高空攀登装备 2 种,其中 XTP100 型智能登塔装备针对我国特高压线路特点设计开发,HSS 型高空攀登装备做了一定的改进及认证,2 种产品均满足特高压线路登塔作业需求。

1. XTP100 型智能登塔装备的优势

(1)产品造价低。导轨价格为 HSS 型高空攀登装备的 57%,设备价格为 HSS 型高空攀登装备的 26.7%。

(2)导轨强度高。导轨是由 4 根无缝钢管焊接的桁架结构,截面尺寸为 250 mm×200 mm,安装跨度为 10 m;HSS 型高空攀登装备导轨是截面尺寸为 110 mm×60 mm 的单根铝合金导轨,安装跨度不大于 3.5 m。

(3)运行稳定性高。导轨强度高,设备运行平稳,作业人员易于接受。

(4)设备具有更高的安全性。采用了失电制动器和渐进式防坠安全器,并能在设备失去动力源时进行手动下降,比仅有失电制动器的 HSS 产品具有更高的安全性。

2. HSS 型高空攀登装备的优势

(1)制造工艺美观。导轨采用了铝合金材质,通过专用模具一次加工成型,制造工艺优于 XTP100 型智能登塔装备。

(2)设备安装便捷。一名作业人员可在 1 min 内完成设备在导轨上的安装。

(3)设备自运输能力强。设备可以拆分为两部分,最大质量不超过 30 kg。

详细的技术性能对比见表 6-3-3。

表 6-3-3　XTP100 型智能登塔装备与 HSS 型高空攀登装备的综合比较

序号	类别	内容	XTP100 型智能登塔装备	HSS 型高空攀登装备
1	基本性能参数	安全性指标	满足电力行业要求	满足电力行业要求
2		导轨造价	2 000 元/m	3 500 元/m
3		设备造价	16 万元/台	60 万元/台
4		设备自重	60 kg	50 kg
5		运行速度	12 m/min	30 m/min
6		续航能力	≥1 000 m	≥1 000 m
7		额定载重量	100 kg	100 kg
8		设备结构拆分	不可拆分	可拆分成两部分,质量小于 30 kg
9		设备自运输能力	单人可拖运	单人可拖运
10		设备安装时间	2 人、3 min 可完成	1 人、1 min 可完成
11	工程安装应用	装备的整体外观工艺	良	优
12		连接结构件设计加工	按铁塔设计	按铁塔设计
13		变坡处处理	按铁塔设计	导轨在一定范围可弯曲,适用性稍差
14		导轨加工、安装精度	良好	优
15		导轨安装	安装工序比较简单;导轨自重较大,现场安装需要吊装工具	非标件较多,安装工序略显烦琐,容易出错;导轨安装需要专用电动工具,野外充电不便;导轨直线度调整不便
16		导轨变形	导轨自身强度、刚度较高,安装跨度大,基本没有变形	铝合金导轨自身刚度较弱,安装跨度小;热胀冷缩效应下导轨变形较大,安装 1 年以后与安装之初变化明显
17		导轨耐磨性能	耐磨	不耐磨,安装时容易损伤
18	装备运行性能	设备运行平稳性	较为平稳	晃动过于强烈,心理感受需要逐步适应
19		设备运行噪声	较小	柔和
20		设备运行可靠性	暂未发现问题	连续使用会导致电机温度过高而造成设备停机
21	应急	手动下降	可反复使用	只能一次应急使用,之后需回瑞士处理
22		防坠保护措施	渐进式防坠安全器和失电制动器	失电制动器
23		设备故障时人员自救	可沿导轨架自助下塔	不可沿轨道下塔,需专门人员带装置救援

通过 2 种装备的对比,XTP100 型智能登塔装备在实际工程应用中具有更高的性价比。

第四节　特高压铁塔攀登防坠笼

一、简介及适用范围

特高压铁塔攀登防坠笼是一种铁塔用防坠落护笼爬梯,是为了解决作业人员在攀登铁塔过程中防止坠落的一种封闭式框架结构的保护装置,包括钢直梯和护笼,护笼由横向环形扁钢和纵向扁钢交错构成。

特高压铁塔攀登防坠笼适用于特高压各种形式角钢塔和钢管塔的上下攀爬,安全防护作用明显。

二、技术标准及安装要求

1. 材料

(1) 钢直梯采用钢材的力学性能应不低于 Q235 - B,并具有碳含量合格保证。

(2) 支撑宜采用角钢、钢板或钢板焊接成 T 型钢制作,埋没或焊接时必须牢固可靠。

(3) 钢直梯倾角:钢直梯应与其固定的结构表面平行并尽可能垂直于水平面设置。当受条件限制不能垂直于水平面时,两梯梁中心线所在平面与水平面倾角应在 75°~90°范围内。

2. 设计载荷

(1) 梯梁设计载荷按组装固定后其上端承受 2 kN 垂直集中活载荷计算(高度按支撑间距选取,无中间支撑时按两端固定点距离选取)。在任何方向上的挠曲变形应不大于 2 mm。

(2) 踏棍设计载荷按在其中点承受 1 kN 垂直集中活载荷计算。允许挠度不大于踏棍长度的 1/250。

(3) 每对梯子支撑及其连接件应能承受 3 kN 的垂直载荷及 0.5 kN 的拉出载荷。

3. 制造安装

(1) 钢直梯应采用焊接连接,焊接要求应符合《钢结构工程施工质量验收规范》(GB 50205—2001)的规定。采用其他方式连接时,连接强度应不低于焊接。安装后的梯子不应有歪斜、扭曲、变形及其他缺陷。

(2) 制造安装工艺应确保梯子及其所有部件的表面光滑,无锐边、尖角、毛刺或其他可能对梯子使用者造成伤害或妨碍其通过的外部缺陷。

(3) 安装在固定结构上的钢直梯应下部固定,其上部支撑与固定结构牢固连接,在梯梁上开设长圆孔,采用螺栓连接。

(4) 固定在设备上的钢直梯,当温差较大时,相邻支撑中应一对支撑完全固定,另一对支撑在梯梁上开设长圆孔,采用螺栓连接。

4. 防锈及防腐蚀

(1) 固定式钢直梯(图 6-3-11)的设计应使其积留湿气最小,以减少梯子的锈蚀和腐蚀。

(2) 根据钢直梯使用场合及环境条件,应对梯子进行合适的防锈及防腐涂装。

(3) 在自然环境中使用的梯子,应对其至少涂 1 层底漆和 1 层(或多层)面漆,或进行热浸镀锌,或采用等效的金属保护方法。

(4) 在持续潮湿条件下使用的梯子,建议进行热浸镀锌,或采用特殊涂层,或采用耐腐蚀材料。

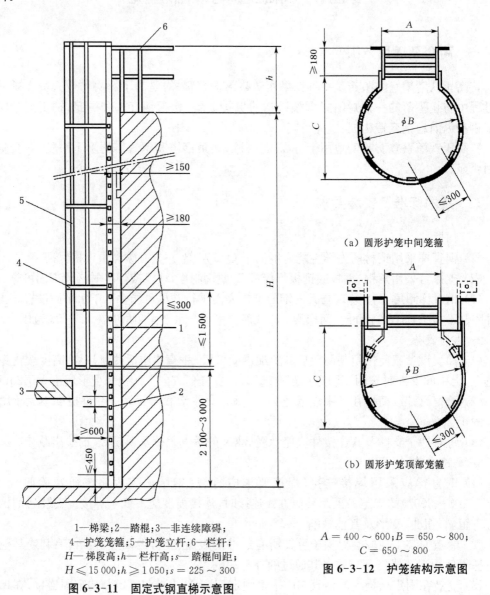

1—梯梁;2—踏棍;3—非连续障碍;
4—护笼笼箍;5—护笼立杆;6—栏杆;
H—梯段高;h—栏杆高;s—踏棍间距;
$H \leqslant 15\,000;h \geqslant 1\,050;s = 225 \sim 300$

图 6-3-11　固定式钢直梯示意图

(a) 圆形护笼中间笼箍

(b) 圆形护笼顶部笼箍

$A = 400 \sim 600;B = 650 \sim 800;$
$C = 650 \sim 800$

图 6-3-12　护笼结构示意图

5. 接地

安装的钢直梯和连接部分的雷电保护,连接和接地附件应符合《建筑物防雷设计规范》(GB 50057—2010)的要求。

6. 护笼结构要求

(1) 护笼宜采用圆形结构(图 6-3-12),应包括 1 组水平笼箍和至少 5 根立杆。其他等效结构也可采用。

(2) 水平笼箍采用不小于 50 mm×6 mm 的扁钢,立杆采用不小于 40 mm×5 mm 的扁钢。水平笼箍应固定到梯梁上,立杆应在水平笼箍内侧并间距相等,与其牢固连接。

（3）护笼应能支撑梯子预定的活载荷和恒载荷。

（4）护笼内侧深度由踏棍中心线起应不小于 650 mm、不大于 800 mm,圆形护笼的直径应为 650～800 mm,其他形式的护笼内侧宽度应不小于 650 mm、不大于 800 mm。护笼内侧应无任何突出物。

（5）水平笼箍垂直间距应不大于 1 500 mm。立杆间距应不大于 300 mm,均匀分布。护笼各构件形成的最大空隙面积应不大于 0.4 m²。

（6）护笼底部距梯段下端基准面应不小于 2 100 mm、不大于 3 000 mm。护笼的底部宜呈喇叭形,此时其底部水平笼箍和上一级笼箍间在圆周上的距离不小于 100 mm。

（7）护笼顶部在平台或梯子顶部进、出平面之上的高度应不小于《固定式钢梯及平台安全要求　第 3 部分:工业防护栏杆及钢平台》(GB 4053.3—2009)中规定的栏杆高度,并有进、出平台的措施或进、出口。

三、优缺点分析

特高压铁塔攀登防坠笼采用的是可拆卸、可更换的构件,可以循环利用,能够实现批量化生产、装配式组装、运输安全方便,具有"标准化设计、工厂化加工、装配式建设"的特征,有利于提高工程安全、工艺质量和标准化水平。避免了现场焊接作业,有利于保护环境。作业人员在护笼内上下铁塔,与单靠脚钉攀爬相比,对作业人员多一道保险,能起到一定的稳定心理作用。铁塔越高,对人的保护作业越明显。

但是,特高压铁塔攀登防坠笼空间较狭小,作业人员若携带较大件的工器具则不方便攀爬。由于没有设置中间休息平台的空间和结构,作业人员中间休息起来相对困难,仅能依靠双脚分开站立于爬梯和护笼上,做简短的停顿休息,不利于体力恢复。在高塔中可以每隔一段高度设计一个中间休息平台,让攀爬人员得到短暂的休息,以补充体力。

特高压铁塔攀登防坠笼对上下攀爬中作业人员的保护作用显著,但在铁塔上做横向位移时起不到保护作用。因此,为了满足作业人员在铁塔横向位移的需要,攀登防坠笼可以增设可供站立和水平通行的平台通道以及防护栏杆。

特高压铁塔攀登防坠笼还可以与防坠落装置结合起来使用,在护笼内设置防坠落导轨,同时满足上下攀登和横向移动的需要,可进一步增加高空作业的安全保障。

第五节　高处作业感应电防护装置

一、简介及适用范围

在特高压输电线路建设中,新建线路与运行线路交叉跨越(穿越)、平行走线、在运行的变电站附近架线施工等情况越来越多,在进行组塔、架线施工时,若产生感应电,将对施工人员的安全造成威胁。

另外,雷电天气也会使施工中的铁塔和导地线产生高电压,而预防雷击、感应电伤害的有效措施,就是把施工中的铁塔和导地线接地,使施工铁塔和导地线的电位与大地相同,从而避免触电事故的发生。

组塔和架线的施工全过程均应有预防触电的有效措施,特别是在张力放线及紧线、附件安装、跳线安装作业过程中,应严格预防感应电和雷电的触电事故,架线施工常用的消除感应电的方法为等电位作业法,其具体做法就是将作业区域接地,使作业区域电位为零,也叫零电位作业法。

采取将施工线路导电体分段接地方式,使导电体电位与地电位相等,从而消除或降低电击。

施工中,零电位作业法按照以下 3 种措施执行,其等值电路如图 6-3-13 所示。

图 6-3-13　零电位作业法等值电路图

1. 放线时采用导电胶轮滑车进行分段接地

地线和导线放线过程中使用导电尼龙滑车进行分段接地。地线分段接地最大区间距离为 3 km,导线最大区间距离为 2 km;应使用铜线良导体将导线、地线、牵引绳、导引绳等与通过铁塔良好接地。

在张牵场,张牵机、张牵机前的导线和地线、牵引绳、导引绳都必须做好接地。操作手应站在绝缘板上,戴绝缘手套操作机械。

2. 导线、地线临时接地措施

紧线后对架设导线采取分段接地(分段接地是将所有耐张塔每相、每侧接地,耐张塔间距离超过 4 km 的中间设直线塔接地),线路测试前拆除。地线附件完毕,每个塔都已经接地,不必再采取接地措施。导线、地线放线完毕,紧线和附件时需接触导线、地线的均需采取临时接地措施。导线附件后需采取分段接地措施。具体措施如下:

(1) 直线塔紧线完毕画印时,需先安装接地线,接地线安装方法一律为先安装接地端,再连接带电端。施工人员均应正确使用安全带,严禁无保护下软梯画印。

(2) 直线塔附件时,附件前应用临时接地线对 6 根导线进行临时接地。接地做好后方可进行附件作业及拆除放线滑车;对导线滑车分段接地的塔位,附件完成后,用接地线将导线与铁塔进行接地后方可拆除临时接地线。对接地塔位的接地线应始终保留至验收结束方可拆除。

(3) 耐张塔附件时,应先使用临时接地线将耐张塔滑车内导线接地,然后出线进行锚线,最后进行高空压接挂线或地面压接挂线。由于锚线钢丝绳接地效果不佳,锚线后不可拆除临时接地线。在挂线前应将耐张绝缘子两端金具用良导体连接形成接地,此接地线应保持到验收结束。

3. 采取屏蔽服防感应电方法

在进行变电站构架导地线安装作业时,由于临近变电站强感应电场,施工人员将受到电磁感应电动势以及带电线路短路电流感应电动势的影响。场强超过人体感知水平时将使肌体产生毛发竖立、风吹、异声及针刺等不良感觉。为切实保证安全,安装人员采取穿着屏蔽服的方法防感应电。

另外,在验收结束,拆除分段接地线时也必须穿着屏蔽服,以防止出现危险。

二、施工要求

1. 架线施工中接地线安装的主要位置

（1）新建线路附近300 m范围内,有平行高压运行线路的,区段内平行杆位进行附件安装时,施工区段及附件安装施工点范围两侧必须安装保安接地,如图6-3-14所示。

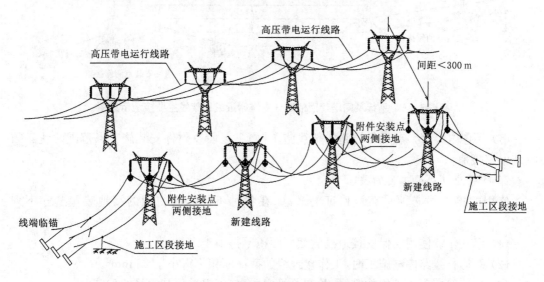

图6-3-14　平行线路架线施工主要接地示意图

（2）同塔双回线路,其中一回线路带电运行,另一回线路施工时必须安装接地线,如图6-3-15所示。

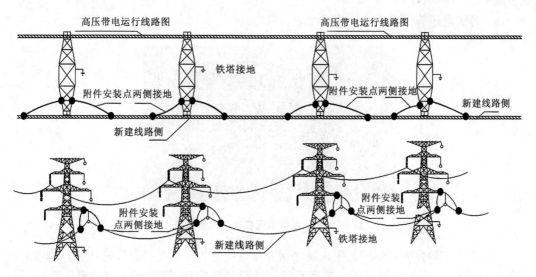

图6-3-15　同塔双回线路架线主要接地示意图

（3）平行以及同塔双回线路分支塔附近线路的2～3基塔位进行施工时必须安装接地线,如图6-3-16所示。

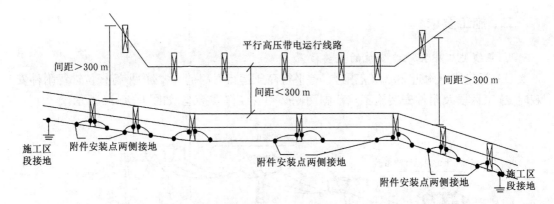

图 6-3-16 平行及同塔双回线路分支塔附近线路架线主要接地示意图

（4）不停电穿（跨）越运行线路的架线施工，施工区段及附件安装施工点范围两侧必须安装保安接地。

2. 防感应电接地工具的要求

使用的接地线必须是有合格证的产品，在各种不同场所使用的接地装置遵守下列规定：

（1）个人作业使用的保安接地线的截面面积不得小于 16 mm²。

（2）对运行线路停电施工时，工作接地线的截面面积不得小于 25 mm²。

（3）接地线应采用编织软铜线，并有绝缘皮包裹，不得采用其他导线代替。

（4）接地线两端应有专用夹具，安装连接必须可靠，不得用缠绕法连接。

（5）在地面打桩作为接地极时，接地棒宜镀锌，截面面积不应小于 16 mm²，插入地下的深度应大于 0.6 m。

（6）各类电压等级工作接地线见图 6-3-17。

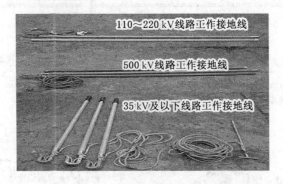

图 6-3-17 各类电压等级工作接地线

（7）个人辅助保安接地线。个人辅助保安接地线分为单线式和多线式两种。单线式用于单导线的线路作业；多线式用于 2 根及以上的分裂导线作业（包括 2 分裂及 4 分裂导线等）。个人辅助保安接地线要求导线端的线夹按线径制作并装有不小于 0.4 m 长的绝缘操作把手或使用垂吊式绝缘吊绳。

3. 放线接地滑车

(1) 接地滑车主要应用于架线施工过程中正在牵放的导地线或牵引绳上,使运动中的导体能随时良好接地。

(2) 接地滑车应转动灵活,连接可靠,应能随导地线的运动而伸展,没有卡阻现象。

(3) 接地滑车的接地棒宜镀锌,截面面积不应小于 $16~mm^2$,插入地下的深度应大于 0.6 m。

4. 防感应电接地装置安装操作要求

(1) 装设接地线时,必须先安装接地端,后安装导线或避雷线端;拆除接地线时的顺序相反,即先拆除导线或避雷线端,后拆除接地端。挂接地线或拆接地线时必须设监护人;操作人员应使用绝缘棒(绳)、戴绝缘手套、穿绝缘鞋。

(2) 使用前应检查接地线的规格是否符合使用要求,其绝缘杆连接长度及接地铜导线是否符合要求。

(3) 接地线的外观检查,绝缘杆表面或接地铜线的绝缘胶套是否破损。

(4) 接地线的各部件连接是否牢固,夹头螺栓是否灵活好用,接地钎长度是否符合要求。

(5) 接地滑车是否转动灵活,导电性能是否良好。

5. 张力放线时防感应电接地装置安装要求

(1) 架线前,施工段内的杆塔必须接好接地体,并确认接地良好。避雷线放线,在直线塔悬挂铁滑车,不得用尼龙滑车。

(2) 牵引设备和张力设备应可靠接地;操作人员应站在干燥的绝缘垫上并不得与未站在绝缘垫上的人员接触。

(3) 牵引机及张力机出线端的牵引绳及导线上必须安装接地滑车。

(4) 跨(穿)越不停电线路时,两侧杆塔的放线滑车应接地。

(5) 安装好的接地滑车应能随导地线或牵引绳的运动而伸展。

(6) 张力放线时,在导引绳换盘、导地线接续等需要临时拆除接地滑车时,必须用截面面积为 $25~mm^2$ 的接地线对导引绳、导地线进行有效的临时接地,待接地滑车重新安装后才能拆除临时接地线。

6. 紧线时的防感应电接地措施

(1) 紧线段内的接地装置应完整并接触良好。

(2) 耐张塔挂线前,应用导体将耐张绝缘子串短接。

(3) 在变电所构架或感应电较大的区域工作时应使用防静电服进行工作。

(4) 在感应电特别严重的地区挂线时,在操作点附近的导地线上应安装接地装置。

(5) 不停电跨(穿)越情况下进行紧线工作时,必须采取安全可靠措施。线路的导线、地线牵引绳索等与带电线路的导线必须保持足够的安全距离。

7. 附件安装时的防感应电接地线安装要求

(1) 在附件安装作业区段两端必须装设工作接地线。

(2) 附件安装作业点范围两侧必须装设保安地线后,作业人员方可进行工作。

(3) 避雷线附件安装前,必须采取接地措施。

(4) 附件(包括跳线)全部安装完毕后,应保留部分接地线并做好记录,竣工验收后方可拆除。

(5) 多线式接地线可根据分裂导线根数多少选择导线端夹头的数量。

(6) 多分裂导线附件安装时,必须使用绝缘杆将多线式接地线分别安装在各自的子导线上,严禁只安装 1 根子导线。

(7) 如果是在悬垂线夹已安装好的情况下进行其他作业时,可使用单线式接地线。铁塔粉刷有油漆时,铁塔与接地线连接部位应清除油漆,保证接触良好。

(8) 装、拆接地线时,工作人员应使用绝缘棒或绝缘绳,人体不得碰触接地线或导地线。

(9) 附件安装时应保留紧线过程中设置的接地,如耐张绝缘子串与铁塔的短接接地、跨越或穿越电力线两侧杆塔的接地滑车等。

特别注意:在感应电区域线路进行附件安装时,作业人员应使用绝缘的安全绳(如尼龙安全绳),如果使用钢丝绳制作的速差防坠器时,应在安全环扣上连接不短于 2 m 的绝缘安全绳,防止感应电伤害。

8. 双分裂导线附件安装防感应电接地线方法

(1) 登上杆塔前先确认杆塔良好接地。工作前先将接地端的专用接地夹头安装在铁塔横担上,并检查无误后才能进行导线端的接地。

(2) 在确认接地端安装后,高空人员在横担上使用绝缘杆将接地线导线端安装在导线上。如果绝缘杆长度不够,工作人员可下到绝缘子串或绝缘梯处,距离导线 30 cm 位置,将接地线导线端直接扣在导线上。

(3) 双分裂导线附件安装时,必须使用绝缘杆将多线式接地线分别安装在各自的子导线上,严禁只安装 1 根子导线,安装示意图如图 6-3-18 所示。

(4) 多线式接地线可根据分裂导线根数多少选择导线端夹头的数量。

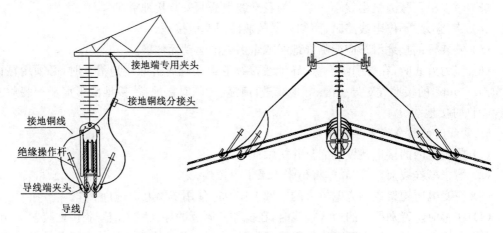

接地端专用夹头
接地铜线分接头
接地铜线
绝缘操作杆
导线端夹头
导线

图 6-3-18 双分裂导线接地安装示意图

9. 跳线安装防感应电接地线安装方法

(1) 应先将接地线专用夹头在两侧横担头安装好后,利用绝缘杆安装好工作接地。

(2) 两边接地线都安装后才能进行跳线安装作业,如图 6-3-19 所示。

(3) 与邻近标段连接跳线时必须安装工作接地。

(4) 上下传递物件必须用绝缘绳索,作业全过程应设专人监护。

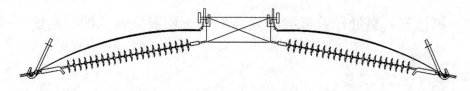

图 6-3-19　跳线安装时工作接地安装示意图

第六节　高空作业平台

送电线路高空作业平台主要用于高空耐张塔平衡挂线、高空压接等临时施工或检修的高空作业产品。

一、技术参数

(1) 外形尺寸:2 000 mm×1 000 mm×100 mm。
(2) 额定负荷:20 kN。

二、设计要求

根据线路高空作业技术要求,操作平台表面采用花纹钢板从而起到防滑作用;两侧翻板为铰链式,可打开 180°平铺;操作平台两端钻有 4 个孔以便 2 个操作平台之间能相互连接;操作平台设计额定负荷为 20 kN。

三、材料

(1) 平台面板:φ4 mm 花纹钢板
(2) 底架框:Q235 50 mm×5 mm 角铁,底部加强条 Q235 40 mm×4 mm 角铁
(3) 铰链:Q235 40 mm×4 mm 角铁
(4) 翻板面板:Q235 铁板
(5) 翻板底框:Q235 40 mm×4 mm 角铁

四、焊接要求

焊缝应光滑平整,不得有漏焊、气孔、裂纹及其他影响强度的缺陷。

送电线路高空作业平台是在传统的使用基础上不断改进而来,无论是其材质还是使用方式,都更加注重人性化,以人的需求和舒适的实际操作体验为方向,有效降低了高空作业人员由于疏忽导致误操作的风险,其结构更加合理、简洁,操作更加方便、安全,广泛适用于各种高度铁塔的施工和维护。

第七节　高处作业视频安全监护系统和音频通话指挥系统

一、简介及适用范围

高处作业视频安全监护系统和音频通话指挥系统(图 6-3-20)由激光夜视透雾摄像云台球机、无线发射器、供电部分、无线接收器、中继传输设备、远程监控显示设备组成,分为高空作业监视区和远程地面显示监控区。该装置通过铁塔上不同地方的监视点,将采集到的现场作业情况通过无线发射器免费实时传输给无线接收器并通过地面接收设备将画面分屏显示在远程监控显示设备上,指挥人员可以通过设备随时随地查看现场的施工画面。

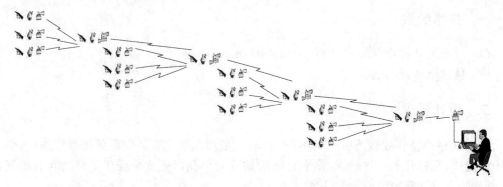

图 6-3-20　高空作业视频安全监护系统和音频通话指挥系统总体结构图

显示软件除了用于播放视频信息,同时还具有将这些信息写入硬盘的功能,以便于施工过程中发生安全事故或者施工重要环节的检查,便于安全事故责任的认定和操作规范程度的复检。

1. 无线传输

高空作业视频安全监控系统和音频通话指挥系统无线传输包括无线发射和无线接收两部分。高压架空导线展放监视作业区的无线发射部分通过编码采集单元和专用摄像头连接在一起,并由统一的 12 V 直流铅酸蓄电池供电。无线发射部分负责将摄像头扫描到的信息传输出去,无线接收部分在地面指挥区,负责接收高空无线发射部分发射的信号。高空塔位无线接收和发射部分以及无线中继和云台球机设备均采用高强度磁铁吸附在铁塔金属部位,易于拆卸和安装。

无线发射部分组成:由激光夜视透雾摄像云台球机、信号采集单元、广角发射器、电源端口构成,可以同时连接两路云台球机分布在铁塔横担两侧。

无线发射部分功能:将前端采集的视频信号压缩编码,向后级传递。单一发射器也可以同时连接两路激光夜视透雾摄像云台球机,在实际的高压铁塔横担左右两侧可各装 1 个,以便监视同侧位相邻的前后塔位走板通过滑车的实况。

无线传输部分组成:由无线中继器(图 6-3-22)和无线接收器(图 6-3-23)构成。

无线传输部分功能:将前端多路压缩后的数字信号传递和转发,以及长距离无线信号的接力传输。

图 6-3-21　无线发射器

图 6-3-22　无线中继器

图 6-3-23　无线接收器

2. 无线接收部分

无线接收部分组成：由广角接收器、信号解码、电源端口构成。

无线接收部分功能：将前端多路压缩数字信号接收和解码，传输给显示部分。

3. 本地服务器及画面显示器

由于高空作业视频安全监护系统和音频通话指挥系统不仅要求在本地服务器计算机上分屏显示高空铁塔上导线展放的作业动态情况，使高空作业区和地面指挥区能够沟通协调，而且能够将这些信息写入硬盘上存储，以便于施工过程中发生安全事故或者施工重要环节的检查，以及安全事故责任的认定和操作规范程度的复检，同时还能够将信息传输到远端张力场，以便进行远程监控。远端张力场电脑的一端接地面信号接收器，并安装驱动程序，使采集卡中的信息能够分屏显示在计算机画面上，另一端要接大屏幕显示器，将本地所获得的信息传输到大屏幕显示器。无线传输部分符合 IEEE802.a/n 标准；支持 IP 宽带自调控制功能，合理自由地分配网络宽带；支持 WDS 功能，通过无线中继器进行桥接，扩展无线网络，跨距离阻隔。

4. 供电部分

供电部分的组成：由太阳能电池板及太阳能充电控制器、远程电源控制器、免维护铅酸蓄电池构成。

供电部分的功能：远程控制电源的开关，远程查询电源的开关状态，远程查询铅酸蓄电池的电压，提供塔位无线设备和云台球机等设备的供电。太阳能供电部分示意图见图 6-3-24。

图 6-3-24　太阳能供电部分示意图

二、系统设备安装调试

高压作业环境较为恶劣，施工过程中的高压铁塔无线传输设备的安装、供电部分的布放、云台球机的安装以及高压铁塔监视方位等，都是由高空作业人员在顶端和地面指挥员配合完成的。

1. 设备的安装定位

摄像云台球机、无线传输设备、供电部分安装在高空铁塔横担适当的方位上,使用强力磁铁吸附在金属架上固定。图 6-3-25 为操作员正在进行云台机及无线设备的安装定位。

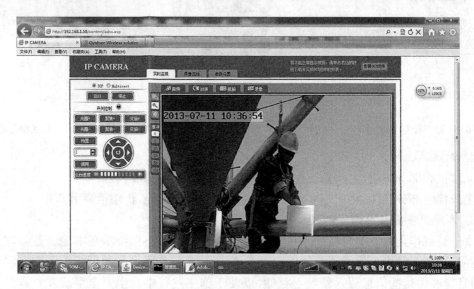

图 6-3-25　摄像云台球机及无线设备的安装定位

2. 调试运行

在高空作业区安装多个摄像云台机,每安装一套无线视频设备,地面接收器就可以显示传输的画面(无线设备的发射和接收,以及相邻的传输角度很关键,直接影响接收画面图像质量和流畅性),逐一类似安装所有的无线设备,最后在张力场汇集所有视频画面。地面接收器捕捉到的信息通过采集解码在本地服务器电脑上分屏显示出来。

三、优缺点分析

高空作业视频安全监护系统和音频通话指挥系统通过将实时画面传输到地面总指挥手中,进行统一协调,统一指挥。系统利用无线微波传输技术在其闭合的局域网内传输视频信号,并从摄像到显示和记录构成独立完整的系统。它能实时、形象、真实地反映被监控对象,不但极大地延长了人眼的观察距离,而且扩大了人视力的机能。它可以在恶劣的环境下代替人长时间监视,让人能看到被监视现场实际发生的一切情况,实时调度控制,并通过设备功能记录存储下来。

该系统彻底改变了传统施工作业的指挥方式,克服了传统方式指挥声音模糊和作业状况看不清的情况,减少了指挥不及时、作业人员的误操作等引发的设备和人员事故,提高了特高压施工作业的直观性,降低事故风险,并在事故发生后为事故分析提供帮助。

但是,该系统采用太阳能供电受天气的影响大,供电有时不稳定,可加装电缆,从地面输送 220 V 交流电作为补充电源。

第四章
综合评价与导向

第一节　综合评价

在特高压线路施工中，防坠落装置作为保障登高作业人员安全的重要的后备保护装置，具有良好的应用前景。在加装防坠落装置的同时，首先要完善各种杆塔结构自身的基础安全防护措施，通过防坠落装置结构形式标准化和安装选型规范化工作，解决使用中存在的问题，提高产品质量和应用水平。

自动升降机拆装及运输较方便，适用于各类塔型和环境，现场悬挂和安装方便，易维护，经济性好，改变了传统登高方式，使得作业人员登塔安全快捷，基本无须消耗体力，降低了施工作业人员的劳动强度。但是自动升降机一次性投入较大，其采购和运行维护成本较高，适合在高塔的运行维护时使用。

特高压铁塔攀爬机大大缓解了攀登高塔的体力消耗。由于该设备自带动力、可遥控、人货两用，展示出了很强的安全性和可靠性，降低了劳动强度，相对提高了工作效率。该设备是能够满足各种线路铁塔使用需求的登塔设备，对我国未来输电线路施工、运行检修及配套工器具的发展有着积极意义。但是，由于自身结构特点，攀爬机对导轨的材质要求很高，一次性投入成本较大。由于每次只能运送 1 个人上塔，运输效率偏低，若能解决这一问题，提高运输效率，同时在特高压工程中大范围推广，可进一步降低其造价。

铁塔攀登防坠笼和高空作业平台是工人在实践中逐步积累和改进的，其结构更加合理、简洁、方便，更加注重人性化，同时，其造价相对自动升降机和攀爬机较低廉、实用，广泛适用于各种形式铁塔的施工和维护。

感应电和雷电防护装置，其实质就是接地装置。预防感应电伤害是送电线路组塔、架线过程中始终要关注的安全问题，与其他工序相比危险性更大，因此必须重点进行防护。为了防止感应电的伤害，技术措施的关键在于必须装设可靠的接地装置。感应电和雷电防护装置是在施工中必须使用的，是工作规程之一，成本较低，投入之后可重复使用。

高空作业视频安全监护系统和音频通话指挥系统为特高压线路施工人员提供了一种远程监控输电线路施工的新手段。被监控的现场实时图像通过无线传输方式传输到指挥中心的计算机或大屏幕上，便于监控指挥中心的指挥人员及时准确地分析、判断被监控对象发生的情况，做出正确决策和指挥，也可以及时发现和处理事故隐患，提高工作人员的工作效率和线路的安全可靠性。该系统扩大了视野监控范围，同时也增加了作业防护的安全系数。在智能化、自动化作业中，该系统是一种必备的工具，其成本较低，投入之后可重复使用。

防坠落装置、自动升降机、铁塔攀爬机、铁塔攀登防坠笼、高空作业平台、感应电和雷电防护装置以及高空作业视频安全监护系统和音频通话指挥系统,充分借助科技发展,利用新技术的发展成果。它们在单一使用时有各自的优势,也有各自的不足和短板,甚至出现安全防护盲区。若将它们有机地组合使用,形成一个可靠、直观的立体安全保护系统,为高空作业人员提供全方位、全过程、全时段的安全保护。

安全防护措施的投入是安全生产的超前控制和主动行为,安全防护措施的研发、设备、技术和培训等的投入都是有限的,但产生的生态效益、环境效益、社会效益和经济效益能惠及人类,惠及国家,有利于推动社会经济的科学发展。安全防护措施的主动投入与由于不预防而发生事故和事后查处相比,毋庸置疑,前者投入的成本最少、效益最好。

第二节 安全防护标准化配置原则及导向

在以人为本,建设资源节约型、环境友好型社会和科学发展观理念的指引下,生命不容轻贱,一切生产行为都应该在能够保障人身安全的前提下进行,以牺牲生命为代价的生产是不文明、不友好、不可持续的。因此,特高压建设中不仅要体现设备、技术、工艺的先进性,更要体现对人性的呵护、对生命的尊重,追求有生命保障的安全施工,追求有生态和谐的文明施工,追求有精神愉悦的舒适施工,享受生产的快乐与成就,体现"以人为本"的价值导向。

一、标准化配备个人防护装置

对从事高处作业的施工人员应有选择地配备全方位防冲击安全带、攀登自锁器、速差自控器、安全绳等;对近电作业的施工人员应配备绝缘鞋、绝缘手套、防护眼镜及防静电服(屏蔽服)。除此之外,还应增配个人生命体征监测仪和个人防护装备语音提示系统,让高处作业人员生命体征的任何变化都能够有效监控,并自主判断是否适合继续作业。

二、创新和研制安全防护的工具和装置

特高压线路施工,针对现场运输、土石方开挖、基础浇制、铁塔组立、张力架线、附件安装等分部分项工程,根据不同环境、不同地形、不同作业性质,因地制宜开发研制与实际情况相符合的安全防护的工具和设备,减少人的疲劳和对人身的伤害。如在地形极为陡峭,人都难以到达的情况下,可以尝试采用人、货两用索道,以解决人和材料运输困难的问题;在高空中,依据人体生理、形体特性研制的防坠落装置以及攀登防坠笼,解决了高空坠落问题。

在风险无法减少或消除的情况下,安全防护工具和装置的研制及使用是对人体最直接、最基本的保护。

三、用系统工程的方法筑牢安全防线

特高压线路高处作业是一个复杂的系统工程,从项目决策、设计、施工到投产运行,安全生产涉及人、环境、时间、作业性质和过程等多方面的因素。防止和消除引发事故的诸多因素,把事故发生的可能性压缩到最低限度,预先控制是最佳选择。在项目决策和设计阶

段中,从结构选型、安装方式、安全防护等方面就充分分析高处作业人员在施工中可能存在的危险源或危险点,做好顶层设计,降低项目的复杂性,在设计上把控好安全的第一道关,做到未雨绸缪。

长期的实践证明:以前期预控来保障安全,其投入的成本最少、效益最好。

四、用机器人代替人工,助推安全防护的发展

在施工中,对人最好、最彻底的安全保护就是让人退出危险的生产劳作,用机器人代替人工,即自动化施工。特高压线路高处作业风险高,更多的作业逐步实现机械化和自动化,人工作业逐渐减少。随着科技的进步和劳动力成本的上升,机器人将替代目前越来越昂贵的劳动力在高危环境中施工,不仅可以保护作业人员,而且能提升工作效率和产品品质。

五、建立高空作业人员安全防护系统,通过大数据分析监控,形成立体、智能的安全防护网

建立高空作业人员安全防护系统,对进入施工现场的作业人员进行编号,标准化配备个人防护装置,安装 GPS,使每个作业人员的位置、高度在系统中都能随时得到捕捉和定位,并根据作业人员的血压、心脏跳动等生命体征和动作的变化形成数据流,通过系统加以监控和分析,让每个人都能得到有效监控,自始至终都置于立体、智能的安全防护系统保护中。

特高压电网代表了电力领域的国际最高水平,其技术能力、装备水平不断得到提升,机械化、自动化、信息化、智能化、机器人将引领特高压电网的发展方向,展示中国在世界电力工业的一流形象。

第三节　限制使用或替代意见

安全防护技术,限制使用的施工技术有:单一功能安全带;推荐使用的技术有:全方位安全带、防坠落装置、自动升降机、铁塔攀爬机、铁塔攀登防坠笼、高处作业感应电防护装置、高空作业平台、视频安全监护系统和音频通话指挥系统。

参考文献

［1］中华人民共和国住房和城乡建设部.钢结构设计标准:GB 50017—2017［S］.北京:中国建筑工业出版社,2017.

［2］国家能源局.架空输电线路施工机具基本技术要求:DL/T 875—2016［S］.北京:中国电力出版社,2016.

［3］中华人民共和国建设部,中华人民共和国国家质量监督检验检疫总局.高耸结构设计规范:GB 50135—2006［S］.北京:中国计划出版社,2006.

［4］中华人民共和国住房和城乡建设部.建筑结构荷载规范:GB 50009—2012［S］.北京:中国建筑工业出版社,2012.

［5］张相庭.工程结构风荷载理论和抗风计算手册［M］.上海:同济大学出版社,1990.

［6］王肇民.高耸结构设计手册［M］.北京:中国建筑工业出版社,1995.

［7］潘峰,李显鑫,侯中伟,等.1 000 kV 特高压山区单回路输电塔风振特性研究［J］.电力建设,2013,34(8):64-68.

［8］马星,颜明忠,沈之容.桅杆结构风振系数简化计算［J］.特种结构,2002,19(3):54-56.

［9］宰金珉,庄海洋.对土—结构动力相互作用研究若干问题的思考［J］.徐州工程学院学报,2005,20(1):1-6

［10］游春华,窦杰.500 kV 输电线路大跨越工程桩土接触分析［J］.人民长江,2008,39(3):81-83.

［11］中国电力建设企业协会.电力建设工法选编(2014 年度)［M］.北京:中国电力出版社,2015.

［12］潘全祥.建筑工程施工组织设计编制手册［M］.北京:中国建筑工业出版社,1996.

［13］Maeda J,Ozono S. In-plane dynamic interaction between a tower and conductors at lower frequencies［J］. Engineering Structures,1992,14(4):210-216.